鄂尔多斯盆地页岩油勘探开发

页岩油
地质理论与勘探实践

付锁堂　李松泉　刘显阳　赵继勇　徐黎明◎等编著

石油工业出版社

内 容 提 要

本书全面系统介绍了鄂尔多斯盆地页岩油地质理论研究和勘探实践成果，内容主要包括页岩油的概念辨析和国内外进展、鄂尔多斯大型坳陷淡水湖盆深水细粒沉积特征、淡水湖盆优质烃源岩强生排烃特征及意义、细粒沉积储层特征及微观表征、源储共生成藏机理及富集规律、页岩油勘探潜力及勘探成效等。

本书可供石油地质类高等院校、研究单位及油气生产单位相关专业人员学习和参考。

图书在版编目（CIP）数据

页岩油地质理论与勘探实践 / 付锁堂等编著 . —北京：石油工业出版社，2023.8

（鄂尔多斯盆地页岩油勘探开发理论与技术丛书）

ISBN 978-7-5183-5755-0

Ⅰ. ①页… Ⅱ. ①付… Ⅲ. ①鄂尔多斯盆地 – 油页岩 – 石油天然气地质 – 研究 Ⅳ. ①P618.130.2

中国国家版本馆 CIP 数据核字（2023）第 168819 号

出版发行：石油工业出版社

（北京安定门外安华里 2 区 1 号　100011）

网　　址：www.petropub.com

编辑部：（010）64210387　图书营销中心：（010）64523633

经　　销：全国新华书店

印　　刷：北京中石油彩色印刷有限责任公司

2023 年 8 月第 1 版　2023 年 8 月第 1 次印刷
787×1092 毫米　开本：1/16　印张：12
字数：310 千字

定价：98.00 元
（如出现印装质量问题，我社图书营销中心负责调换）

版权所有，翻印必究

《鄂尔多斯盆地页岩油勘探开发理论与技术丛书》

编 委 会

主　任： 付锁堂　何江川

副主任： 李忠兴　石道涵　李松泉　吴志宇

编　委：（按姓氏笔画排序）

王大兴　王兴龙　石玉江　刘汉斌　刘显阳

孙华岭　李彦录　李宪文　李楼楼　吴学升

张矿生　屈雪峰　赵继勇　秦百平　徐黎明

高春宁　郭自新　唐梅荣　雷启鸿　慕立俊

《页岩油地质理论与勘探实践》

编 写 组

主　　编：付锁堂

副 主 编：李松泉　刘显阳　赵继勇　徐黎明

编写人员：李士祥　周新平　杨伟伟　刘江艳　程党性
　　　　　　朱　静　尤　源　王　芳　郭　雯　郭芷恒
　　　　　　淡卫东　郭正权　楚美娟　冯胜斌　冯　渊
　　　　　　罗丽荣　齐亚林　庞锦莲

序 FOREWORD

鄂尔多斯盆地是中国第二大沉积盆地，石油天然气资源丰富。自20世纪70年代起，经过几代石油人的艰苦创业、拼搏进取，油气勘探开发取得了举世瞩目的成就。2018年以来，中国石油长庆油田公司（以下简称长庆油田）深入贯彻习近平总书记"大力提升勘探开发力度"的重要批示精神，制订实施了"二次加快发展"战略，推动油气产量持续攀升；2020年12月27日，长庆油田年产油气当量跨上6000万吨的历史新高点，攀上国内油气田产量最高峰，建成中国首个年产6000万吨级别的特大型油气田，开创了中国石油工业发展史上的新纪元，在中国石油工业发展史上具有里程碑意义。

北美在页岩油气勘探开发中，经历60余年不断探索和反复实践，取得"水平井+水力压裂"技术的巨大成功，掀起非常规油气资源开发高潮。特别是美国近十年页岩油产量年均增速超25%，2019年页岩油产量达3.96亿吨，占其总产量的65%，扭转了其持续24年的石油产量下降趋势，实现了能源自给，改变了世界能源格局，对世界能源供给产生了深远的影响。中国页岩油资源丰富，主要集中于鄂尔多斯、松辽、准噶尔等盆地，发展潜力大；近十余年攻关，页岩油勘探及效益开发关键技术方面已取得重要进展。

2017年以来，长庆油田依托中华人民共和国科学技术部"十三五"重大专项，积极开展鄂尔多斯盆地三叠系长7段典型陆相页岩油攻关研究与试验，优化形成了以地质"甜点"优选、水平井三维优快钻完井、细分切割体积压裂为核心的页岩油开发五大技术系列18项配套技术，建立了以平台化生产组织、工厂化施工作业、全生命周期过程管控为中心的页岩油开发管理体系。鄂尔多斯盆地页岩油勘探开发成果显著，探明我国最大的页岩油田——庆城油田，目前已提交探明储量10.52亿吨；同时率先建成中国首个百万吨页岩油开发示范基地，2020年年产油93.1万吨，2021年预计年产油约120万吨。长庆页岩油开发攻关的重大突破受到业内广泛好评，引起国内外重点关注。中国工程院胡文瑞院士评价"长庆的非常规低渗透技术开发，和北美页岩油气革命一样，堪称世界油气勘探开发史上的一场革命。"

丛书系统梳理了鄂尔多斯盆地页岩油勘探开发的集成创新成果与现场实践经验，集中反映了长庆油田广大科技工作者的辛勤劳动、丰硕成果和新思路、新理论、新方法、新技术、新工艺、新模式。

一是对照国内外典型盆地页岩油地质特征，总结了鄂尔多斯盆地延长组长7段陆相页岩油地质特征、理论及勘探实践，阐述了近年来在鄂尔多斯盆地页岩油勘探实践中取得的发现与突破。

二是通过优化测井系列与采集模式，建立了储层、烃源岩、工程力学定量解释评价技术系列，形成了黄土塬区三维地震页岩油多信息融合"甜点"预测技术系列，实现了对页岩油地质和工程"甜点"的综合评价，助推了页岩油高效勘探开发。

三是系统分析了页岩油储层孔喉结构，明确了页岩油储层渗流机理，攻关形成了页岩油长水平井体积压裂超前补能开发技术，推广水平井多层系立体式、小井距大井丛平台化布井模式，大幅度提高油藏开发水平。

四是以控制储量最大化为目标，集成应用三维水平井优快钻井、复合盐防塌钻井液及高强韧性水泥浆等，配套关键设备、强化钻井参数，形成了大偏移距三维水平井技术，实现了高质量高效率工厂化钻井作业。

五是以提高缝控储量为目标，创新形成"造缝、增能、渗吸"一体化集成压裂，突破了水平井细分切割体积压裂核心技术，实现了可溶金属球座、纳米驱油变黏滑溜水等关键工具材料自主研发，打造了页岩油水平井体积压裂工程技术利器，提高了盆地页岩油单井产量。

随着中国社会经济发展，石油进口量不断增加，对外依存度大幅攀升，迫切需要提高国内石油生产能力。在中国陆上各大油田进入开发中后期、国家石油能源供给对外依存度大幅攀升的情况下，《丛书》的出版必将为指导中国其他盆地页岩油资源实现规模勘探和效益开发发挥重要作用，为推动中国陆相页岩油非常规革命、保障国家能源安全作出新贡献！

前言 PREFACE

美国的页岩油气革命不仅改善了美国国内油气资源生产和供应，更是改变了世界能源生产和供应格局，对全球油气资源的勘探和生产产生了深远的影响。随着世界科学技术的不断进步和油气工业自身的不断发展，以致密油气、页岩油气等为代表的非常规油气资源开发和利用已成为全球油气工业新的增长点。

全球页岩油资源丰富，地域分布十分广泛，勘探开发潜力巨大，已成为一些国家当前石油资源的现实勘探和生产领域。与国外普遍为海相页岩层系不同，陆相页岩层系在中国松辽盆地、渤海湾盆地、鄂尔多斯盆地、四川盆地、准噶尔盆地、三塘湖盆地等主要沉积盆地中有广泛的分布。中国陆相湖盆页岩呈现出分布层系多、范围广的显著特征，页岩油资源和储量丰富，将会是今后获取稳定石油产量的重要领域。鄂尔多斯盆地是中国典型的陆相盆地，其上三叠统延长组页岩层系沉积厚度大、分布范围广，具有巨大的页岩油资源勘探潜力。2021年，鄂尔多斯盆地庆城油田页岩油探明储量突破$10×10^8 t$，成为中国目前探明储量规模最大的页岩油整装油田。开展鄂尔多斯盆地陆相页岩油地质理论和生产实践研究对促进中国页岩油研究和勘探开发具有重要的参考价值。

本书基于中国石油长庆油田多年来在鄂尔多斯盆地的页岩油地质研究和勘探实践，从页岩油的概念辨析和国内外进展、鄂尔多斯大型坳陷淡水湖盆深水细粒沉积特征、淡水湖盆优质烃源岩强生排烃特征及意义、细粒沉积储层特征及微观表征、源储共生成藏机理及富集规律、页岩油勘探潜力及勘探成效等方面对鄂尔多斯盆地页岩油地质理论和勘探实践进行系统总结，以期能较全面地呈现当前鄂尔多斯盆地页岩油研究现状，为推动我国陆相页岩油地质理论研究和勘探开发工作提供借鉴。

本书共七章，其中第一章由付锁堂、李松泉、李士祥、郭雯执笔，第二章由赵继勇、朱静、郭正权、冯胜斌执笔,第三章由李士祥、刘江艳、周新平、郭芪恒、楚美娟执笔,第四章由刘显阳、杨伟伟、淡卫东、罗丽荣执笔,第五章由周新平、刘江艳、李士祥、尤源、冯渊执笔,第六章由刘显阳、杨伟伟、王芳、庞锦莲执笔,第七章由徐黎明、程党性、刘显阳、齐亚林执笔。最后全书由付锁堂、李松泉、刘显阳、赵继勇、徐黎明、李士祥统稿。

本书写作过程中得到中国石油长庆油田相关领导和同事的关心和帮助;中国科学院西北生态环境资源研究院郑军卫、李小燕对本书稿提出了宝贵意见。在此一并表示感谢。

目录 CONTENTS

第一章　绪论 ··· 1
　第一节　页岩油简介 ·· 1
　第二节　国内外页岩油研究进展 ·· 7
　第三节　鄂尔多斯盆地页岩油基本特征及勘探历程 ············ 11

第二章　区域地质背景 ·· 16
　第一节　晚三叠世盆地构造格局 ·· 16
　第二节　物源供给体系 ··· 27
　第三节　沉积体系及充填特征 ··· 35
　第四节　原型盆地及构造演化对细粒沉积的影响 ················ 45

第三章　大型坳陷湖盆深水细粒沉积特征 ····························· 49
　第一节　细粒沉积类型及特征 ··· 49
　第二节　铁柱子剖面岩性特征 ··· 57
　第三节　沉积相特征及展布 ·· 60
　第四节　深水细粒沉积"三相"耦合关系 ···························· 70

第四章　淡水湖盆优质烃源岩强生排烃特征 ·························· 78
　第一节　优质烃源岩的发育特征 ·· 78
　第二节　优质烃源岩的形成机理 ·· 82
　第三节　优质烃源岩的生排烃特征 ····································· 86

第五章　细粒沉积储层特征及微观表征 ································ 92
　第一节　细粒沉积储层类型 ·· 92

第二节　细粒沉积储层表征 …… 98
第三节　相对高渗透储层形成主控因素 …… 122
第四节　裂缝发育特征及分布预测 …… 124
第五节　储层综合评价 …… 126

第六章　源储共生成藏机理及富集规律 …… 130
第一节　页岩油藏基本特征 …… 130
第二节　页岩油成藏富集机理 …… 131
第三节　"甜点"评价主控因素 …… 134

第七章　页岩油勘探潜力及勘探成效 …… 148
第一节　页岩油的资源潜力 …… 148
第二节　页岩油勘探成效 …… 159
第三节　页岩油勘探前景 …… 167

参考文献 …… 171

第一章　绪　论

页岩油资源丰富，勘探开发潜力巨大，已成为全球非常规石油资源勘探和开发的热点和现实领域。中国陆相湖盆页岩分布层系多、范围广，页岩油资源和储量丰富，将会是今后获取稳定石油产量的重要领域。本章阐述了页岩油的基本概念、主要类型，分析了页岩油与致密油的主要差别，综述了国内外页岩油勘探开发方面的进展，总结了鄂尔多斯盆地上三叠统延长组长7段页岩油的基本特征、理论及勘探实践历程。

第一节　页岩油简介

目前国内业界对页岩油的概念与内涵的理解还不统一，影响着中国陆相页岩油地质理论和实践的深入发展。本节阐述了页岩油的相关概念和页岩油的分类方案，并指出了页岩油与致密油的主要区别。

一、页岩油相关概念

1. 页岩油

页岩油存在广义和狭义2种含义。狭义页岩油指页岩层内的石油资源，广义页岩油则指页岩层系（由同沉积形成的互层状页岩、泥岩及相关致密砂岩、碳酸盐岩等组成）内的石油资源，是一种自生自储原地成藏的油气资源（付锁堂等，2020；贾承造等，2012；邹才能等，2012；邹才能，2013；付金华等，2019）。相对来说，广义页岩油的概念更具实用性，也得到大多直接从事页岩油勘探和生产的单位及人员的广泛认可。

GB/T 38718—2020《页岩油地质评价方法》对页岩油的定义为：赋存于富有机质页岩层系中的石油；富含有机质页岩层系烃源岩内粉砂岩、细砂岩、碳酸盐岩单层厚度不大于5m，累计厚度占页岩层系总厚度比例小于30%；无自然产能或低于工业石油产量下限，需采用特殊工艺技术措施才能获得工业石油产量。

2. 页岩

页岩是一种具有页状或片状层理，由粒径小于0.0625mm的颗粒碎屑、黏土、有机质等组成的细粒沉积岩（中华人民共和国国家技术监督局和中国国家标准化管理委员会，2020）。页岩在自然界中分布十分广泛，约占沉积岩体积的55%（黎茂稳等，2019）。页岩油赋存的页岩层系一般包括粒径在0.0039~0.0625mm之间的含油粉砂岩和粒径小于0.0039mm的含油泥质岩（表1-1-1）。页岩和粉砂岩中碎屑颗粒的粒径都小于0.0625mm，二者的主要区别在于是否发育纹层和页理，以及所对应的矿物化学组成（黎茂稳等，2019）。

表 1-1-1　碎屑岩分类及非常规油定名（贾承造等，2020）

岩石名称		粒径/mm	粒级		油藏类型	
砾岩		2～256	砾			
粗砂岩		0.5～2	粗砂	砂	常规油	致密油
中砂岩		0.25～0.5	中砂			
细砂岩		0.0625～0.25	细砂			
粉砂岩	页岩	0.0039～0.0625	粉砂		页岩油	
泥岩		<0.0039	泥			

3. 富有机质页岩

富有机质页岩指岩石中总有机碳含量（TOC）较高的暗色页岩，海相 TOC 大于 2.0%，其他类型 TOC 大于 1.0%。富有机质页岩一般富含有机质与细粒分散状黄铁矿和菱铁矿等，包括黑色页岩、碳质页岩等，有机质含量一般在 1% 以上。其中碎屑颗粒包括石英、长石、碳酸盐矿物、黄铁矿等，黏土矿物包括伊利石、绿泥石、高岭石、蒙脱石、云母等。碎屑颗粒和黏土矿物含量不同导致页岩性质表现出差异。同时，不同来源的陆源碎屑、火山碎屑和内源矿物混积，会进一步造成页岩和富有机质页岩系统的多样性和复杂性（黎茂稳等，2019）。

富有机质页岩一般在盆地中心大面积连续分布，资源规模大。中国陆相湖盆发育淡水和咸水环境两类富有机质页岩。鄂尔多斯盆地上三叠统延长组 7 段（简称长 7 段）页岩油是发育于淡水湖盆的典型实例。长 7 段黑色页岩与暗色泥岩互层，有机质分段富集，这主要是受两大因素的影响：一是湖盆深部火山活动与热液作用活跃，促进了湖盆内部的生物勃发，提供了丰富的营养元素，具有明显的"施肥"作用；二是低沉积速率和低陆源碎屑补偿速度降低了有机质的稀释作用，缺氧还原环境有利于有机质沉积埋藏后的保存。而对于咸化湖盆，有机质富集除受早期火山活动提供营养物质，促进藻类勃发控制外，还受咸水水体的影响。咸水环境促进了有机质的絮凝，提高了有机质的富集效率（王倩茹等，2020；杜金虎等，2019）。

二、页岩油主要类型

由于不同学者研究角度不同，国内外形成了不同的页岩油类型划分方案。目前，研究人员主要根据页岩的沉积环境、热演化程度和源储组合类型等，将页岩油按如下 3 种方法进行分类。

1. 根据沉积环境分类

根据含油页岩层系形成的沉积环境，可以划分出海相页岩油和陆相页岩油，二者在形成、演化和富集特征方面存在诸多差异性（胡素云等，2020）。

海相页岩油是海相富有机质页岩层系中赋存的石油，形成于整体稳定宽缓的构造和沉积背景下，主要发育在克拉通盆地凹陷区、海岸平原和陆棚环境的局限海滞留区，岩性为泥灰岩、泥页岩和黑色页岩。海相页岩油主要分布在北美的美国和加拿大，其中，威利斯顿盆地巴肯（Bakken）区带、墨西哥湾盆地鹰滩（Eagle Ford）区带和二叠纪盆地伯恩斯普林（Bone Spring）区带是目前美国页岩油三大主力产区，威利斯顿克拉通盆地（巴肯组页岩）和墨西哥湾海岸平原及陆棚区（鹰滩组页岩）以沉积晚古生代和中生代地层为主，盆地面积大，沉积相带分布宽缓，岩性稳定。

陆相页岩油是陆相湖泊环境富有机质页岩层系中赋存的石油。陆上深水湖相沉积整体稳定性较差，盆地类型多样且后期活动强烈。陆相湖盆面积小、沉积体系相带窄、相变快，导致湖相富有机质页岩层系横向非均质性强、规模小、变化大、品质相对较差。陆相沉积时期频繁的区域构造活动、火山间歇喷发活动、气候变化和沉积环境变化等有利于混积岩沉积，导致湖泊沉积体系的沉积类型多、岩性复杂、纵向非均质性强。陆相页岩油主要在中国分布，由于受区域大地构造和陆相沉积成盆环境的影响，中国陆相页岩油在盆地类型、分布层系、岩性和沉积环境方面都具有多样性，在渤海湾盆地古近系孔店组和沙河街组、松辽盆地上白垩统青山口组、鄂尔多斯盆地上三叠统延长组、江汉盆地古近系潜江组、四川盆地侏罗系、准噶尔盆地中二叠统芦草沟组和三塘湖盆地中二叠统芦草沟组等这些陆相泥页岩层系中均已见到油气显示，并获得工业油流，展示了中国陆相页岩油巨大的资源潜力。

按照页岩的沉积环境，可以将页岩划分为海相、海陆过渡相、陆相三大类型。国内一些学者（翟光明，2008；邹才能等，2020）认为，除海相与陆相页岩油气外，还存在一种介于二者之间的海陆过渡相页岩油气类型。中国已发现的海陆过渡相页岩气主要分布在鄂尔多斯盆地石炭系—二叠系、四川盆地二叠系—三叠系、沁水盆地石炭系—二叠系、柴达木盆地上石炭统等，以上古生界和中生界为主，有机质以陆源高等植物为主、热演化程度较高，页岩分布面积普遍较大、一般单层厚度较小、薄层交互发育、物性较差（邹才能等，2020；王鹏威等，2022；马元槇等，2022）。但截至2021年底，尚未见到发现海陆过渡相页岩油的报道。

2. 根据热演化程度分类

根据有机质成熟度差异，可将页岩油划分为中高成熟度（$R_o>1.0\%$）页岩油和中低成熟度（$R_o=0.5\%\sim1.0\%$）页岩油2种类型。不同成熟度区间的页岩油，具有不同物质组成与赋存特点，对应的开发方式也不相同（胡素云等，2020；赵文智等，2020）。

中高成熟度页岩油是指埋深在蒂索（Tissot）模式"液态窗"范围，R_o大于1.0%的富有机质页岩段中存在的液态石油烃的总称。具有已生成液态烃数量多、油质较轻、可动油比例较高的特点。热演化程度处于液态烃与气态烃并存窗口，以密度较小的原油为主，尚未转化的有机质较少。页岩层系受热演化程度影响，其孔隙度和渗透率条件变好，有机孔、微裂缝、水平页理缝以及建设性成岩作用形成的次生孔隙成为液态烃赋存的主要空间（胡素云等，2020）。由于此类页岩油具有油质较轻、气油比较高、可流动性好的特征，故依靠水平井体积压裂改造技术就可以实现对其的经济效益开发，是当前页岩油勘探开发的现实领域。北美海相页岩油热演化程度较高，R_o 在 1.0%～1.7% 之间，处于轻质油—凝析油窗口；中国陆相页岩油中四川盆地侏罗系页岩油层系 R_o 在 0.5%～1.4% 之间（主体大于 1.0%），也属于中高成熟度页岩油。

中低成熟度页岩油指埋藏 300m 以深且 R_o 小于 1.0% 的富有机质页岩层系中赋存的液态烃和多类有机物的统称。具有可转化资源潜力大、油质较稠、可动油比例较低的特征，此成熟度演化阶段产物以密度较大原油和尚未转化的固态有机质为主。该类页岩油赋存的页岩层系孔隙度和渗透率低，有机孔一般不发育，储集空间主要为黏土矿物晶间孔、碎屑矿物粒间孔、层理缝、微裂缝等。滞留液态烃油质较黏稠、气油比较低、可流动性较差。页岩层系地层塑性大、脆性矿物含量偏低，人工压裂改造难以形成有效的人造流动通道，单井产量低，很难实现商业开采，一般采用地下原位加热转化技术解决该类页岩油资源的规模开发问题（胡素云等，2020）。中国陆相页岩油整体上热演化程度偏低，R_o 在 0.5%～1.1% 之间，主体为 0.75%～1.0%，油质偏重，气油比低，属于中低成熟度页岩油。

3. 根据源储组合类型分类

与美国海相页岩油相比，中国陆相湖盆页岩油储层岩石类型、矿物组成复杂，形成了极具特色、类型多样的储层"甜点"。按含油页岩层系的烃源岩、储层以及源储组合等特征，可划分为夹层型页岩油、混积型页岩油和页岩型页岩油 3 类（焦方正等，2020）。

夹层型页岩油源储共存，页岩层系整体含油，储层"甜点"可以是砂岩、石灰岩、凝灰岩或者其他岩性，呈现多层系、多类型、大面积的分布特征。页岩油主要以源内薄互层"甜点段"形式富集，有利储层近源捕获石油形成"甜点"。砂岩为夹层型页岩油中最主要的"甜点"类型，具有较好的储集物性。此类页岩油有鄂尔多斯盆地长 7 段湖盆中部砂岩型"甜点"、三塘湖盆地条湖组凝灰岩型"甜点"等。

混积型页岩油源储共存或源储一体，页岩层系整体含油，储层"甜点"主要是受气候韵律和水动力条件变化、不同物源混积、有机质絮凝等多因素形成的纹层状混积页岩层系，储层"甜点"有砂质、灰质、白云质等。此类页岩油有准噶尔盆地吉木萨尔凹陷芦草沟组砂质云质型"甜点"、渤海湾盆地沧东凹陷孔二段白云质型"甜点"、四川盆地侏罗系大安寨段灰质型"甜点"等。

页岩型页岩油源储一体，页岩层系整体含油，储层"甜点"主要是纯页岩，具有有效孔隙空间和一定渗流能力，既是生油层也是含油层，储层"甜点"有砂质页岩、钙质页岩等。此类页岩油有松辽盆地中部青山口组纹层型、页理型"甜点"等（图 1-1-1）。

三、页岩油与致密油的区别

致密油与页岩油均无明显圈闭界限，无自然工业产能，需要采用直井缝网压裂、水平井体积压裂、空气与 CO_2 等气驱、纳米驱油剂驱等方式进行开发，形成"人造渗透率"，持续获得产能，属典型"人造油气藏"。但二者在地质、开发、工程等方面均存在明显差异，定义为两种不同类型的非常规油气资源（邹才能等，2015a，2015b）。

"甜点"主要类型		典型实例	油藏剖面	主要地质特征
夹层型	砂岩型	鄂尔多斯盆地湖盆中心长7段		源储共存、页岩层系整体含油,薄层砂岩有利储层近源捕获石油形成"甜点"
	凝灰岩型	三塘湖盆地马朗凹陷条湖组		源储共存、页岩层系整体含油,凝灰质有利储层近源捕获石油形成"甜点"
混积型	砂质云质型	准东吉木萨尔凹陷芦草沟组		源储共存、页岩层系整体含油,砂质、钙质等有利储层源内捕获石油形成"甜点"
	白云质型	渤海湾盆地沧东凹陷孔二段		源储共存、页岩层系整体含油,白云质等有利储层源内捕获石油形成"甜点"
	灰质型	四川盆地湖盆中部大安寨段		源储共存或一体、页岩层系整体含油,灰质岩有利储层源内捕获石油形成"甜点"
页岩型	纹层型	松辽盆地湖盆中部青二段		源储一体、页岩整体含油,砂质、钙质页岩有利储层源内捕获石油形成"甜点"
	页理型	松辽盆地湖盆中部青一段		源储一体、页岩整体含油,砂质、钙质页岩有利储层原地滞留石油形成"甜点"

富有机质页岩　物性较好泥页岩　致密砂岩　灰质岩　云质岩　凝灰质岩　滞留烃类　石油聚集　油气运移方向

图 1-1-1　陆相页岩油源储组合分类（焦方正等, 2020）

致密油指储集在覆压基质渗透率不大于 0.1mD（空气渗透率小于 1mD）的致密砂岩、致密碳酸盐岩等储层中的石油。单井一般无自然产能或自然产能低于工业油流下限，但在一定经济条件和技术措施下可获得工业石油产量，如酸化压裂、多级压裂、水平井、多分支井等措施（邹才能等，2014）。页岩油是指成熟或低熟烃源岩已生成并滞留在页岩地层中的石油聚集，页岩既是生油岩，又是储集岩，石油基本未运移，属原地滞留油气资源。

页岩油的概念强调页岩储层具有生烃潜力、源储一体，而致密油的概念则强调来自烃源岩之外致密储层中的石油资源，油气通过初次或短距离二次运移聚集，致密储层与烃源岩紧密接触，发育源上、源下和源内 3 种源储关系。页岩油与致密油烃类物质不同，页岩油包含已转化形成的石油烃、沥青物和未转化的固体有机质，是源内自生自储，而致密油全部是从邻近烃源岩地层中生成并排出的石油，是近源聚集（图 1-1-2）。

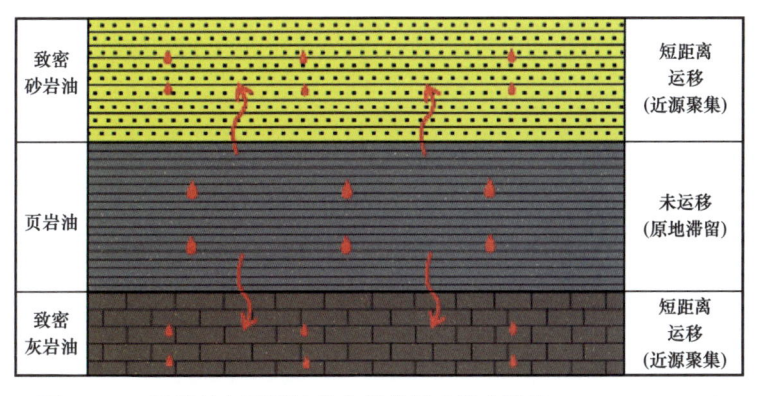

图 1-1-2　致密油与页岩油分布示意图（邹才能等，2015a，2015b）

页岩油与致密油地质特征差异如下。(1)致密油发育于大面积分布的致密储层,孔隙度一般大于6%,多数在10%以上,渗透率一般小于1mD,孔隙度和渗透率条件相对较好;而页岩油储层分布面积相对较小,主要分布在盆地斜坡和坳陷中心区,储层孔隙度和渗透率相对较低,孔隙度小于3%,渗透率以10^{-9}D量级为主。(2)致密油形成需要广覆式分布的成熟优质生油层,烃源岩为Ⅰ型或Ⅱ型干酪根,平均TOC大于1%,R_o在0.6%~1.3%之间;页岩油属于大量生成,生排烃后滞留在烃源岩中的石油,或是属于进入生油窗开始生成未发生运移的滞留石油。(3)致密油连续性分布的致密储层与生油岩须紧密接触、源储共生,无明显圈闭边界,无油"藏"概念;页岩油源储一体,泥页岩自身既是生油层,又是储层。(4)致密储层内原油密度大于40°API或小于0.8251g/cm³,油质较轻;页岩油原油密度为0.70~0.85g/cm³,原油属于轻质油或凝析油(表1-1-2)(邹才能等,2015a,2015b)。

表1-1-2 致密油与页岩油地质特征对比(邹才能等,2015a,2015b)

条件与指标类型			致密油	页岩油
形成条件	构造背景	原始地层倾角	构造平缓,坡度较小	
		同背景构造区面积	分布面积较大	分布面积较小
	沉积条件	盆地类型	坳陷、克拉通为主	坳陷、前陆、断陷为主
		沉积环境	陆相、海相	陆相、海陆过渡相、海相
	烃源岩	类型	Ⅰ型、Ⅱ型	Ⅰ型—Ⅱ₁型
		TOC	大于2%	
		R_o	0.6%~1.3%	0.6%~2.1%
		分布面积	较大	较小
	储层	岩性	致密砂岩、致密碳酸盐岩等	页岩
		渗透率	空气渗透率小于1mD的储层所占比例大于70%	10^{-9}~10^{-3}D
		孔隙度	8%~12%为主	2%~5%型为主
		孔喉大小	40~900nm为主	50~500nm
		孔隙类型	基质孔、溶蚀孔	基质孔、微裂缝
		分布面积	较大	较小
	源储组合		紧密接触	源储一体
	运聚条件	运移特征	一次运移或短距离二次运移	未运移
		聚集动力	扩散为主、浮力作用受限	生烃增压
		渗流特征	以非达西渗流为主	

续表

条件与指标类型		致密油	页岩油
分布规律	原油性质	轻质油（密度小于 0.825g/cm³）	轻质油或凝析油（密度 0.75～0.85g/cm³）
	分布特征	大面积低丰度连续发布，局部富集，不受构造控制	大面积低丰度连续发布
聚集特征	边界特征	无明显圈闭界限	
	油气水关系	不含水或含水量少	
	油气水、压力系统	无统一油水界面，无统一压力系统	
分布位置	平面位置	盆地斜坡和坳陷中心区，或后期挤压构造的褶皱区	盆地斜坡和坳陷中心区
	纵向分布	与成熟的Ⅰ型、Ⅱ型烃源岩共生	烃源岩内部
	深度	中浅层为主	中深层为主
流体特征	油气性质	以轻质油或凝析油为主	可能以凝析油和轻质油为主
	油气水共生关系	以束缚水为主	

对于陆相页岩油与致密油，在相带分区、岩性组合与开采技术等方面存在如下区别。（1）沉积相边界不同，页岩油以发育于半深湖—深湖相为主，致密油主要发育于与烃源页岩毗邻接触的宽缓坳陷湖盆的浅湖—半深湖相区和由重力流垮塌沉积形成的空间位置与页岩油相叠置的深湖—半深湖相区。（2）岩性边界清晰，页岩油储层以静水环境形成的页岩层系中的页岩、泥质岩和化学沉积岩为主，富有机质页岩占比一般大于70%，致密油储层以牵引流和重力流形成的细粒碎屑岩及生物成因碳酸盐岩为主，非烃源岩占比一般大于70%。（3）技术边界明确，中低成熟度页岩油主要关注页岩中滞留烃和未转化有机质这两类物质，聚焦于滞留烃降黏、改质和有机物人工热转化，"地下炼厂"建造是中低成熟度、富有机质页岩油地下原位开采的重要技术路线；中高成熟度页岩油和致密油开发则关注致密储层中已聚集的可动液态烃数量、地层能量与原油品质等，聚焦于储层物性条件与人工改造缝网系统的建造（赵文智等，2020）。

第二节　国内外页岩油研究进展

据美国能源信息署（EIA，2015）评价，全球页岩油技术可采资源总量为 573.89×10^8t（按照 1bbl 原油约合 0.137t 原油折算，下同），全球页岩油资源主要分布于美国、俄罗斯、中国、阿根廷、利比亚、阿联酋等国家，北美是页岩油资源最为丰富的地区，其次为东欧和亚太地区。

一、国外页岩油研究进展

1. 美国页岩油研究进展

美国页岩油产量快速增长，使得美国成为世界石油出口大国之一。2019 年，美国页岩油产量达到了历史新高，高峰日产量超过 $1.14×10^6$t，此后受石油供需形势和国际油价等因素影响出现波动，但 2021 年以来日产量超过 $1.00×10^6$t 且呈现出明显增长趋势。美国页岩油研究主要经历以下 3 个发展阶段（杨雷等，2019）。

1）探索发现阶段（1953—1999 年）

1953 年，美国发现了威林斯顿盆地 Antelope 油田，发育 Bakken 组页岩；1987 年，针对 Bakken 组上段页岩油，打了第一口水平井；1995 年，美国地质调查局对 Bakken 页岩油开展第一轮资源评价。美国页岩油开发经历了一个较长的准备期，随着水力压裂和水平井技术的逐步成熟，页岩油开发才崭露头角，但很长时间内并没有形成规模产能。

2）技术突破阶段（2000—2009 年）

2000 年，开发目的层转变，针对 Bakken 组中段，利用水平井成功商业开发了 Alm Coulee 油田；2006 年，Eagle Ford 页岩油开始开发；2007 年，通过水平井分段压裂技术，Bakken 组页岩油产量超过 $0.27×10^4$t。美国页岩油开始进入规模化商业开发阶段。

3）快速发展阶段（2010—2020 年）

2010 年，页岩油产量占到美国本土原油产量的 21%；2016 年，美国原油总产量 $4.54×10^8$t，页岩油产量 $2.055×10^8$t，占比 45.2%（EIA，2018）；2018 年，美国原油总产量 $5.6×10^8$t，页岩油产量 $3.29×10^8$t，占比 59%（EIA，2019）。2010 年后美国页岩油进入快速增长阶段，仅用 8 年时间产量就增长了 10 多倍，部分时期每天超过百万桶（相当于年增产 $5000×10^4$t）。通过 60 余年探索，美国页岩油开发研发出水平井体积压裂技术，实现跨越式发展。

美国页岩油主要产于晚古生代—新生代构造相对稳定的克拉通或前陆盆地中，按地理位置分主要有墨西哥湾沿岸地区、西南地区、西海岸地区和落基山地区四大产区，分别对应墨西哥湾盆地 Eagle Ford 页岩油气藏、新墨西哥州南部与得克萨斯州西部二叠纪盆地 Avalon & Bone Springs 页岩油藏、加利福尼亚州圣华金与洛杉矶 2 个断陷盆地 Monterey/Santos 页岩油藏，蒙大拿州与北达科他州威利斯顿盆地 Bakken 组页岩油藏（张廷山等，2015）。

美国页岩油开发的成功首先得益于地质认识的提高，关键是寻找"甜点"的能力。美国页岩油具有油质较轻、含油饱和度高、气油比高、地层压力系数大、流动性好等特点，页岩层 R_o 多在 0.9%～1.3% 之间。技术进步是页岩油开发成功的核心。综合看来，美国页岩油开发相关技术包括选区与甜点评价、超长水平井、"一趟钻"钻井、立体井网（多分支）布井、细切割及重复水力压裂等技术（杨雷等，2019）。

2. 其他国家页岩油研究进展

加拿大是美国之外最大的页岩油生产国，产量约在 $5.48×10^4$t/d 水平波动，加拿大地质调查局评估认为加拿大页岩油原始地质储量为115.08×10^{8}t。2014年以来，加拿大油砂的投资持续下降，而页岩油投资从2016年开始增长，到2018年增长了约100亿加元，这也表明页岩油具有更大的成本优势和吸引力。2019年，壳牌公司、雪佛龙公司等在杜维纳页岩区开展了大量前期工作。

阿根廷是北美以外首个实现页岩油商业开发的国家，目前阿根廷页岩油产量约为0.69×10^{4}t/d。阿根廷页岩油主要位于中南部内乌肯盆地的Vaca Muerta页岩区，是全球第四大页岩油资源区，与美国Eagle Ford页岩区具有一定相似性，分布面积广、厚度大、成熟度适中、具有明显超压特征。阿根廷积极吸引外资开发页岩油资源，包括马来西亚国家石油公司、雪佛龙公司等都已在阿根廷签署了合作开发的协议。

俄罗斯页岩油资源丰富，主要位于西西伯利亚盆地的巴热诺夫组，专家评估该组页岩分布面积达上百万平方千米。俄罗斯天然气公司希望2025年达到规模化的商业开发。

其他页岩油资源丰富的国家包括墨西哥、澳大利亚等，这些国家均有页岩油发现的报道，但基本处于早期研究阶段（杨雷等，2019）。

二、国内页岩油研究进展

近年来，中国石油加大陆相页岩油地质研究、风险勘探、整体勘探、开发试验和产能建设力度，取得了重要发现和突破，研发了水平井体积压裂等一系列关键技术，实现了鄂尔多斯、准噶尔、松辽、渤海湾等盆地多个探区规模建产（焦方正等，2020）。中国页岩油研究主要经历以下3个发展阶段。

1. 泥页岩裂缝型"常规石油"兼探阶段（2010年以前）

2010年以前，中国页岩油处于前期探索与基础研究阶段。在松辽、渤海湾以及江汉等盆地油气勘探过程中，在烃源岩层系均有泥页岩裂缝型油气藏的发现。松辽盆地南部吉林探区最早在大安构造上钻探的大4井于白垩系青山口组泥页岩段获油2.66t/d，新北构造钻探的24口井于白垩系青山口组、姚家组、嫩一段泥页岩获工业油流并累产超过3×10^{4}t；北部大庆探区古龙凹陷钻探的英12井等6口井于青山口组泥页岩段获工业油流等。但泥页岩裂缝型油藏总体储量、产量规模有限，评价工作难以展开，页岩油发展进程缓慢。

2. 直井、水平井体积压裂"致密油"主探阶段（2010—2014年）

2010年以来，受"页岩油气革命"的影响和启发以及"致密油"概念的提出，长庆、大庆、胜利、大港等油田不断攻关致密油"甜点区（段）"预测评价、钻完井降本提产等关键技术，积极开展成熟—高成熟页岩砂岩互层段孔隙型石油开发试验技术攻关，取得新进展。鄂尔多斯盆地发现新安边致密油田，宁148井等8口井于上三叠统长7段页岩段获工业油流；渤海湾盆地沧东凹陷钻探的孔南9井、官1608井等2口井于古近系孔二段页岩层系试获高产工业油流；松辽盆地古龙凹陷松页油1井和松页油2井等2口井于青一段页岩段获工业油流，济阳坳陷8口直井、4口水平井试获工业油流或见到良好油气显示，江汉盆地古近系潜江组盐间页岩段见良好油气显示等。从实践看，互层型页岩油展示出资源潜力，但存在单井产量低、稳产工艺技术尚不成熟，仍需持续攻关等问题。

3. 油页岩原位加热转化"人造石油"探索阶段（2015—2020年）

2015年以来，国家能源局、中国石油、中国石化加大力度推进中国陆相页岩油的理论研究与勘探开发，对陆相页岩油的形成条件、赋存形式、成藏机理、资源潜力与有利区等方面进行了研究，各盆地开展"甜点"区评价，钻探和试验，进行产能建设，多个盆地页岩油产量获得突破。针对松辽盆地青山口组油页岩，选择吉林探区开展原位转化技术探索与现场先导试验，通过国际合作、钻井岩心分析和现场试验，建立了油页岩原位转化的丰度下限标准，并采用压裂燃烧、化学干馏、临界水等方法，现场试验获得了少量的人造石油。中国石油勘探开发研究院与壳牌公司连续几年开展合作，针对鄂尔多斯盆地上三叠统长7段富有机质页岩，以新完钻的2口井密闭取心样品分析和岩心热模拟实验为基础，开展了中低成熟度（R_o小于1.0%）页岩油原位加热转化潜力与可行性研究，初步设计提出了试验开采方案，页岩油原位转化攻关试验有望进入实施阶段（赵文智等，2018）。

中国陆相页岩油储量丰富，重点分布在鄂尔多斯、准噶尔、松辽、渤海湾等陆相盆地，纵向上页岩油主要分布在古近系、白垩系、侏罗系、三叠系和二叠系5套层系中。据自然资源部估算，中国页岩油地质资源潜力为$397.46×10^8$t，可采资源潜力为$34.98×10^8$t，是未来油气勘探的重点领域（赵文智等，2020）。

鄂尔多斯盆地持续加强"甜点区（段）"评价、水平井+体积压裂提产和平台式工厂化部署探索，勘探发现了上三叠统长7_1、长7_2生油层内$10×10^8$t级庆城大油田，风险探井城页水平井组在长7_3成功突破了出油关；开展西233井、庄183井、宁89井等井区水平井攻关试验，初步形成了长7段长水平井体积压裂先期补充能量开发的有效动用方式。

准噶尔盆地吉木萨尔凹陷芦草沟组持续开展开发方式对比试验，提高井间和纵向油层动用程度，已实现规模增储上产。玛页1井通过直井多层压裂，在二叠系风城组4579～4852m井段获日产50.6m³工业油流。

松辽盆地白垩系青山口组页岩油勘探开发取得重大突破和进展，盆地北部古龙凹陷在古页油平1井青一段2742～4214m井段、英页1H井在青一段获日产超35m³高产工业油流，直井缝网压裂、水平井体积压裂提产开发试验取得良好效果。盆地南部长岭凹陷乾安—大安等页岩油也展现了效益动用潜力。

渤海湾盆地多个富油气凹陷多层系页岩油勘探开发取得重要进展。沧东凹陷官东2口水平井在古近系孔二段测试获日产油60t以上高产，C1"甜点"首个井组实现稳产，孔二段页岩油实现了单井产量和井组产建突破。歧口凹陷沙三段页岩油获新发现，4口井获工业油流。西部凹陷雷家地区沙四段、大民屯凹陷沙四段、束鹿凹陷沙三段、饶阳凹陷沙一段、南堡凹陷沙一段等页岩油勘探取得新发现和新进展。

三塘湖盆地马朗凹陷发现二叠系条湖组凝灰岩含油储层以来，针对性开展评价建产一体化技术攻关，落实$3698×10^4$t规模储量并实现效益动用。

四川盆地中北部侏罗系大安寨段、柴达木盆地西部英西地区古近系E_3^2和风西地区新近系N_1等源内非常规石油勘探也取得新进展（焦方正等，2020）。

第三节　鄂尔多斯盆地页岩油基本特征及勘探历程

鄂尔多斯盆地是中国第二大沉积盆地，非常规油气资源丰富，其中中生界三叠系延长组长 7 段发育页岩油资源，保守评估其资源量可达百亿吨以上。鄂尔多斯盆地长 7 段页岩油的有效勘探与开发，对保障国家能源安全和中国石油长庆油田的持续发展均具有长远的战略意义。

一、鄂尔多斯盆地页岩油基本特征

晚三叠世发生的印支运动使扬子板块北缘与华北板块发生挤压碰撞，在盆山耦合作用下，形成了鄂尔多斯大型内陆坳陷湖盆。鄂尔多斯盆地中生界三叠系延长组长 7 段泥页岩层系夹薄层细砂岩、粉砂岩，发育典型的页岩油。其主要特点是源储共生，大面积连续分布；无明显含油边界，含油饱和度大于 70%，气油比一般在 70~120m³/t 之间；无自然产能，需采用水平井体积压裂改造等特殊工艺技术（付锁堂等，2020a，2020b；付金华等，2019，2020a）。

1. 长 7 段页岩油分类特征

鄂尔多斯盆地长 7 段页岩油主要发育夹层型页岩油和页岩型页岩油。夹层型页岩油又分为重力流型页岩油和三角洲前缘型页岩油，重力流型页岩油主要发育半深湖—深湖泥页岩夹薄层砂岩，砂地比一般在 20%~30% 之间，单砂体厚度小于 5m，以庆城油田为代表区块；三角洲前缘型页岩油主要发育三角洲前缘泥岩夹厚层砂岩，砂地比一般小于 30%，单砂体厚度介于 5~10m，以新安边油田和志靖—安塞地区为代表区块。页岩型页岩油又分为纹层型页岩油和页理型页岩油，纹层型页岩油主要发育半深湖—深湖厚层泥页岩夹薄层砂岩，砂地比一般介于 5%~20%，单砂体厚度介于 2~4m，以湖盆中部城页井组为代表区块；页理型页岩油主要发育半深湖—深湖黑色页岩，砂地比一般小于 5%，单砂体厚度通常小于 2m，以做原位转化试验的正 75 井区和张 22 井区为代表区块。

2. 长 7 段页岩油沉积特征

长 7 段沉积期是湖盆最大的扩张期，湖水深、水域广，形成了面积达 $6.5×10^4 km^2$ 的半深湖—深湖区，沉积了一套以暗色泥岩、黑色页岩为主的，厚度达 100m 以上的生油岩系，长 7 段整体以泥质岩类为主，砂地比普遍小于 20%，单砂体厚度小。

长 7 段沉积期，湖盆呈西南陡、东北缓的地形特征：西南陡坡带形成了大面积重力流砂体，主要发育砂质碎屑流、浊流、滑塌沉积等沉积微相，形成了块状细砂岩、薄—厚层状粒序层理粉砂岩等岩相类型，属于还原—强还原富有机相；东北、西北缓坡带以三角洲沉积为主，主要发育水下分流河道、席状砂等沉积微相，形成了块状层理细砂岩、粉砂岩等岩相，属于弱还原—还原中等有机相；广布的半深湖—深湖环境形成了大面积分布的烃源岩，发育纹层状黑色页岩、块状层理暗色泥岩，属于强还原富有机相。沉积相、岩相、有机相三相耦合，构成了长7段页岩油上、中、下3个"甜点段"。受频繁的构造地质事件作用控制，半深湖—深湖环境中砂质碎屑流与浊流沉积多期次发育，形成了长7段独特的富有机质泥页岩与粉—细砂岩间互的细粒沉积组合。

3. 长7段页岩油烃源岩特征

长7段有机质的大量富集和保存形成了富含有机质的黑色页岩和暗色泥岩，成为中生界最为主要的一套优质烃源岩，高生产力、缺氧环境的保存条件和低陆源碎屑补偿速度等是长7段有机质富集的关键因素。长7段黑色页岩与暗色泥岩广覆式分布，岩相在平面上呈现互补；处于生烃高峰期，生烃热模拟实验表明，长7段有机质生烃潜量约400kg/t，生烃强度一般为（400～600）×10^4t/km^2，具有很强的排烃能力；细粒沉积中的粉砂质泥岩、泥质粉砂岩也均具备一定生烃潜量，长7段整体生烃；以上共同作用为长7段页岩油规模成藏提供了良好的生烃物质基础。

黑色页岩、暗色泥岩在沉积构造、有机地球化学生烃指标、测井响应特征等方面均有不同。黑色页岩有机质纹层发育，含少量藻类化石、陆源泥与粉砂，粉砂多顺层分布；有机质类型主要为Ⅱ$_1$型和Ⅰ型；TOC主要为6%～16%，平均值为13.81%；氯仿沥青"A"含量为0.41%～1.51%，平均值为0.78%；S_1主要为1.49～8.90mg/g，平均值为4.02mg/g；具有异常高的自然伽马、异常高的电阻率、异常低的岩石密度和低电位等显著特征。暗色泥岩有机质丰度比黑色页岩低，块状层理，陆源泥与粉砂含量增高，有机质在泥岩中呈分散状分布；有机质类型主要为Ⅱ$_1$型和Ⅱ$_2$型；TOC主要为2%～6%，平均值为3.74%；氯仿沥青"A"含量为0.20%～1.17%，平均值为0.65%；S_1值为0.51～4.34mg/g，平均值为2.11mg/g；具有较高的自然伽马、较高的电阻率、较低的岩石密度等特征。

4. 长7段页岩油储层特征

长7段细粒沉积岩岩性主要分为细砂岩、粉砂岩、黑色页岩、暗色泥岩和凝灰岩5类，泥页岩占主体，夹多薄层粉细砂岩，细粒砂岩是页岩油主要储集体。粒间孔、溶蚀孔、黏土矿物晶间孔是长7段页岩油储层主要的孔隙类型；微米级孔隙、纳米级喉道组合形成长7段细粒砂岩储层孔喉单元系统，并呈彼此独立的簇状分布特征；页岩油储层孔喉虽然细小，但小尺度孔隙数量众多，增加了储层的储集空间，使长7段页岩油储层具有与低渗透储层相当的储集能力。

重力流夹层型页岩油的砂岩储层具有高石英（30%～45%）、低长石（小于25%）含量的矿物特征；主要发育溶蚀孔、粒间孔，孔隙半径为2～8μm，喉道为20～150μm，孔隙度为8%～11%；渗透率为0.05～0.3mD；含油饱和度为70%左右；原始气油比为70～120m^3/t（生产气油比为300m^3/t）。三角洲前缘夹层型页岩油的砂岩储层矿物具有高长石（40%～45%）、低石英（25%～30%）含量的特征；发育溶蚀孔、粒间孔等，孔隙度为8%；渗透率为0.12mD。纹层型页岩油中薄层粉细砂岩的碎屑颗粒粒度一般小于0.0625mm，主要为粉砂岩；具高长石、低石英的矿物特征；发育粒间孔、晶间孔等，孔隙半径为1~5μm，孔隙度为6%~8%，渗透率为0.01~0.1mD。页理型页岩油储层主要发育深湖相黑色页岩，有机质纹层发育；脆性矿物含量高（约45%），以长英质为主，有利于压裂；页岩水平渗透率为0.09~0.6mD，平均为0.28mD；滞留油总量约为18kg/t$_{岩石}$。

长7段天然裂缝发育，既发育宏观大尺度、中尺度裂缝，同时微—小裂缝也普遍存在，野外露头剖面多见高角度裂缝，裂缝切穿砂岩、泥页岩岩层，在岩层层面共轭节理特征明显。钻井岩心显示裂缝也发育，砂岩、泥页岩中均有分布，以高导缝为主，部分裂缝充填或半充填。生产实践发现，储层中天然裂缝的存在是长7段页岩油"甜点"富集的重要因素，天然裂缝发育有利于通过体积压裂形成复杂的缝网体系，实现页岩油工业规模开发。

5. 长7段页岩油成藏特征

长7段页岩油成藏模拟结果表明，成藏期储层古压力为18~26MPa，烃源岩与砂岩过剩压力差一般为8~16MPa，过剩压力为烃源岩层系内初次运移和近源短距离运移提供了强大的动力。在持续高压条件下，储层经历快速成藏和持续充注富集2个阶段：快速成藏期优先充注较大孔隙，储层中含油饱和度呈快速增长；持续高压充注期充注大量微小孔隙，含油饱和度缓慢增长；最终含油饱和度高达70%以上。受充注动力差异的影响，源内、近源及远源储层中石油微观赋存状态存在差异。长7段含油饱和度较高，大多达到70%，最高含油饱和度超过90%。

二、鄂尔多斯盆地页岩油勘探历程

鄂尔多斯盆地长7段页岩油的早期勘探和基础地质研究可以追溯到20世纪70年代，但大规模的勘探开发主要集中于近10年，在湖盆中部重力流夹层型页岩油的勘探开发实践中探明了10亿吨级的庆城大油田，在湖盆周边三角洲前缘夹层型页岩油勘探取得新的进展，在纹层页岩型页岩油的水平井组风险勘探中也取得了突破，同时目前积极探索页理页岩型页岩油的原位转化先导试验。长7段页岩油独具特色，广覆式分布的泥页岩与大面积粉—细砂岩紧密接触或互邻共生，源储配置好，油气近源高压充注，资源潜力巨大，开发前景广阔。

1. 勘探开发历程

鄂尔多斯盆地真正意义上的页岩油勘探始于2011年，2011—2017年以页岩油地质目标评价研究和提高单井产量技术攻关试验为重点，2018年以来，集成创新关键勘探开发技术，实现了规模勘探和效益建产，2019年发现了庆城10亿吨级页岩油大油田（付锁堂等，2020a，2020b；付金华等，2020a）。鄂尔多斯盆地页岩油的勘探开发历程主要分为以下3个阶段。

1）生烃评价、兼探认识阶段（2011年以前）

20世纪70年代以来，在针对鄂尔多斯盆地中生界石油整体勘探过程中，有40余口井在陇东地区长7段钻遇油层。但是这一阶段的勘探开发目的层以侏罗系为重点，且限于当时的地质认识和工艺技术水平，并未认识到长7段勘探潜力，钻遇的油层被视为无开采价值的油层。

1990年之后，在鄂尔多斯盆地长8段勘探过程中兼探长7段，共有100余口井试油获工业油流。进入21世纪，重点开展了油源对比分析和生烃能力评价，明确了长7段烃源岩是盆地中生界油藏最重要的烃源岩，并为大规模石油聚集提供了丰富的物质基础。通过地质露头古水流测定、轻重矿物组合等多项技术手段的综合应用，在湖盆中部发现了重力流沉积砂体，颠覆了以往认为湖盆中部只发育泥页岩而不发育砂岩的传统观念，继而开展系统资源评价，认为长7段存在一定规模的非常规油气资源。

2）评价探索技术、提产提效阶段（2011—2017年）

2011年以来，长庆油田以地质理论创新为突破口，积极转变盆地长7段页岩油勘探评价思路，借鉴国外非常规油气"水平井+体积压裂"开发理念，坚持勘探开发一体化，积极开展地质、物探、测井、工程等多学科一体化攻关试验。综合储层特性、含油性、烃源岩特性、脆性及地应力等"甜点"评价因素，针对不同类型开展了攻关试验，在陇东地区先后建成多个水平井攻关试验区，25口水平井试油平均日产超百立方米。截至2019年12月底，试验区25口水平井初期平均单井日产油12.5t，投产时间平均5.8年，目前平均日产油5.4t，平均单井累计产油1.82×10⁴t，最高单井累计产油达4.2×10⁴t，试验区累计产油45.38×10⁴t，呈现出良好的稳产潜力。

此外，油田开发积极跟进，开展不同井排距、不同水平段水平井、五点井网、七点井网水平井开发试验，以期进一步提高单井产量，提高开发效益，形成稳定的开发政策。规模运用水平段1500~2000m、井距400m长水平井压裂蓄能开发，水平井压裂段数由12~14段增加到22段，单井入地液量由$1.2×10^4m^3$上升到$2.9×10^4m^3$，加砂量由1000~1300m³提高到3500m³，投产后初期单井产量由8~9t/d上升到17~18t/d，主体开发技术日渐成熟。

3）整体勘探与水平井规模开发示范区建设阶段（2018—2020年）

2018年以来，长庆油田加大了页岩油勘探力度，按照"直井控藏、水平井提产"的总体思路，集中围绕长7段泥页岩层系进行系统勘探评价工作，同时以"建设页岩油开发示范基地、探索黄土塬地貌工厂化作业新模式、形成智能化—信息化劳动组织管理新架构"为目标，按照"多层系、立体式、大井丛、工厂化"的思路，以水平段1500~2000m、井距400m的水平井开发为主，同时开展200m小井距试验，开发取得了良好效果。

2019年，长庆油田为探索纹层型页岩油的勘探潜力，针对长7_3亚段的厚层泥页岩夹薄层粉—细砂岩类型的页岩油，综合烃源岩厚度、岩性组合、热演化程度、气油比、埋藏深度等地质条件，优选湖盆中部的城页1井、城页2井开展水平井风险勘探攻关试验，2口水平井试油分别获121.28t/d和108.38t/d的高产油流，纹层页岩型页岩油勘探取得实质性突破。

截至2020年底，围绕庆城地区长7_1亚段、长7_2亚段"甜点段"共实施直井248口，其中225口井获工业油流、69口井单井产量超过20t/d，控制有利含油范围3000km²。庆城开发示范区已完钻水平井154口，平均水平段长度1715m，投产97口，平均单井初期日产油18.6t，目前单井日产油11.4t，已建产能114×10⁴t/a，日产油水平1003t，建成了长7段页岩油开发示范区。

2020年，针对页理型页岩油，长庆油田优选正75井区，超前开展页岩油原位加热改质攻关试验。

2. 资源潜力与展望

长庆油田近年来勘探开发主要集中于鄂尔多斯盆地长7_1亚段、长7_2亚段"甜点段"的重力流夹层型页岩油，发现了超10亿吨级的整装页岩油大油田——庆城油田。庆城油田的发现，证实重力流夹层型页岩油有巨大潜力，通过规模开发示范区的成功建设，实现了此类页岩油资源的规模效益开发。

城页1井、城页2井2口风险勘探水平井的钻探成功，预示着鄂尔多斯盆地长7_3亚段"甜点段"纹层型页岩油具有良好勘探潜力。以城80区块为计算单元，初步评价盆地长7_3亚段"甜点段"分布面积约为$1.5×10^4 km^2$，初步估算其远景资源量为$33×10^8 t$。随着勘探的持续深入和关键技术的不断突破，该类页岩油资源有望成为鄂尔多斯盆地非常规石油勘探的重大接替新领域。

长7段页岩成熟度适中、有机质丰度高、厚度大、面积广、埋深浅，是中国页岩油地下原位转化最有潜力和最具代表性的层段。初步评价在油价为60～65美元/bbl（折合438～474美元/t）的条件下，石油技术可采资源量为$(400～450)×10^8 t$、天然气技术可采资源量为$(30～35)×10^{12} m^3$，资源规模大，具有广阔的勘探前景。

第二章 区域地质背景

　　鄂尔多斯盆地是中国陆上第二大沉积盆地，是世界著名的中—东亚能源成矿域的重要组成部分，在全球具典型性和代表性。盆地富含油气、煤和铀等多种资源，页岩油资源十分丰富。晚三叠世，受印支运动的影响，构造活动使盆地边界和展布范围发生变化，对盆地的物源、沉积格局产生重大影响，控制了沉积相及细粒沉积物的展布，是页岩油形成、分布和成藏的基础。因此，晚三叠世构造格局及其沉积响应是研究页岩油沉积作用的基础。

　　本章通过对地层、岩石、构造、沉积及地球物理和地球化学综合分析揭示大地构造环境，恢复晚三叠世盆地边界范围及构造属性，确定湖盆原型及构造演化，研究物源供给体系及充填过程；最后阐述盆地原型及构造演化对细粒沉积物分布的影响。

第一节　晚三叠世盆地构造格局

　　不同构造域和多种地球动力学环境的复合、叠加及其与时彼此消长变化，形成了鄂尔多斯盆地极为复杂的演化—改造历史和矿产地质特征及地貌景观（刘池洋等，2006），盆地边界与构造属性对其沉积作用与沉降中心控制明显。鄂尔多斯盆地作为独立盆地始显于中三叠世纸坊期，发育的鼎盛时期为晚三叠世延长组沉积期和早中侏罗世延安组沉积期，于早白垩世末消亡。盆地发育鼎盛时期晚三叠世湖盆原型的恢复是页岩油研究的基础。本节在区域构造分析的基础上，开展地层特征、盆地边缘相带、古水流、地震剖面等研究确定了盆地的边界范围和构造属性，恢复了湖盆的原型。

一、区域构造分析

　　鄂尔多斯盆地是华北大型坳陷区的组成部分之一，随着二叠纪海西期构造旋回的结束，整个鄂尔多斯地区结束了早期南北对挤应力场的历史（翟光明等，2002）。

　　从早三叠世印支构造旋回开始，进入了一种新型应力场阶段。在该阶段，受库拉—太平洋板块向北和欧亚板块顺时针旋转而向南的共同影响，二者之间产生了近南北向左行剪切挤压应力场，导致华北台地东部大部分地区隆起，华北克拉通盆地海水逐渐退出，同时在西南特堤斯应力源的作用下，秦岭—祁连造山带也形成左行剪切并向北挤压，最终在华北地块西南部、太行山以西、六盘山以东、秦岭以北的广大区域，形成了鄂尔多斯内陆盆地（图2-1-1）。在该阶段盆地范围东部（包括豫西晋南地区），沉积了巨厚的三叠系陆相沉积。

　　晚三叠世，在印支运动作用下，鄂尔多斯盆地构造演化发生了明显的变化，主要表现在延长组沉积期鄂尔多斯西南部内陆坳陷湖盆型沉积体系的大规模发育，且早古生代的原中央古隆起核部所在区域转变为湖盆坳陷最深的部位，反映出这时期盆地南部的构造格局已发生了较深刻的变化。通过对盆地南部长7段凝灰岩形成时代、物质来源及其意义研究（王建强等，2017），认为秦岭造山带与鄂尔多斯盆地形成演化之间时空联系紧密。此外，长7段除凝灰岩广泛发育外，盆地南部还大量发育深水重力流沉积及软沉积变形构造。前人地质与地球物理资料分析表明，延长组长7段沉积期盆地表现出张性环境及较高热背景（Liu et al., 2014）。因此，鄂尔多斯盆地的沉降伴随着秦岭造山隆升从发育、发展到缓慢衰竭的过程（付金华，2018）。晚三叠世早期（长10段—长9段沉积期），秦岭古隆起雏形浮显，对盆地并没有产生明显的影响，鄂尔多斯盆地开始缓慢伸展下沉，承袭早期地台型盆地特征；中期（长8段—长7段—长4段+长5段沉积期），秦岭强烈造山，盆地构造格局、沉积环境开始发生重大变化，盆地西南部陡坡地形出现，强烈坳陷；晚期（长3段—长1段沉积期），构造活动趋缓，盆地开始肢解，最终逐渐走向消亡。

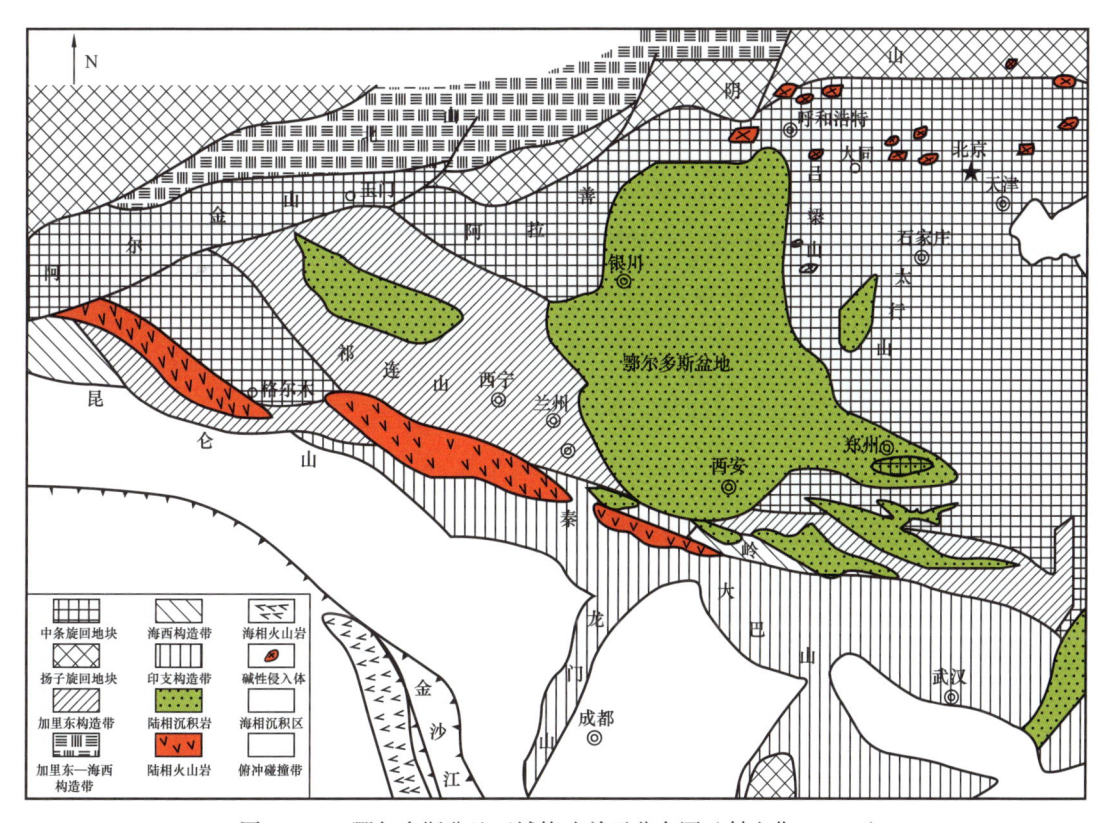

图 2-1-1　鄂尔多斯盆地区域构造单元分布图（付金华，2018）

二、盆地构造单元划分

构造单元的合理划分是认识盆地构造演化的基础，它们的形成、演化及改造直接影响和关系到对盆地原始沉积面貌的认识。关于鄂尔多斯盆地构造特征及构造单元划分的研究已有诸多论述（赵重远，1990；张抗，1989；何自新，2003；李明等，2012），主要是依据基底性质、地层岩石组合、构造变形特征、构造演化及现今构造格局等，形成了较一致的认识：可划分为伊陕斜坡、天环坳陷、西缘逆冲带、晋西挠褶带、渭北隆起、伊盟隆起六个一级构造单元（图2-1-2）。伊陕斜坡是目前鄂尔多斯盆地页岩油勘探的主战场。

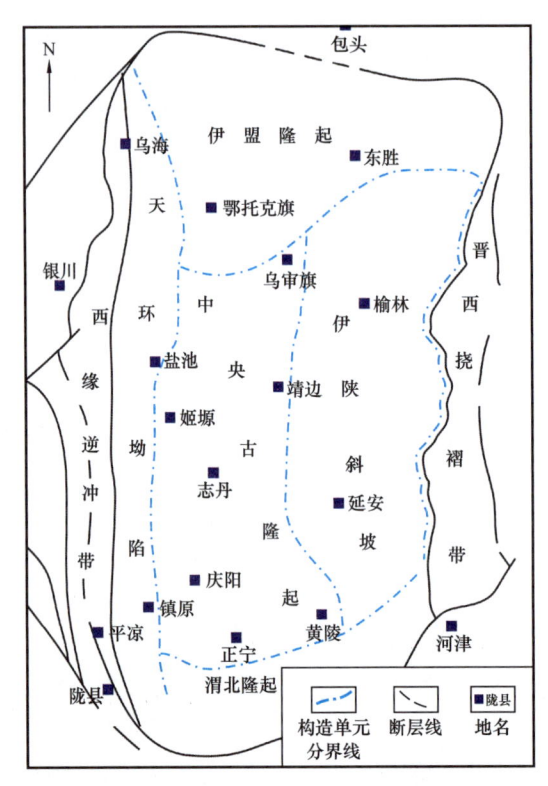

图2-1-2　鄂尔多斯盆地区域构造单元分布图（何自新，2003，有修改）

三、湖盆边界范围与构造属性

鄂尔多斯盆地周邻现今为诸多山体环绕，南侧为秦岭造山带，西侧为六盘山、贺兰山，北侧为阴山、大青山，东侧为吕梁山及太行山等（图2-1-1）。控制盆地内部延长组沉积与分布特征的主要是西北部、北部、西南部和南部边界，对这些边界以往争议和分歧较大。在确定这些边界的过程中，主要采用地质与地球物理相结合的方法，通过区域构造分析、边界两侧地层与生物地层对比、重矿物组合分区、裂变径迹测年、稀土元素分析以及重磁、地震、CEMP资料分析大地构造环境，恢复岩相古地理环境、边缘相及晚三叠世原盆不同边界（付金华等，2013a），查明了盆地晚三叠世延长组沉积期的构造属性。

1. 湖盆西北缘边界范围及构造属性

鄂尔多斯盆地北部周邻的同期地层以贺兰山地区分布厚度最大，层位较为连续，且在贺兰山西缘具有明显的边缘相特征。大地构造以及残留延长组分布特征对比表明：盆地北部、与之相邻的贺兰山及更西北的阿拉善古陆的地层发育特征存在差异。

1）沉积趋势分析

贺兰山西缘断裂带以西的阿拉善地块主体之上缺失上元古界、下古生界及三叠系，阿拉善群与中—上侏罗统呈角度不整合接触，说明在印支—燕山运动早期长期隆起剥蚀，贺兰山西缘断裂带东侧的鄂尔多斯盆地发育中—上三叠统纸坊组和延长组，贺兰山延长组沉积环境和沉积相具有由陆上向水下、由浅水向深水演化的明显趋势（魏红红等，2001）。贺兰山地区延长组分布普遍，沉积地层保存较全，地层厚度较大，具有近源沉积和相变较快的特点，自下而上由河流相过渡为湖泊相（图2-1-3），且与鄂尔多斯盆地本部同期沉积地层完全可以对比，表明该时期贺兰山地区不仅未隆起成山，相反则是较大范围地沉降、接受沉积，推测贺兰地区延长组应属鄂尔多斯沉积盆地的一部分。

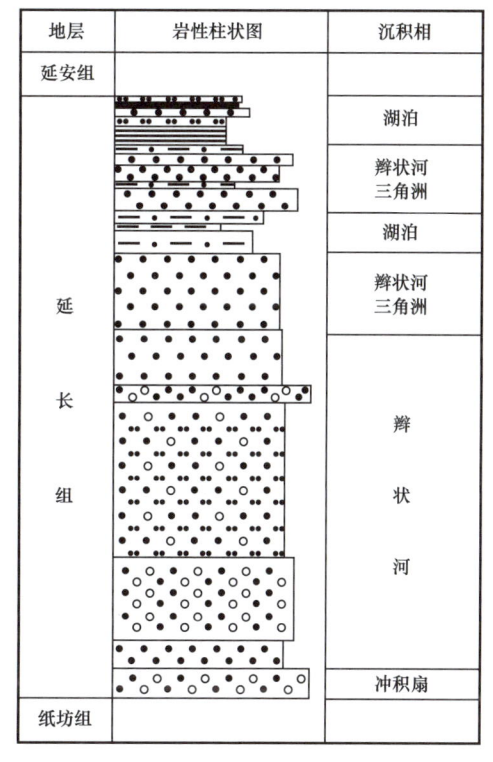

地层	岩性柱状图	沉积相
延安组		
延长组		湖泊
		辫状河三角洲
		湖泊
		辫状河三角洲
		辫状河
		冲积扇
纸坊组		

图 2-1-3　贺兰山地区上三叠统延长组沉积特征图

2）露头剖面分析

通过对晚三叠世盆地西北部的构造属性分析，认为晚三叠世贺兰山与鄂尔多斯盆地本部属于同一个统一的大型沉积盆地，盆地边界可以外推到阿拉善古陆边缘。湖盆西部边缘汝箕沟、石沟驿及崆峒山等露头剖面分析表明：延长组沉积反映出相对独立的物源和水系，普遍有近源和相变较快的洪积特点（付金华，2018）。

汝箕沟剖面延长组5个岩性段发育齐全，出露的延长组第一段的砾岩，分选、磨圆较好，砾序层理清晰，可见叠瓦状排列（叠瓦状砾石走向125°），厚度约为5m，砾岩砾径大部分小于5cm；砾岩以灰白色石英岩砾石为主（82%），砂岩砾石次之（18%），灰绿色砂质胶结；该套砾岩磨圆较好，表明此处距离物源较远；砾岩中的叠瓦状砾石揭示存在由西向东的古水流，故推测该时期（早期）物源应来自西部；而砾岩中石英岩砾石的大量出现，表明物源可能为阿拉善古陆基底的变质岩（可能为中元古代的黄旗口群石英岩）。

石沟驿剖面延长组为灰绿色中—粗粒长石砂岩，含砾石，偶夹粉砂岩或泥岩；纵向上呈多个沉积小旋回，砂岩单层厚度从数十厘米到4~5m不等；砂岩粒度下粗上细，正粒序；古流向为自西北向东南，与贺兰山地区具有较好的一致性；其沉积相分析显示两地区均处于盐定古河流河道，同属于河道相沉积的一部分（赵文智等，2006），这些特征共同表明贺兰山西北部物源区的存在，物源方向为西北部。

崆峒山地区延长组为灰绿色、灰褐色、灰紫色砾岩，砾石成分以石英岩、硅质岩及石灰岩为主，其次有细砂岩、变砂岩、石英岩及白云岩等，砾石具明显顺层定向排列，砾岩中夹有紫红色粉砂质泥岩和灰绿色砂岩互层；分选差，大小混杂，砾径最大为50~70cm，最小为5~10cm；磨圆度为圆状—次圆状，填隙物占20%~35%，胶结物质以砂泥质、硅质胶结为主，胶结方式以孔隙式或基底式胶结为主，重结晶作用使砾石胶结致密、坚硬，属典型的近物源快速堆积冲积扇相产物，平面展布范围有限。底砾岩主要出露于崆峒山、麻武后沟及策底坡等地，岩性为棕褐色、灰绿色砾岩、细砾岩、含砂砾岩及含砾粗砂岩。由东向西，粒度变粗、色调由绿色变红色，厚度由薄变厚，组分、粒度等岩相特征及沉积环境演化向东与盆内庆阳、华池一带同期延长组细粒碎屑岩相连。

3）古流向分析

对贺兰山地区晚三叠世延长组沉积时期的古流向，不同学者做了较多的研究。通过在汝箕沟、塔尔岭、黄草滩等地测得一系列的斜层理、砾石扁平面及叠瓦状砾石产状，进行整理、分析，并对前人资料进行系统地整理，编绘了古流向玫瑰花图（图2-1-4），由图2-1-4可见，贺兰山地区晚三叠世的古流向继承了中三叠世的趋势，整体为由西向东和由西北向东南方向流动。该方向与鄂尔多斯盆地西缘的石沟驿、磁窑堡等地的古流向具有一致性，具有共同的北西方向的物源。

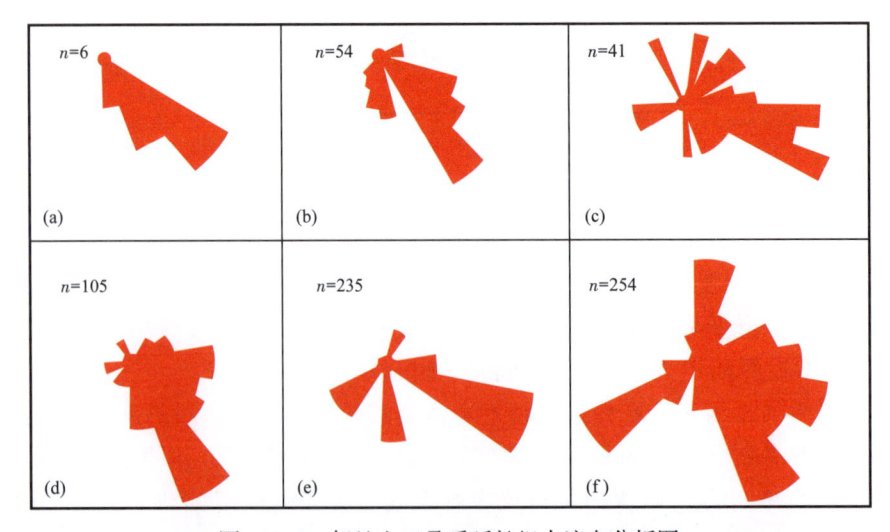

图2-1-4 贺兰山三叠系延长组古流向分析图

4）砂岩锆石定年分析

通过对汝箕沟晚三叠世砂岩样品的锆石 U-Pb 测年[❶]，36 粒碎屑锆石的年龄频谱表明，它们的 U-Pb 表面年龄值分布在（242±1）Ma 到（2577±5）Ma 之间（图 2-1-5）。其中：1 粒锆石表面年龄为（242±1）Ma，7 粒锆石的表面年龄分布在 322—254Ma 之间（平均值为 284Ma），1 粒锆石表面年龄为 423Ma，分别与西北部内蒙古阿拉善北缘陆缘弧区印支期、华力西期、加里东晚期岩浆岩有关；27 粒碎屑锆石的表面年龄分布在 2577—1821Ma 之间（占全部年龄的 75%），平均值为 2316Ma，它们应与西北部阿拉善地区太古宇—元古宇阿拉善群变质岩及岩浆岩有关。

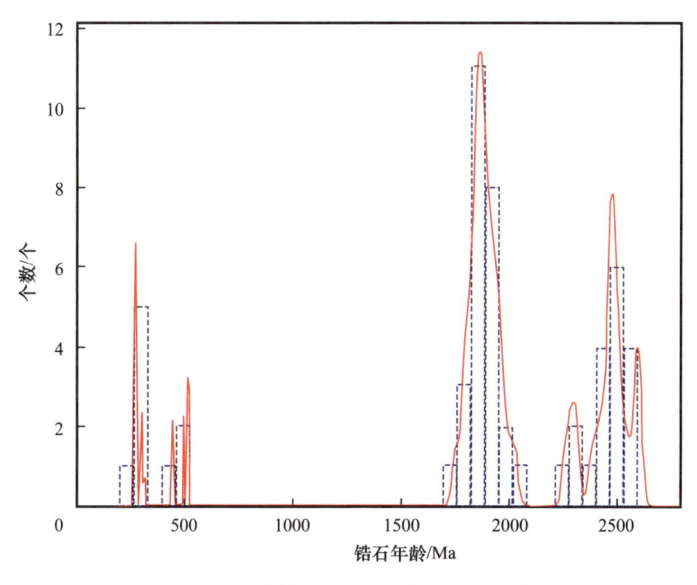

图 2-1-5　汝箕沟延长组锆石年龄分布图

2. 湖盆北缘边界范围及构造属性

桌子山地区的延长组含晚三叠世常见的植物化石 *Bernoullia Zeilleri*、*Neocalamites* sp.，且底部出现砾岩，应该也是非常接近沉积边界（内蒙古自治区地质矿产局，1991）。由于在桌子山以西地区露头均未见到晚三叠世地层，同时，该地区的中三叠统和尚沟组和二马营组均有出露，岩性以紫红色砂泥岩为主，且下部均有砾岩和含砾砂岩出现。故推测晚三叠世桌子山东麓可能延续了中三叠世的面貌，为盆地的边缘相的一部分。但是目前在桌子山东麓未见到明显的冲积扇边缘相沉积，推测其原始的沉积边界应该在桌子山的西面。而在鄂尔多斯盆地的东北部，在达拉特旗高头窑、准格尔旗等地见到了晚三叠世的含砾砂岩，在其北部一直到大青山—阴山一带，均未见到晚三叠世地层出现。在盆地西北部的杭锦旗地区井下见到了延长组的含砾砂岩，且向北含砂率增加。同时，区域残存地层等厚图显示，向盆地北部厚度减薄，表明北部达拉特旗—杭锦旗一线以北接近盆地的边缘。

[❶] 佚名，2007. 鄂尔多斯盆地西缘前陆中新生代构造转换与油气成藏的关系［R］. 西安：中国石油长庆油田公司科研报告.

3. 湖盆西缘和西南缘边界范围及构造属性

在盆地西缘，西缘逆冲断裂发育时代主要在燕山期，磷灰石、锆石裂变径迹分析均反映出盆地西缘隆升发生在晚侏罗世以后。其中赵文智等（2006）从构造应力角度分析认为，晚三叠世鄂尔多斯盆地与六盘山盆地连通在一起，同时接受沉积。关于鄂尔多斯盆地西南缘边界，黄汲清等（1977）从槽台观点分析认为，鄂尔多斯盆地西南缘是秦祁地槽系和华北地台两大构造单元接合部的一个褶皱构造带，二者边界以青铜峡—固原断裂为界。青铜峡—固原深大断裂划分为鄂尔多斯盆地与河西走廊过渡带的分界断裂，鄂尔多斯盆地西南沉积边界应是西华山—六盘山西缘断裂（付金华，2018）。

4. 湖盆南缘边界范围及构造属性

刘绍龙（1986）通过分析野外残存露头特征以及区域范围对比后认为，晚三叠世延长组沉积期盆地沉积范围的南界达商丹缝合带北侧的周至—洛南—卢氏—南召一线。沉积相演化分析结果显示，现今鄂尔多斯盆地南部与秦岭造山带之间，不仅未发现晚三叠世盆地边缘相，相反却有大规模湖泊和湖泊三角洲相及浊流沉积。济源剖面、义马剖面上，沉积序列、地层结构和岩性特征与鄂尔多斯盆地延长组相似。对比物源后发现，古流向有来自南部的物源。同时，岩层主、微量元素地球化学分析结果也表明，北秦岭洛南、周至等地区延长群主、微量元素分配模式与鄂尔多斯盆地本部具有良好的一致性，进一步表明晚三叠世盆地的南界可延伸至北秦岭（付金华，2018）。

四、盆地本部延长组残存地层基本特征

延长组的分布范围反映湖盆的大小，地层厚度变化反映盆地结构及演化，残留地层的分布规律是分析判断沉积环境、恢复盆地结构的重要依据。晚三叠世延长组沉积期是鄂尔多斯盆地发育的一个鼎盛时期，湖盆开阔，但受后期强烈而不均匀剥蚀改造的影响。对比地层发育残留厚度变化，分析原始盆地沉积范围及骨架砂体展布趋势，对于研究盆地结构变化，恢复淡水湖湖岸线位置和迁移演化特征，弄清成盆演化过程中构造运动、细粒沉积物充填过程以及沉积范围和厚度有重要作用。

1. 地层厚度特征

通过钻井、测井以及露头剖面测量结果研究，勾画了鄂尔多斯盆地延长组残留地层分布特征（图 2-1-6），根据图示趋势，结合盆地、构造改造与沉积环境演化判断，盆内延长组总体北薄南厚、西薄东厚。差异变化较大区主要是盆地西部边缘，其中在西北缘汝箕沟煤矿区厚度为 1947m，西南缘崆峒山—汭水河一带厚度近 3000m，石沟驿地区惠一井厚度约 212lm，镇原—环县以西至同心—盐池地区较薄约为 500m，窑山、炭山等地和 Yan ll 井、Huan 26 井等井多处更薄，相差近 2500m，反映盆地西部边缘结构复杂，地形差异大、变化快；南缘由于构造岩浆作用强烈，破坏程度高，延长组残留露头少。从旬邑三水河、麟游澄河、铜川金锁关、韩城薛峰川以及秦岭北坡的残留地层情况分析，地层厚度普遍较大，但不同点差异较小；东南部从宜君—铜川一带存在剥蚀区，但剥蚀

区沉积物无任何边缘相特征，厚度等值线在这一带也无闭合现象。在盆内，由西向东以及北东方向，厚度总体缓慢减小，特别是在陕北斜坡上变化明显，向东南厚度有增大的趋势，子长、清涧以北仅厚800m左右，厚度最大地区位于富县—黄陵—铜川一带，地层厚度大于1500m，说明该区为一长期坳陷地带，并且是沉降中心，反映了盆地古地形呈北部高、西南部和东南部低，盆地的地质结构为不对称非均衡沉降，湖盆沉降和沉积中心偏向西南。

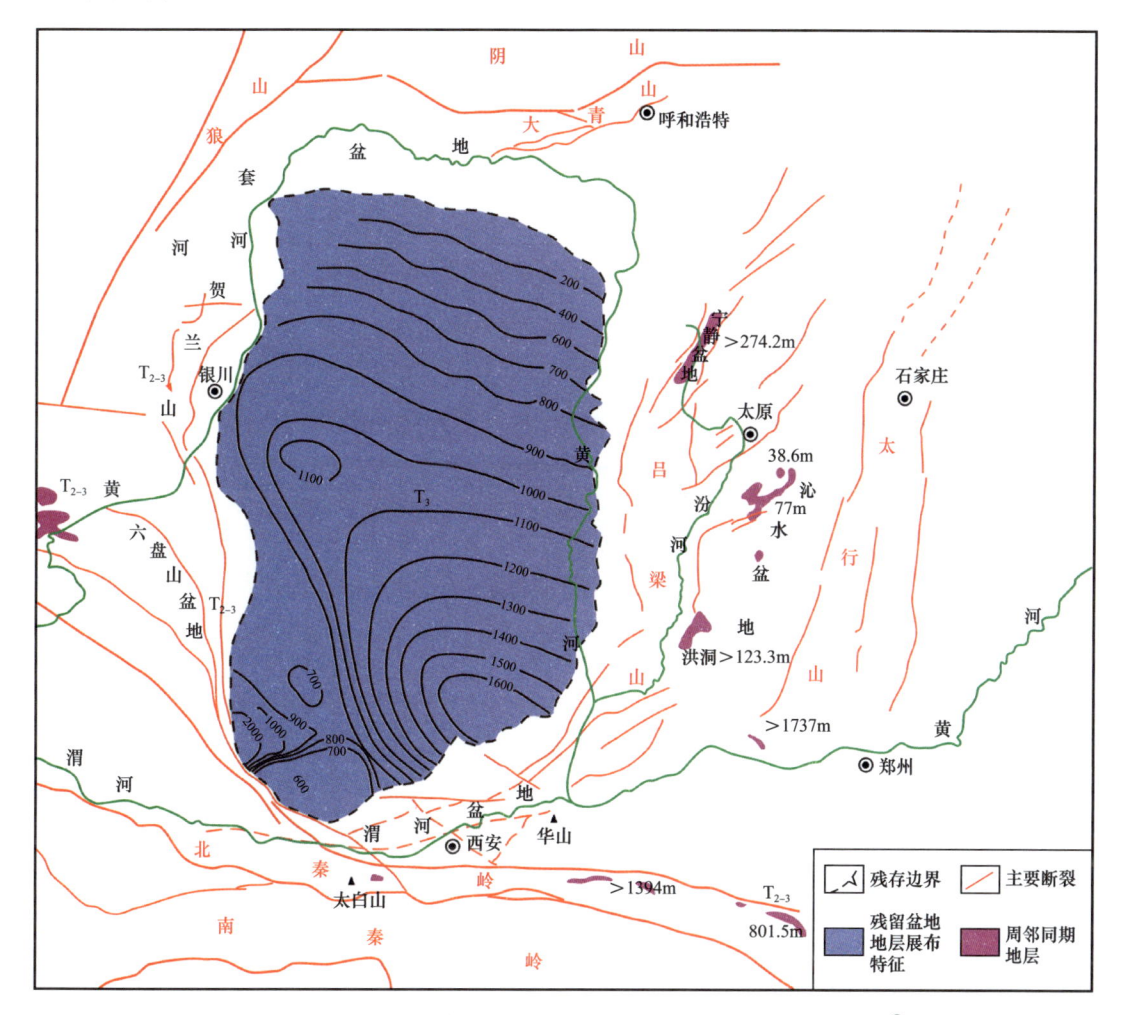

图 2-1-6　鄂尔多斯盆地及周邻晚三叠世残存地层分布及厚度图（刘池阳[1]，2012）

2. 结构特征

对于盆内的结构，重点选择地层保存完整、深度较大的钻井剖面地层进行对比研究，发现在湖盆内不同地区，上三叠统延长组残留的各油层亚组（或岩性段）地层，在南北和东西方向存在差异和横向厚度变化。进一步对比发现，在南北向对比剖面上，富县—黄陵—铜川、定边、灵台、崇信、麟游一带都较厚，地层厚度一般在1200～1500m之间，

---

❶ 刘池阳，2012. 鄂尔多斯盆地中生代原盆恢复、后期改造及其油气效应[R]. 西安：中国石油长庆油田公司科研报告.

继续往南追踪，由于后期的渭北隆起，尽管地层曾遭受不同程度的剥蚀，但若考虑原始沉积面貌，按变化趋势恢复原始沉积厚度，地层厚度明显比盆地内部增厚；相反向北到陕北斜坡，延长组明显变薄，除定边厚度大于1200m，一般厚度为800~1100m，因而整体形成北薄（400~800m）南厚（900~1300m）格局，南北相差近300~500m，南厚北薄的变化趋势明显。

虽然鄂尔多斯盆地的古地形总体呈西北和东北高，南部（尤其是东南部）低的特点，盆地内部厚度也呈西薄东厚，北薄南厚之势，但对比盆地西南缘和西北缘的地层厚度值，最厚的为2000~3000m，薄的为600~700m，二者相差悬殊。进一步深入分析盆地内部地层厚度变化还发现，在盆地西部，存在的近南北向展布的低隆起区分隔了南北向的石沟驿和崆峒山较厚地层沉积区，但对于东西向，该隆起仅为当时沉积的水下隆起，向西延伸，并未分隔鄂尔多斯盆地与其西邻六盘山盆地。总之，多种迹象显示，延长组沉积期间，是鄂尔多斯湖盆沉降的鼎盛期，湖盆水体曾可能与河西走廊地区有过沟通，导致位于该水下隆起之西的盘探3井和香山南麓地区仍普遍残留有晚三叠世的沉积地层。深入盆地南缘至北秦岭北坡，地层均已遭受不同程度剥蚀改造，结合相带演化并考虑恢复的厚度，则原始沉积厚度可能会更大。虽然一系列上三叠统延长组东西向的连井柱状地层厚度对比图显示，延长组的厚度在东西方向有差异，但主要表现在盆地边缘，在盆地内部其他地区地层稳定，差别较小，一般小于1400m。

所以，秦岭祁连山造山带以及山前的陇西古隆起的形成和演化对鄂尔多斯盆地的沉积环境格局具有重要意义，晚三叠世的鄂尔多斯盆地，沉积范围超越现今残留地层分布范围，延长组沉积时是一个南深北浅、北西—南东向沉积展布，曾局部向西和东南开口大型不对称非均衡超大型坳陷盆地。

3. 沉积特征

中晚三叠世延长组沉积期，鄂尔多斯盆地曾经历了发生、发展、消亡的完整演化过程。在地层剖面上按照盆地演化阶段，自上而下可将油层分为长1段、长2段、长3段、长4段+长5段、长6段、长7段、长8段、长9段、长10段共10个段，对应油组相应沉积期，长10段沉积期以河流、三角洲及部分浅湖相沉积为主，沉积物粒度总体较粗，中砂岩为主；长9段—长8段沉积期湖盆沉积范围大幅度扩大，细粒沉积明显增加，并发育一套以湖相为主的黑色页岩沉积；长7段、长6段、长4段+长5段沉积期是一套砂泥岩互层夹高阻凝灰岩，大面积分布巨厚层细粒沉积，其中长7段是重力流、细粒沉积主要沉积段，并发育高阻段、高自然伽马油页岩或碳质页岩，俗称"张家滩页岩"。长6段、长4段+长5段沉积期延续了长7段沉积期沉积格局，但细粒沉积范围、规模缩小；长3段、长2段，主要为浅色、灰绿色中—细粒砂岩夹灰黑色粉砂质泥岩；长1段沉积期早期为含煤的砂泥岩沉积，剖面构成韵律层，富含植物化石，中期为浅灰色中厚层粉—细砂岩与深灰色泥页岩互层，夹薄煤层及泥灰岩沉积，晚期为浅灰色块状硬质长石砂岩与黑灰色—灰绿色粉砂质泥岩、泥质粉砂岩，夹灰色粉细砂岩沉积。延长组沉积期鄂尔多斯盆地的结构演化也反映了湖盆曾经历了早期孕育、发展、缓慢均衡沉降；中期非均衡快速沉降，湖水鼎盛外扩；晚期衰竭收缩、支解、废弃、残留，又均衡缓慢沉积的演化过程。同时由此控制了细粒沉积物的局部形成、沉降，大面积重力流、三角洲前缘和前三角洲相细粒沉积以及细粒沉积分布向湖盆腹地收缩的演化规律（付金华等，2005a，2012，2013b）。

4. 古生物特征

延长组下部（即原来的铜川组）含延长植物群的 *Equisetites-Tongchuanophyllum* 组合以及淡水双壳类和介形类组合，大致对应于中三叠世晚期；延长组上部陆生生物群主要门类有植物、介形虫、叶肢介、双壳类等。其中植物化石为延长植物群 *Danaeopsis-Bernoullia* 组合（陕西省地质矿产局，1989）。该植物群共发现有38属91种。其组成特点是以蕨类植物 *Danaeopsis Fecunda*、*Ernoullia Zeiller*、*Asterotheca Szeiana* 和真蕨类的 *Todites Shensiensi*、*Cladophlebis* 各种及 *Sphenopteris Chowkiawanensis* 等占优势，种子蕨纲 *Thinnfeldia* 各种及 *Aipteris* 也相当丰富。苏铁类和银杏类仅有一些主要的代表，松柏类非常贫乏，该延长植物群组合与欧洲考依波植物群大致同属晚三叠世。因而延长组沉积大致为中三叠世晚期—晚三叠世。

五、晚三叠世鄂尔多斯湖盆原型与构造演化

1. 鄂尔多斯湖盆原型

依据湖盆边界范围与构造属性，恢复的原型盆地沉积轮廓为：北部以贺兰山西缘断裂带—查汉布鲁格断裂与阿拉善古陆为界；向西与六盘山盆地和河西走廊过渡区相通；西南部至西华山—六盘山断裂（海原—北祁连北缘断裂），与陇西古陆分界；南部边界跨越现今渭河地堑和北秦岭地区，可达商丹缝合带北侧一带；东可达冀、皖；北部边界位于达拉特旗—杭锦旗一带；在此基础之上对晚三叠世原始盆地面貌进行了恢复（图2-1-7）。原盆沉积范围远远超出现今延长群残留范围，周缘西北阿拉善古陆、西南祁连造山带和南部秦岭造山带为主要剥蚀区（付金华，2018）。

对比延长组沉积过程中不同时期、不同地区的充填特征后发现，盆地南北向不均衡沉降，沉降幅度北东—南西向差异较大。长6段—长8段沉积期，秦岭造山带强烈挤压隆升控制了盆地深湖相带发育演化趋势，导致深湖相呈北西—南东向展布，西南部陇东地区已成为盆地腹地，也是延长组沉积、沉降中心，不仅沉积环境为半深湖—深湖，持续接受了800~1000m的较厚沉积；而且顺沉积物的水流和物源方向向东北翼追溯，盆地东北翼斜坡上长6段—长8段厚度明显小于陇东沉积中心的地层厚度，平面上沉积地层厚度受湖盆沉积中心位置南移影响。

2. 晚三叠世构造演化与沉积特征

晚三叠世，鄂尔多斯湖盆构造演化与沉积特征经历了3个阶段。

早期（长10段—长9段沉积期），秦岭古隆起雏形浮显，鄂尔多斯盆地缓慢伸展下沉，承袭早期地台型盆地特征，沉积面积大，但湖泊沉积范围较小；湖盆平稳沉降，主要以河流粗碎屑为主及小面积湖相沉积，碎屑粒级分带清晰，细粒沉积物位于沉积体系末端，沉积厚度较薄（付金华等，2013b）。

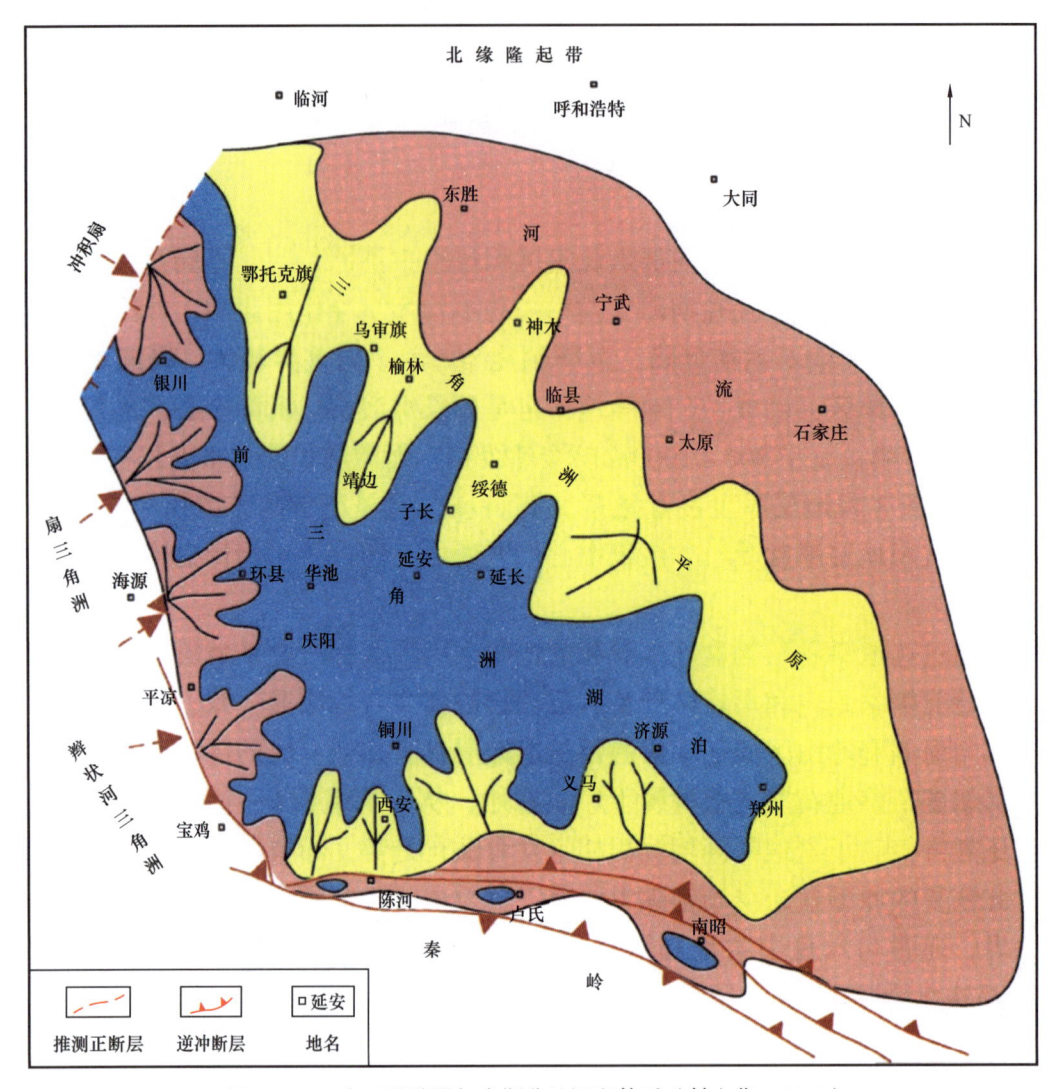

图 2-1-7 晚三叠世鄂尔多斯盆地沉积体系（付金华，2018）

中期（长8段—长4段+长5段沉积期），持续时间长。长8段—长7段沉积期，秦岭强烈造山，在构造强烈沉降作用下，盆地周围火山喷发；由于盆地不均衡强烈快速下陷，西南沉积幅度大，东北沉降幅度小，湖盆强烈拗陷的长7段沉积期，滑塌、浊流等事件沉积作用频发，细粒沉积分布于盆地西南陇东一带的湖盆腹地沉降中心，累积沉积厚度大，范围广；长6段—长4段+长5段沉积期，长6段沉积早期继承了长7段沉积期沉积格局特征，细粒沉积物分布范围分散外扩，在湖盆斜坡带、半深水湖带大量分布；进入长4段+长5段沉积期，盆地构造强烈回返，湖盆地形缓慢趋平，湖水总体变浅，细粒砂泥岩频繁互层，但层厚小。

晚期（长3段—长1段沉积期），构造活动趋缓，鄂尔多斯湖盆萎缩消亡，细粒沉积物主要分布于湖盆腹地以及残留湖盆中（付金华等，2013b）。可见，在盆地结构演化转换过程中，不同阶段细粒沉积物沉积形式、分布位置和规模不同（付金华，2018）。

第二节 物源供给体系

由于受到构造格局的影响，晚三叠世湖盆具有多个物源供给体系，物源的远近、物源方向的变化以及古地理和古地形的变化均会造成细粒沉积物分布的差异，进而造成长7段烃源岩和储集砂体展布的差异。

一、母岩类型和组分

鄂尔多斯盆地外围陆源源区的母岩类型与盆地沉积物有着密切的关系。研究母岩区的岩性结构和组分，有助于判断盆地内部陆源碎屑岩的岩石以及化学成分，可以提供揭示沉积物成分中更为细微的信息，特别是为判断水系来源和砂体方向提供依据，进而对湖盆发育、充填过程、物源变迁以及沉积环境演化等问题的分析提供借鉴，为重塑盆地的沉积演化提供大量可靠依据。

二、古水流分析

在盆地古水流研究方面前人已开展了大量工作（魏斌等，2003；郭艳琴等，2006；徐黎明等，2006），本次主要对盆地西南缘的窑山、炭山、崆峒山、汭水河等剖面进行了补充性研究。对出露地层的砂岩交错层理和砾石扁平面进行测量，借助赤平极射投影方法将测量的走向和倾向恢复到原始沉积状态，获得原始古水流的方向，同时结合前人所测资料，综合编制了鄂尔多斯盆地及邻区晚三叠世延长组沉积期古水流体系展布图（图2-2-1）。

延长组沉积中期古流向参数显示，盆地东北部沉积物的平均搬运方向为105°，西南部的平凉—华亭地区古流向为110°左右；南部的宜君—铜川地区平均为320°（表2-2-1）；东部延长—宜川地区野外实测水流线走向数据，其古水流优势方向在210°~270°区间。盆地东部古水流优势方向只有一个，那就是由东北向西南方向；东北地区的榆林一带沉积物平均搬运方向为200°。

古水流分布图与古流向参数较清楚地显示出，在平凉、汭水河、窑山附近古流向大致呈东北向；炭山以及附近古流向大致为北东东—北东向，表明盆地西南缘地区的物源主要来自盆地西南的陇西古陆等。而麟游—铜川等地古水流方向主要为北、北北西向，表明物源则主要来自盆地南部的秦岭造山带；西北部贺兰山、石沟驿一带古水流呈南东向，显示流向盆地本部地区，东北部榆林—延安，山西地区古水流指向南西、南西西方向。可见古水流方向总体向同一个沉积中心（环县—庆阳—铜川及之东）汇聚，较好地印证了它们可能为同一原始盆地。盆地四周存在古隆起，沉积物从盆地边部向中心搬运，且大致可分为4个物源方向，以南（西南）和北东物源为主。

同时，研究过程中还发现甘肃河西走廊景泰宝积山地区的晚三叠世地层古流向以东北方向（13°~44°）为主，显示具有流向东部盆内的古水流特征，但延长组沉积期河西走廊地区与鄂尔多斯盆地是否连通，仍需开展进一步的工作。

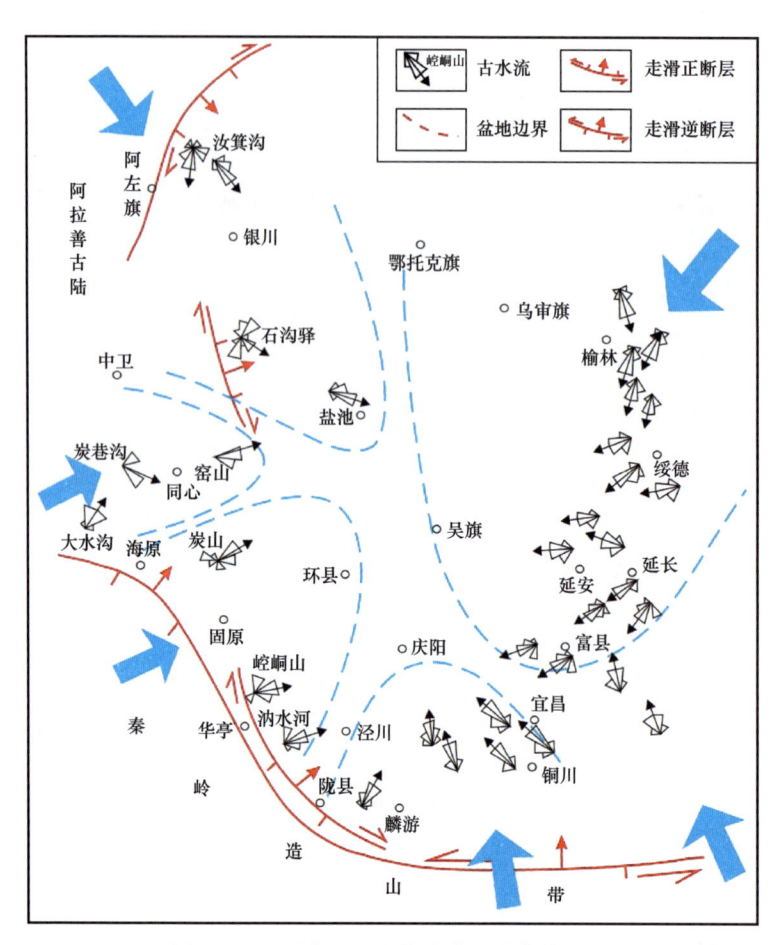

图 2-2-1 延长组沉积期古水流分布特征图

表 2-2-1 鄂尔多斯盆地周缘露头区长 6 段—长 8 段沉积期古流向统计表（李文厚[1]，2008）

剖面	层位	古流向/(°)	剖面	层位	古流向/(°)	剖面	层位	古流向/(°)
铜川漆水河	长 6 段	323	华亭汭水河	长 6 段	110	韩城薛峰川	长 6 段	355
铜川漆水河	长 7 段	325	华亭汭水河	长 7 段	108	韩城薛峰川	长 7 段	350
铜川漆水河	长 8 段	325	华亭汭水河	长 8 段	111	韩城薛峰川	长 8 段	335
耀县教场坪沟	长 6 段	345	子洲大理河	长 6 段	255	清涧河	长 6 段	257
耀县教场坪沟	长 7 段	335	子洲大理河	长 7 段	215	清涧河	长 7 段	268
耀县教场坪沟	长 8 段	335	子洲大理河	长 8 段	207	清涧河	长 8 段	265
延安云岩河	长 6 段	220	宜川仕望河	长 6 段	220	延河	长 6 段	266
延安云岩河	长 7 段	247	宜川仕望河	长 7 段	220	延河	长 7 段	270
延安云岩河	长 8 段	245	宜川仕望河	长 8 段	233	延河	长 8 段	270

[1] 李文厚，2008.陕北地区延长组长 7 沉积体系分析及砂体展布特征研究[R].西安：中国石油长庆油田公司科研报告.

续表

剖面	层位	古流向/(°)	剖面	层位	古流向/(°)	剖面	层位	古流向/(°)
洛河—沮河	长6段	236	佳县佳芦河	长6段	185	榆林秃尾河	长6段	170
	长7段	250		长7段	—		长7段	195
	长8段	255		长8段	195		长8段	205
神木窟野河	长6段	180	平罗汝箕沟	长6段	270	灵武古窑子	长6段	—
	长7段	180		长7段	270		长7段	—
	长8段	175		长8段	265		长8段	110

三、长7段沉积期物源体系

1. 轻矿物、岩屑平面分析

根据长7段轻矿物的含量及平面变化特征（图2-2-2），划分为东北物源（高长石区）、西北物源（石英、长石近等区）、西南物源（高石英、高岩屑区）、中部混源（高石英、高长石混源区），东北和西南两物源为主要物源。石英含量由东北部向中部、西南部依次增大，说明西南部应该为盆地沉降中心；东北部、中部及西北部均是长石含量大于岩屑含量，但是中部与东北部的趋势更相似，说明盆地东北物源的影响范围远大于西南物源，西南部岩屑含量大于长石含量，具有近源快速沉积的特征。

岩屑类型及含量能够准确地反映物源区的岩性、风化作用的类型、程度及搬运距离。长7段岩屑主要为喷发岩、石英岩、片岩、千枚岩及白云岩、石灰岩等。组成上主要为变质岩岩屑，其次为沉积岩、火成岩岩屑。从岩屑平面分布看（图2-2-3），可划分为东北物源（高变质岩屑区）、西北物源（高变质岩、低沉积岩岩屑区）、西南物源（高变质岩、高沉积岩岩屑区）、中部物源（岩屑含量近等混源区）。盆地西南部主要为高变质岩、沉积岩母岩供给区，表明北祁连成为主要的物源供给区，在沉积相带分布上也有明显区别。此外，尚有一些板岩、片麻岩及变质砂岩岩屑，均源于秦祁造山带的深、浅变质岩系。但是盆地西部环县—镇原地区主要为高沉积岩岩屑，变质岩岩屑含量也比较高，高沉积岩岩屑带一直延伸至吴起西部，表明盆地西部物源可能来自西南部陇西古陆的沉积岩和西北阿拉善古陆的太古宙变质岩。西北部变质岩岩屑含量很高，西北阿拉善古陆太古宙变质岩应该是其主要的物源供给区。盆地东北部、东部主要为岩浆岩、变质岩岩屑区，其变质岩岩屑含量高于岩浆岩岩屑，说明盆地东北部、东部物源可能来自同一个方向，即北部阴山、大青山附近的太古宇乌拉山群的深变质结晶片岩、片麻岩。

2. 重矿物平面分析

重矿物由于其在成岩过程中的稳定性，含量、组合特征及平面展布反映母岩类型及物源方向。长7段220余块砂岩样品重矿物分析表明，盆地重矿物以锆石（42.01%）、石榴子石（20.59%）、白钛矿（15.61%）、电气石（3.05%）、金红石（0.96%）为主，少量为硬绿泥石、绿帘石、重晶石、黄铁矿和榍石等，其中稳定重矿物组合为锆石、金红石、电气石、石榴子石，不稳定矿物组合由榍石、黑云母、重晶石、黄铁矿、绿泥石等组成（表2-2-2）。西南部重矿物（如锆石）磨圆度较差，而且含较多不稳定矿物，说明当时沉积区距离物源较近；东北部重矿物的磨圆度较好，含有很少量的不稳定矿物，再次说明此区离物源较远。

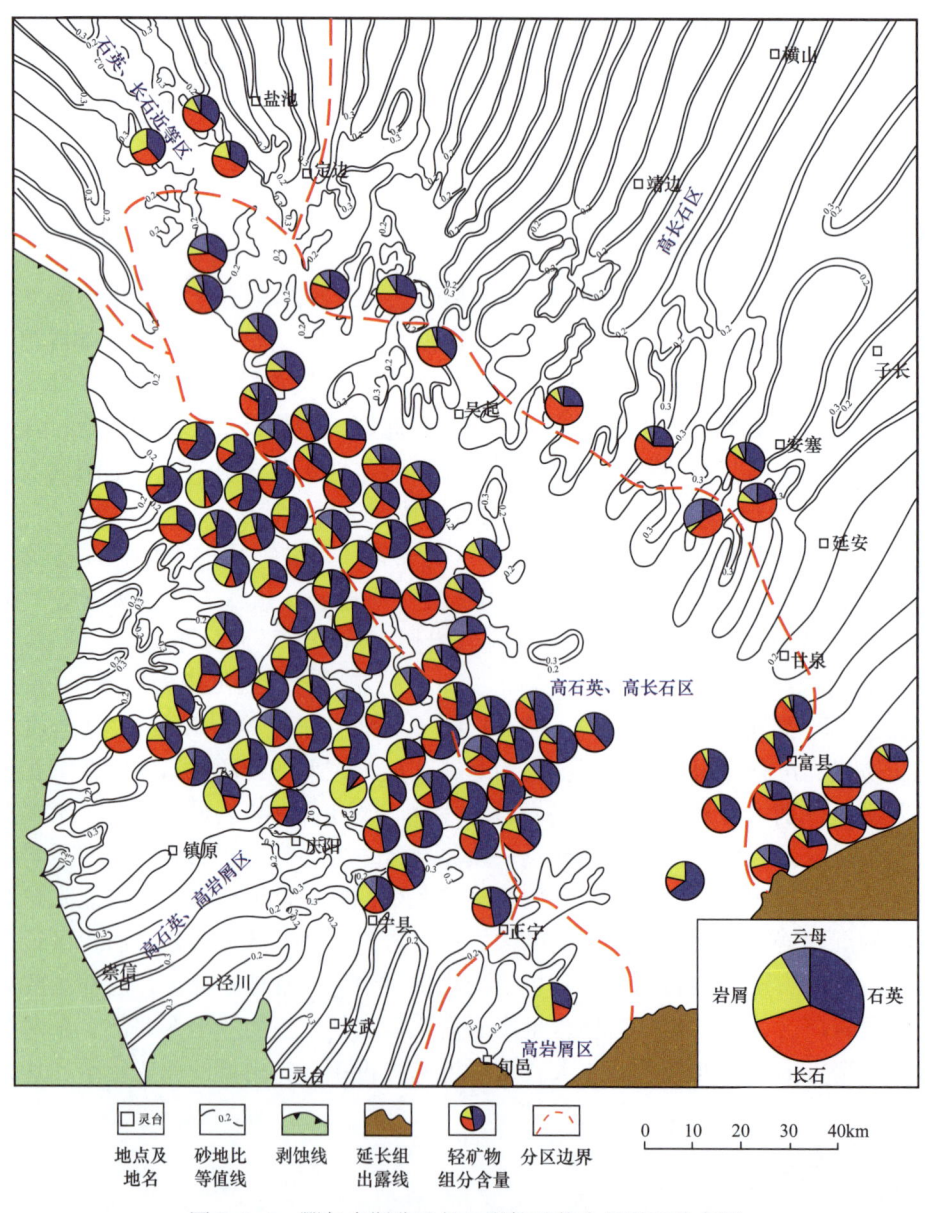

图2-2-2　鄂尔多斯盆地长7段轻矿物含量平面分布图

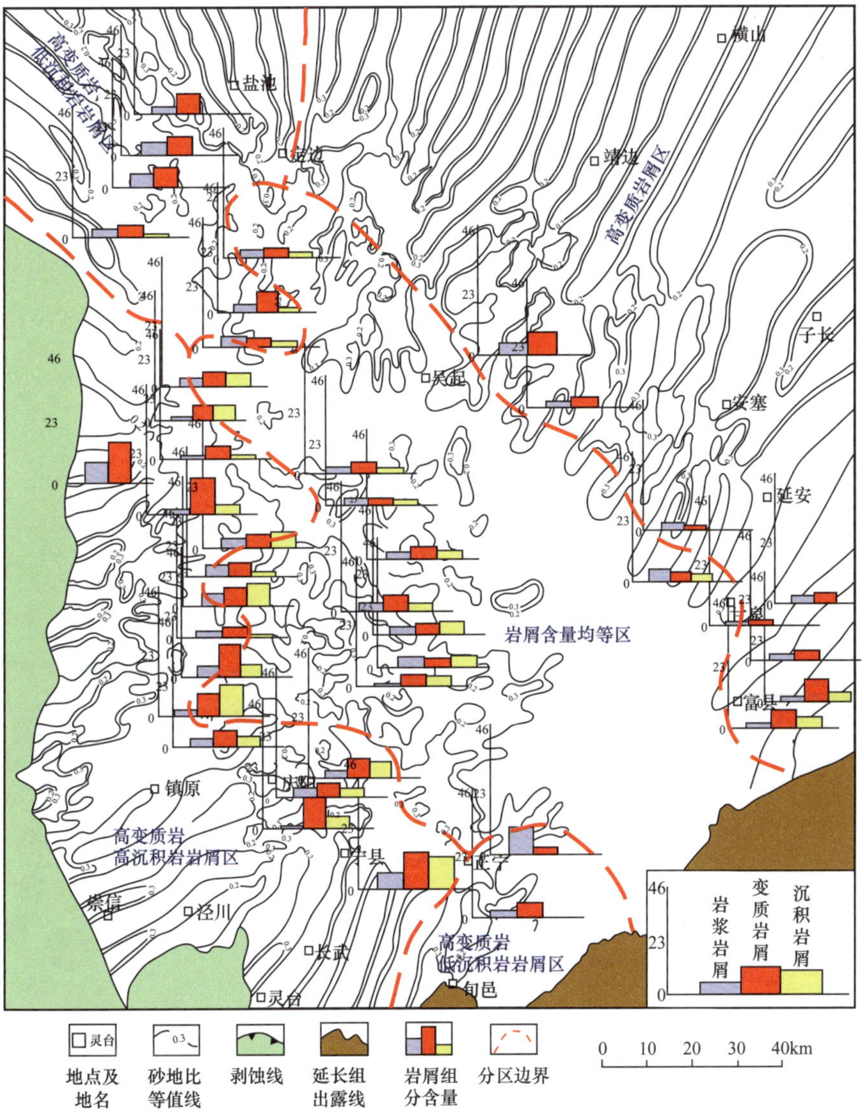

图 2-2-3　鄂尔多斯盆地长 7 段岩屑含量平面分布图

表 2-2-2　鄂尔多斯盆地延长组长 7 段油层组重矿物组合特征

地区	主要矿物（>10%）	次要矿物（1%~10%）	少量矿物（≤1%）
东北部	锆石、石榴石、磁铁矿	电气石、白钛矿	金红石、绿帘石、硬绿泥石、重晶石、闪锌矿
西南部	锆石、石榴石、白钛矿	金红石、电气石、磁铁矿、硬绿泥石、黄铁矿、重晶石	榍石、绿帘石
西北部	锆石、石榴石	电气石、磁铁矿、白钛矿、黄铁矿	金红石、赤褐铁矿、绿帘石、硬绿泥石、重晶石、闪锌矿
中部	锆石、石榴石、白钛矿	电气石、磁铁矿	金红石、绿帘石、硬绿泥石、重晶石

根据长 7 段重矿物组合在平面上的分布特征（图 2-2-4）划分出 5 个区：西北部是高石榴子石区；东北部为锆石—石榴子石组合区；东部为石榴子石—磁铁矿组合区；西南部为锆石—白钛矿—黄铁矿组合区；中部为高锆石区、含量变化大，为一个混合带，受多个物源影响。锆石向盆地中心有逐渐增加的趋势，不稳定矿物白钛矿向盆地中心有减少趋势。

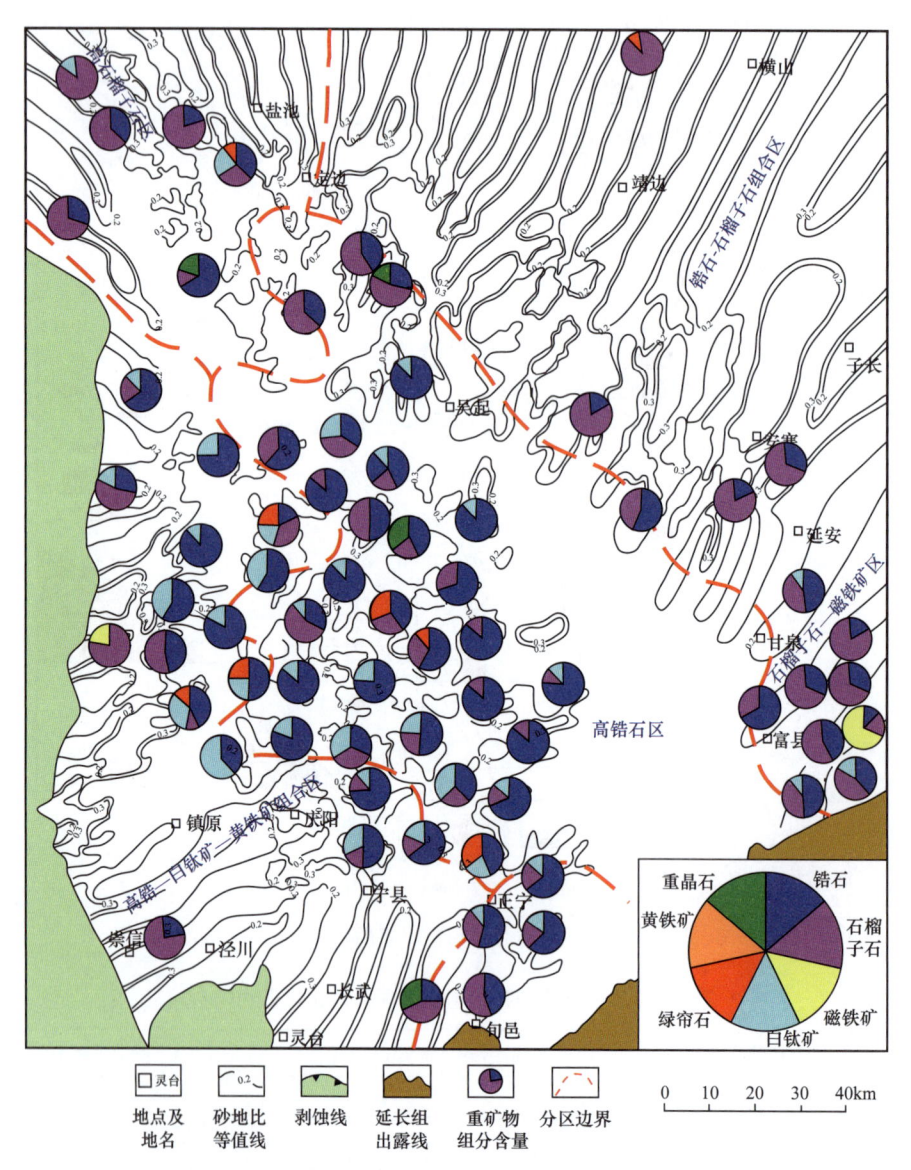

图 2-2-4 鄂尔多斯盆地长 7 段重矿物含量平面分布图

根据盆地周缘古水流方向，粒度变化特征，轻、重矿物、岩屑组合特征及稀土元素富集规律分析，鄂尔多斯盆地长 7 段沉积时为一个大型汇水盆地，其物源分别来自周边不同古陆。根据物源方向及影响区域的不同，结合轻重矿物的分布特征等差异，将鄂尔多斯盆地长 7 段沉积期可划分为东北物源、西北物源、西部物源、西南物源及南部物源。

物源区分别为盆地北东—北缘的大青山及阴山古陆、西北部的阿拉善古陆、西南部的陇西古陆及南部的秦岭古陆；而盆地东部的吕梁山尚未隆起，不提供物源。从目前勘探实践来看，其中对盆地影响最大的为东北物源及西南物源。东北物源来自盆地北东—北缘的大青山及阴山古陆，物源距离远，影响范围最大。西南物源主要来自西南部的陇西古陆，其次来自南部的秦岭古陆，物源距离较东北物源近，沉积物搬运距离短。物源区及沉积物搬运距离的差异，导致了不同物源沉积物岩矿特征及岩石结构组分的差异，同时沉积物的分布特征也不同。

四、物源体系与盆内细粒沉积分布特征

1. 物源对细粒沉积分布的控制

多物源区供给陆源碎屑是鄂尔多斯盆地延长组沉积的一大特点。延长组沉积期，盆地周缘存在多个古陆，包括北方阴山古陆、西北缘阿拉善古陆、南部的祁连—秦岭古陆和西南方陇西古陆等，是盆内碎屑物质的主要来源；同时，物源区对盆内各种沉积体系的发育与分布规律也有不同程度的控制。例如，在细粒沉积区，东北和西南物源体系是主要提供者，其中来自东北物源体系的沉积物，经过上游陆上长距离搬运，颗粒分选度和磨圆程度高、稳定矿物含量高，细粒沉积物是主要颗粒结构，流程距离长、分布范围广，而且沉积面积大；而来自西南物源体系的沉积物，虽然沉积物流程短，但供应充分，加之古陡坡地形条件是细粒沉积物大量沉积充填进湖盆深水区的重要条件，其母岩以沉积岩为主，颗粒大部分属于二次搬运、分选，沉积物颗粒总体较细，分选、磨圆好。

2. 物源方向引起的细粒砂岩颗粒组分、组合类型变化

由于盆内细粒碎屑物质来源于多物源区，而物源分区特征体现在岩石的碎屑成分、组合，填隙物特征、碎屑的粒级、分选、磨圆、支撑类型、胶结类型等一系列特征中。所以，砂岩岩石类型及主要组分的空间变化、组合类型具有分区性（图2-2-5），其砂体展布也与古流向有关。对于以细粒陆源碎屑沉积为主的延长组沉积物，准确判断物源方向是预测砂体以及展布规律、分布范围的重要依据（付金华等，2013b）。

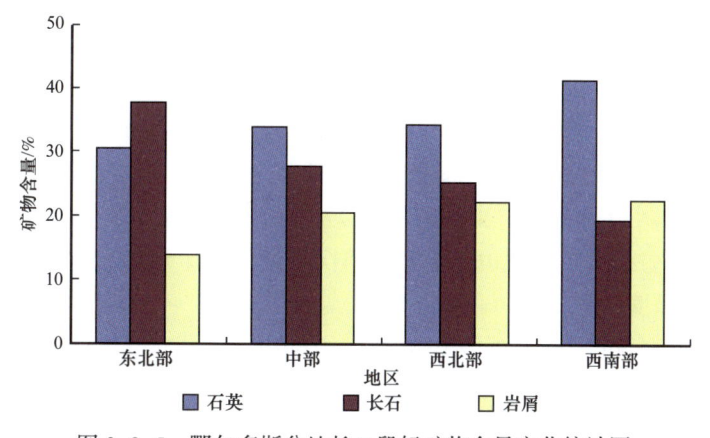

图 2-2-5 鄂尔多斯盆地长 7 段轻矿物含量变化统计图

1）石英组分的分区变化

通过对延长组石英颗粒成分、标型特征、含量特征统计分析发现，石英因物源方向、源区母岩成因类型不同而不同。常见的石英成因类型有单晶、多晶及二轮回石英、碎裂石英、富尘状混浊石英和波状消光石英等多种类型。其中砂岩中单晶石英中常见的二轮回石英在盆地内 Z49 井长 8_1 亚段和 B402 井长 6_3 亚段等油组的砂岩中有分布，镜下石英颗粒具有核加大边和双层结构，核边缘有明显或不明显的薄尘边，石英的次生加大边已有明显磨蚀或者黏土膜，来自盆地外围边缘基底前古生界沉积岩以及秦岭造山带前寒武系沉积岩变质型母岩；碎裂石英是在应力作用下产生粒内微裂的石英，主要来自盆地南缘秦岭造山带和西缘逆冲带中，形成时具有较高的热液作用和较强的构造应力条件；马岭木钵、上里塬、环县和贺旗一带的长 8_1 亚段和华庆地区长 6_3 亚段砂岩中矛头状、鸡骨状石英，来源于西北缘阿拉善群、渣尔泰群火山岩、变凝灰岩等；富尘状混浊石英主要来自盆地北缘阴山地区前寒武系中；马岭长 8_1 亚段砂岩中比较常见多晶石英，主要来自秦岭古隆起基底的片麻岩中。

2）长石颗粒的分区与组分变化

长石是鄂尔多斯盆地延长组砂岩中又一重要的骨架矿物颗粒，颗粒细，分选好，含量高（一般为 22%～65%），分布普遍。长石的性质和数量往往成为岩石分类和命名的依据，精确地测定长石的性质、区分长石的类别及分析长石的特点对于物源分析和成岩作用研究显得尤为重要，其中盆内中酸性斜长石主要来自盆地外围的关山岩体、翠华山、海源及陇西中酸性黑云母花岗岩体，环带状斜长石与阴山老地层的基性侵入岩和变质岩也有关，钾长石主要来自周缘地壳运动剧烈，物源丰富、气候干燥的花岗岩和花岗片麻岩区。以华庆地区长 6_3 亚段为例，来自东北部物源区的砂岩矿物成熟度较低，具有高长石、低石英、低岩屑含量的特点；西南部物源区具有高石英、高岩屑、低长石含量的特点。

3）岩屑的组合分区与变化

岩屑是唯一保持着母岩结构的矿物集合体，较其他碎屑颗粒带有更多的源岩区证据。岩屑含量既受源区构造稳定性、风化物的供给量、搬运沉积速度影响，同时也与搬运沉积和成岩过程中的物理化学条件、母岩成分以及抗风化的稳定性有关。盆地腹地，沉积物一般都经历了长距离搬运，碎屑岩中岩屑的含量与粒度有很强的依存关系，在粗砂岩中岩屑含量丰富，在细粒砂岩中，岩屑含量较低。由于各类岩石的成分、结构、风化稳定性等存在着显著差别，经过风化、搬运进入沉积盆地之后，细粒沉积越靠近湖盆腹地，颗粒中岩屑含量越低。根据对盆地外围区域地质特征研究，延长组潜在母岩由两部分组成：一是盆地外围阴山、秦岭造山带以及吕梁、陇西、海源、千里山古隆起和造山带的古老基岩风化冲积物；二是盆地边缘前延长组沉积期的古生代基岩。

4）延长组砂岩填隙物组分的分区与物源

填隙物中胶结物和杂基是沉积和成岩作用的综合产物，延长组砂岩填隙物的类型多、含量变化大（付金华等，2013b），分布不均匀，填隙物含量为 10%～30%，杂基含量为 2%～15%。研究发现，受沉积相带控制，高杂基填隙物砂岩主要分布于盆地西南部的长 8 段曲流河三角洲体系中的分流河道、河口坝中细粒长石砂岩以及长 7 段浊流砂体、长 4 段 + 长 5 段和长 3 段滨浅湖相和河道间细粒分布区；而在华庆地区长 6_3 亚段和马岭地区长 8_1 亚段及长 7 段细粒砂岩中，凝灰质是重要填隙物。

第三节 沉积体系及充填特征

晚三叠世发生的印支运动，使扬子板块与华北板块挤压碰撞，随扬子板块向北挤压及西秦岭造山带的隆升，形成了鄂尔多斯大型坳陷湖盆。鄂尔多斯盆地在延长组沉积期，总体是一个湖盆逐渐扩张再到消亡萎缩的多期振荡式演化过程。在延长组长 7 段沉积期，湖盆整体快速沉降达到最鼎盛时期，为延长组沉积期最大湖泛期，湖盆面积最大、水体深，半深湖—深湖面积达 $6.5 \times 10^4 km^2$，综合 U/Th 值等微量元素特征与氧化还原环境及古水深关系分析，湖区水深达 60～120m。"面广水深"的湖盆利于广覆式烃源岩发育。以往认为，长 7 段沉积期由于湖盆面积大、水体深，在湖盆中部深水区砂体不发育。但是通过近年来勘探实践及地质理论研究的不断深化，发现由于受湖盆地形及演化的控制，在东北宽缓的沉积背景上由于湖盆的萎缩、三角洲的进积，可以形成大面积三角洲前缘水下分流河道细粒砂岩沉积；在西南陡坡带，由于构造活动引起的地震等促发因素诱导下，发育多频次的重力流细粒砂岩沉积，同时保留有火山喷发形成的火山灰沉积物和地震等作用产生的沉积构造等。国内外大量研究表明，在三角洲前缘地区，在 3°～5° 这样较小的坡度下，一次重力流事件携带的细粒砂岩沉积物可以向湖盆中心搬运数十千米乃至上百千米，多频次的重力流事件沉积多期叠加，加上湖盆的不断萎缩，斜坡带的不断向前迁移，形成盆地西南及湖盆中心深水区发育大面积细粒砂岩沉积，庆阳—合水地区的重力流沉积连成一片，规模为延长组沉积期最大。而湖盆中部深水区，在重力流事件不发育时，则主要沉积一套富有机质的泥页岩沉积，分布面积广、厚度大，是盆地中生界石油的主要烃源岩。长 7 段广布的东北三角洲前缘分流河道及西南—湖盆中心大面积分布重力流细粒砂岩沉积，夹持在大面积分布的长 7 段烃源岩中，形成源储一体的有利成藏组合，是长 7 段页岩油规模发育的重要基础，系统分析长 7 段沉积体系及充填特征也是后续章节长 7 段页岩油成藏地质研究的基础。

一、沉积体系划分

根据不同物源沉积特征，对长 7 段沉积体系进行系统划分，主要分为东北物源体系控制下的曲流河三角洲—湖泊沉积体系和西南物源体系控制下的辫状河三角洲—重力流—湖泊沉积体系，并根据岩相、相序组合及沉积特征，对沉积体系内的相、亚相和微相进行了划分（表 2-3-1）。

1. 曲流河三角洲—湖泊沉积体系

鄂尔多斯盆地在延长组沉积期是一个东北缓、西南陡的不对称盆地。晚三叠世延长组沉积期，气候湿润、降水充沛，盆地周缘水系发达，地处东北缘、北缘的阴山古陆和大青山古陆能够为盆地东北部提供终年稳定的物源供给;加之东北缘一侧处于湖盆长轴方向,区域构造稳定,地形坡降和缓,坡度为2°~2.5°,有利于曲流河三角洲的发育。

表 2-3-1 鄂尔多斯盆地长 7 段沉积体系划分

沉积体系	沉积相	亚相	微相	分布区域	物源体系
曲流河三角洲—湖泊沉积体系	曲流河三角洲	曲流河三角洲平原	分流河道 天然堤 决口扇 分流间洼地	盆地东北部、西北部	东北物源
		曲流河三角洲前缘	水下分流河道 支流间湾 河口沙坝 远沙坝		
	湖泊	半深湖—深湖	半深湖—深湖泥		
辫状河三角洲—重力流—湖泊沉积体系	辫状河三角洲	辫状河三角洲前缘	水下分流河道 分流间湾 席状砂	盆地西南部	西南物源
	深水重力流沉积	滑塌型 洪水型	砂质碎屑流沉积 低密度浊流沉积 滑动—滑塌沉积 混合事件层沉积 异重流沉积		
	湖泊	滨浅湖 半深湖—深湖	半深湖—深湖泥		

鄂尔多斯盆地东北部、西北部长 7 段沉积期的沉积特征主要是:(1)曲流河三角洲发育在距物源区相对较远的地方,是一个相带发育完整的沉积相;(2)沉积物粒度较细,以灰色长石细砂岩、岩屑质长石细砂岩、泥质粉砂岩、粉砂质泥岩、暗色泥岩为主,结构成熟度及矿物成熟度较高,矿物成分与物源成分一致;(3)发育各种沉积构造,其中包括冲刷面构造、平行层理、槽状交错层理、沙纹层理、浪成波痕构造、水平层理,含植物化石及生物遗迹构造,在三角洲平原部分可见到一些水上暴露沉积构造标志;(4)曲流河三角洲平原的分流河道具有复杂的分支与决口扇,因此常呈交织状,河道砂多为对称或近于对称的上平下凸的透镜体,平面上为分支或交织的带状;(5)一般说来,河口坝受分流河道的冲蚀而不发育,只有少数情况下发育完整;(6)鄂尔多斯盆地的曲流河三角洲主要形成在湖盆坳陷回返期,砂体分布范围广泛(付金华,2018)。

2. 辫状河三角洲—重力流—湖泊沉积体系

鄂尔多斯盆地陇东地区南部、西南部属西秦岭北缘断裂构造带与稳定鄂尔多斯克拉通之间的过渡区域,造山带发育,地形坡降大,平均坡度范围为3°~5°,距物源较近,满足辫状河三角洲形成构造背景条件。在西南部物源体系控制下，盆地西南部长 7 段沉积期向盆地中心依次发育：辫状河三角洲前缘—重力流沉积—湖泊沉积体系。

1）辫状河三角洲前缘

鄂尔多斯盆地长 7 段沉积期辫状河三角洲沉积主要发育辫状河三角洲前缘亚相，前三角洲亚相不发育。盆地西南部长 7 段沉积期辫状河三角洲的主要沉积特征是：（1）辫状河三角洲大多发育在距物源区相对较近的地方，其间缺失曲流河等陆上环境，是一个相带发育不完整的沉积体系；（2）沉积物粒度相对较粗，岩性以浅灰色细砂岩、灰绿色长石石英砂岩为主，结构及矿物成熟度较低，矿物成分与物源成分一致；（3）发育各种沉积构造，包括板状及槽状交错层理、平行层理、小型交错层理及冲刷面构造，含动、植物化石及生物遗迹构造，在平原部分可见到一些水上暴露沉积构造标志；（4）辫状河三角洲平原部分可发育成非常宽广的席状砂体；（5）由于水下分流河道不固定，常常侵蚀下伏沉积物，所以很少发育河口坝，剖面上河道砂频繁交替；（6）辫状河三角洲主要形成在距高岸线不远的湖盆边缘，砂体呈席状，范围可达数十至数百平方千米（付金华，2018）。

2）重力流沉积

鄂尔多斯盆地西南部陇东地区长 7 段沉积期普遍发育深水重力流沉积，可分为滑塌型重力流沉积和洪水型重力流沉积 2 种类型，发育砂质碎屑流沉积、低密度浊流沉积、滑动—滑塌沉积、混合事件层沉积、异重流沉积 5 种沉积类型。

盆地长 7 段重力流沉积砂体具有以下特征：（1）砂质碎屑流沉积近源分布，浊流沉积远源分布；（2）顺物源方向，砂质碎屑流沉积向浊流沉积时空转换；（3）砂体纵横向连通性差异明显，砂体纵向连通性较好，横向连通性较差；（4）整体上，重力流砂体具有带状展布的特征。

3）湖泊沉积

细粒沉积与湖泊沉积环境联系十分紧密，盆地长 7 段湖泊沉积在盆地中心偏西南一带，主要发育滨浅湖、半深湖—深湖亚相沉积。

滨浅湖亚相主要发育中—厚层状的粉—细砂岩与砂质泥岩互层。泥岩中动物化石丰富，常含直立虫孔、介形虫、叶肢介、瓣鳃类、腹足类和方鳞鱼鳞片，有些地区发现完整的鱼类化石。岩层因生物扰动强烈，通常呈块状，风化后呈碎片状，常具不清楚的水平粉沙纹层。粉—细砂岩一般厚 5~20cm，具浪成沙纹交错层理，砂岩呈明显的上凸状透镜体，厚度薄，通常在数十米范围内即可尖灭。在盆地铜川地表露头上，滨湖滩砂的沉积厚度很少超过 2m，横向延伸也仅 100m 左右。因此，在井下地质研究中很难同浅湖沉积区分。

长 7 段沉积期半深湖—深湖亚相十分发育，也是分布范围最广的时期。岩性主要为深灰色—灰黑色的纹层状粉砂质泥岩、页岩，发育水平层理和细水平纹层，常见少量鱼鳞、介形虫等浮游生物化石；可见菱铁矿和黄铁矿等自生矿物，多呈分散状分布于黏土岩中。半深湖—深湖泥岩和页岩沉积微相位于湖盆中水体较深的部位，波浪作用几乎完全影响不到，水体安静，地处缺氧的还原环境。岩性的总特征是粒度细、颜色深、有机质含量高。浊积岩段在铜川、旬邑地表剖面长 7 段中可见到，通常为薄层细粒砂岩与泥岩互层。砂岩具正粒序，大多具鲍马序列，粒序层理、平行层理及沙纹交错层理十分发育，底部常见槽模、沟模等各种底板印模。浊积岩体以三角洲前缘砂体在深湖区滑塌规模最大，并且有较好的油气显示，具有很大的勘探前景。

鄂尔多斯盆地长 7 段沉积期在多物源沉积背景下，三角洲主要自西南、东北、西北方向向湖盆中心推进，并逐渐过渡为深水重力流沉积和半深湖—深湖沉积（图 2-3-1）。长 7_3 亚段沉积期，鄂尔多斯盆地湖盆面积最大，东北部地区湖岸线位于横山一带，西南部地区冲积扇直接过渡为三角洲前缘沉积；半深湖—深湖沉积面积最大。长 7_2 亚段沉积期

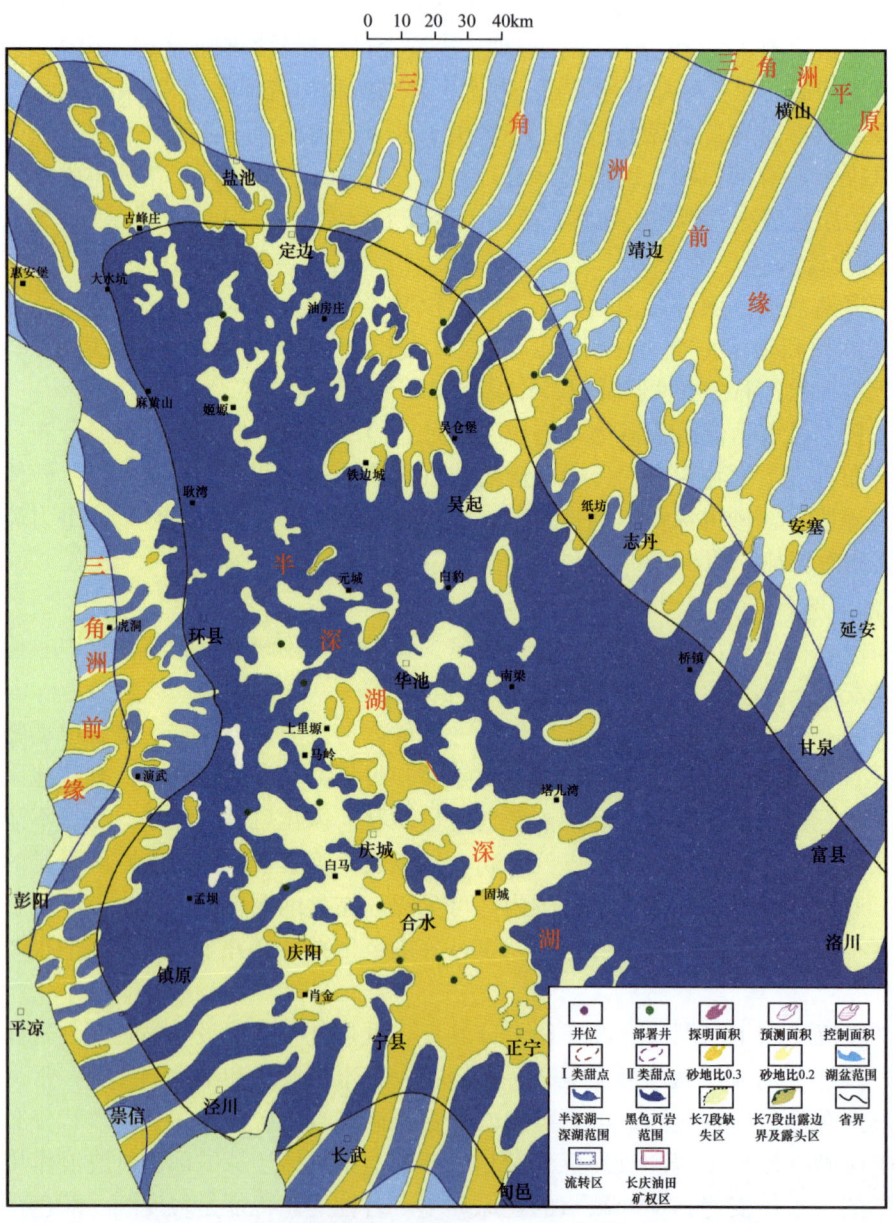

图 2-3-1 鄂尔多斯盆地晚三叠世长 7 段沉积期沉积相平面图

的岩相古地理是在长 7₃ 亚段沉积期的基础上进一步演化而成的，分布特征继承了长 7₃ 亚段沉积期的格局，盆地湖水面积有减少趋势，显示湖侵作用逐渐减弱，三角洲平原亚相带变化不大，而前缘亚相带向湖盆中心扩大，半深湖—深湖相沉积面积较长 7₃ 亚段沉积期明显减少，沉积中心位于姬塬—华池—塔儿湾—黄陵一线。长 7₁ 亚段沉积期的岩相古地理基本继承了长 7₂ 亚段沉积期的格局，盆地内总体上湖水面积比长 7₂ 亚段沉积期明显减少，显示湖侵作用进一步减弱，相应的三角洲平原亚相带进一步变宽；前缘亚相带较长 7₂ 亚段沉积期向湖盆中心萎缩，与平原亚相带的界限位置明显向湖盆中心进一步位移；长 7₁ 亚段沉积期明显的特征是重力流砂体和三角洲前缘相砂体较长 7₂ 亚段沉积、长 7₃ 亚段沉积期发育。

二、沉积演化

1. 印支运动形成了长 7 段沉积期鄂尔多斯大型坳陷湖盆

晚三叠世，随扬子板块向北挤压及西秦岭造山带的隆升，鄂尔多斯地块整体下沉坳陷，形成了鄂尔多斯大型坳陷湖盆。

中三叠世末—晚三叠世初发生的印支运动，使扬子板块与华北板块挤压碰撞，由于古特提斯海的扩张和华北地块发生逆时针旋转，秦岭造山带由 2 个强烈变形的古大陆边缘及古秦岭洋中的地块在印支期拼合而成。对接后，汇聚过程仍在持续，两大块体长期处于挤压状态，并具有周期性变化。但是与秦岭毗邻的鄂尔多斯地区和华北地台南部地区，其区域构造应力处于拉张松弛状态，于是弯曲走滑断层派生了大华北盆地和秦岭山岭，从而也形成了受同生断裂和古隆起边缘共同控制的大型坳陷型内陆湖盆（图 2-3-2 和图 2-3-3）。

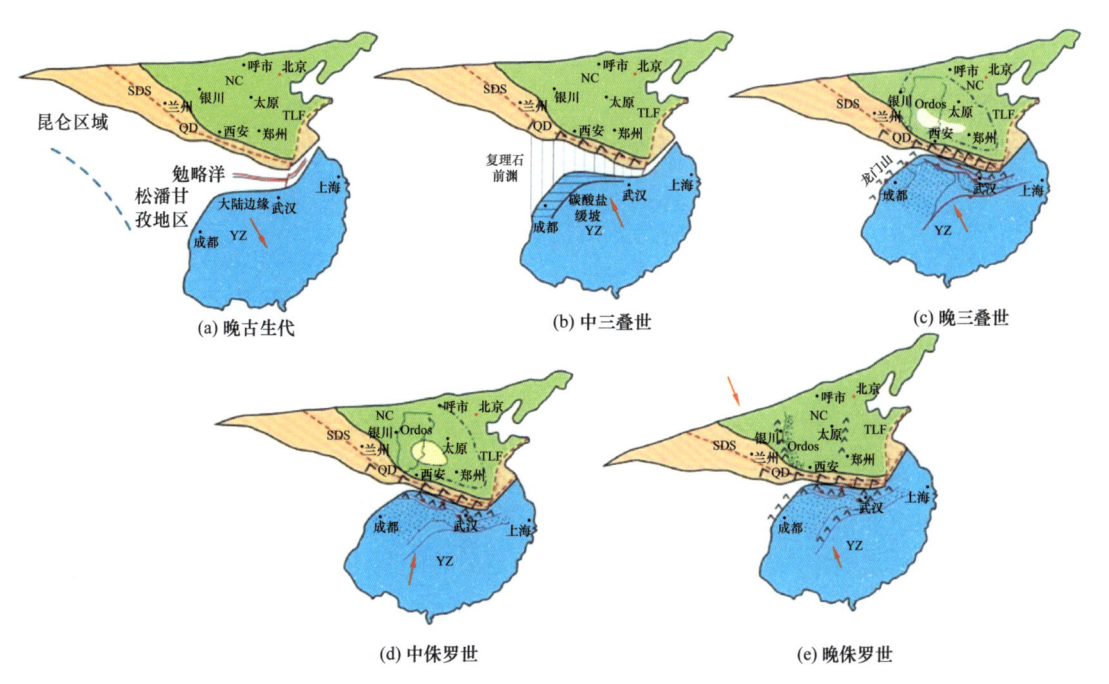

图 2-3-2　华北板块和扬子地块碰撞对接模式（朱日祥等，1998，有修改）

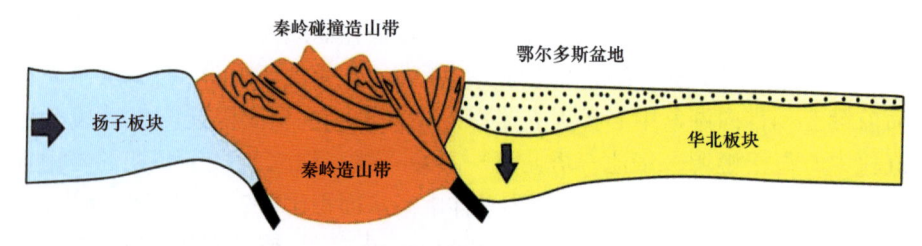

图 2-3-3　鄂尔多斯盆地南缘晚三叠世构造动力示意图

晚三叠世是鄂尔多斯盆地重要的发育阶段，是成油体系的主要发育时期。上三叠统延长组沉积充填记录了该时期大型淡水湖盆多期湖进、湖退的演化过程。延长组自下而上发育长 10 段—长 1 段共 10 个段，从长 10 段沉积期湖盆初步形成至长 7 段沉积期湖盆范围达最大，形成了盆地大面积分布的湖相优质烃源岩，为延长组石油富集提供了良好的油源条件，之后湖盆振荡式萎缩，至长 1 段沉积期仅在局部地区发育小的残留湖泊，大部分地区平原化、沼泽化，湖盆区域消亡。

2. 长 7 段沉积期为湖盆最大湖泛期，由长 7_3 亚段沉积期至长 7_1 亚段沉积期湖盆逐渐萎缩

鄂尔多斯盆地长 8 段—长 6 段沉积期是一个湖盆先快速沉降再缓慢上升的过程，长 7 段沉积期为湖盆最大湖泛期（图 2-3-4 至图 2-3-6）。

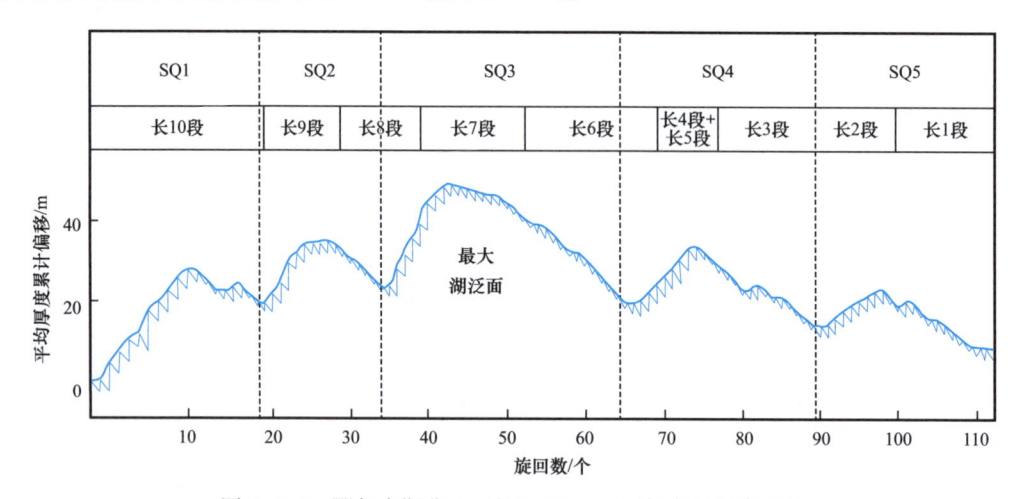

图 2-3-4　鄂尔多斯盆地延长组 Fischer 图解定量层序划分

长 8 段沉积期，鄂尔多斯湖盆整体水体较浅，水深 5~10m，发育浅水三角洲沉积，盆地范围内普遍发育分流河道沉积，相对深水区范围很小。

在长 8 段沉积末期至长 7 段沉积早期（即长 7_3 亚段沉积期），盆地周缘发生强烈的构造运动，火山活动频繁，长 7 段底部普遍发育稳定分布的凝灰岩，湖盆发生快速沉降，湖盆范围达到最大，半深湖—深湖面积达 $6.5 \times 10^4 km^2$（图 2-3-1）。水体达最深，综合 U/Th 值等微量元素特征与氧化还原环境及古水深关系分析，湖区水深达 60~120m，该时期盆地内沉积主要以富有机质泥页岩为主，砂体不发育，仅在湖盆边缘有三角洲砂体的沉积。

至长 7_2 亚段沉积期及长 7_1 亚段沉积期，湖盆开始逐渐抬升，湖盆开始萎缩，周缘的沉积物不断向湖盆中心进积，东北发育大面积三角洲沉积，西南发育广布的重力流沉积，不同物源的砂质沉积向湖盆中心延伸较远。至长 6 段沉积期湖盆水体明显变浅，三角洲建设作用增强，尤其是盆地东北发育大型复合三角洲。

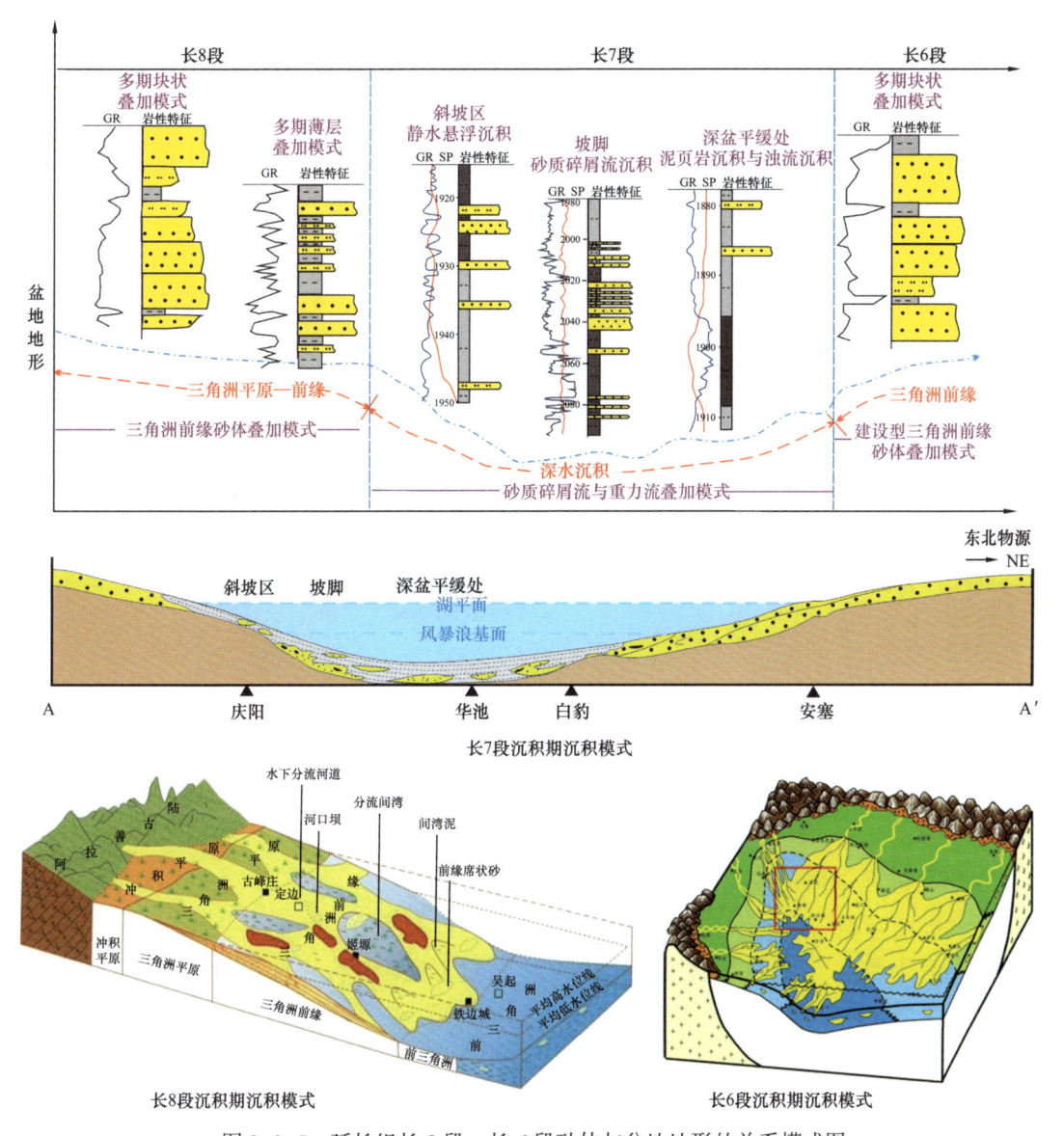

图 2-3-5 延长组长 8 段—长 6 段砂体与盆地地形的关系模式图

长 7 段沉积期发育的"面广水深"的湖盆，为广覆式烃源岩发育提供了有利沉积环境。同时在长 7_2 亚段沉积期及长 7_1 亚段沉积期湖盆开始逐渐抬升、沉积物进积过程中，盆地东北发育的大面积三角洲细粒砂岩沉积、西南及湖盆中心发育的大面积重力流细粒砂岩沉积，为大面积的长 7 段页岩油形成提供了良好的储集条件。

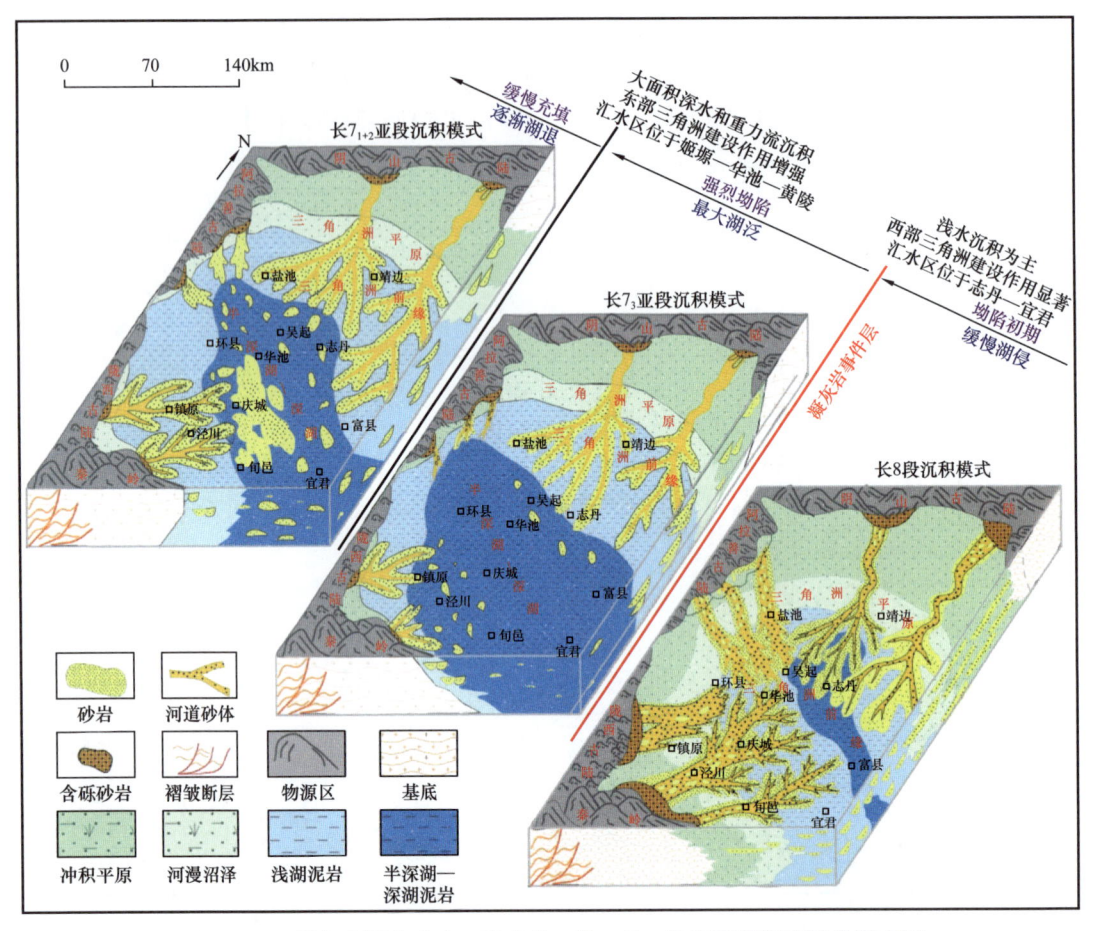

图 2-3-6　鄂尔多斯盆地晚三叠世长 8 段—长 7 段沉积期沉积演化模式图

三、沉积充填特征

1. 古气候对沉积环境及沉积物特征的影响

古气候通过控制湖盆生态系统中的温度、光照以及营养物质的供给，影响着当时生态系统的古生产力，进而控制烃源岩的形成。通过古地磁研究，认为华北地块与扬子地块的拼接呈现由东向西的剪刀式对接（朱日祥等，1998），晚三叠世延长组沉积期，两地块的结合带位于北纬 25° 左右，正是华北地块当时所处的地理位置条件，造就了当时位于华北板块西南部的古鄂尔多斯湖的有利的湿润温暖的气候环境，为延长组长 7 段优质烃源岩的形成提供有利条件。

鄂尔多斯盆地长 7 段地球化学测试分析 Sr/Ba 值一般在 0.31~0.46 之间（小于 0.5），属于淡水环境，气候比较湿润；Ca/Mg 值一般在 0.41~1.29 之间，比值高低交替、总体较高，表明古气温高低交替，但总体较高，为较湿润的热带—亚热带气候。温暖湿润的古气候对长 7 段沉积期优质烃源岩形成的控制作用体现在以下方面：（1）物源区风化程度高、水系发育，更多的营养物质被水流带入湖盆中，为浮游植物所利用，促进极高生物生产的形成;(2)降雨量丰富,湖盆水域面积大且深,易形成深水湖盆。

深水湖盆常因底水与表层水体温度、盐度、密度等的差别而形成分层湖,浅湖则不能,如深咸水湖常因盐度差异形成永久分层湖,深淡水湖中热带深淡水湖因温度差异形成永久分层湖,亚热带深淡水湖为单季回水湖,冬季回水,春、夏、秋则为分层湖,温带深淡水湖为双季回水湖,春秋回水,冬夏为分层湖,寒带深淡水湖也是单季回水湖,夏季回水,春、秋、冬则为分层湖。分层湖由于底水不流动,一般为缺氧的强还原环境,十分有利于有机质保存,沉积有机质或无机矿物沉积以后,在分层湖底部,因水体宁静,无生物扰动,因此常形成纹层结构,依据纹层的稳定性甚至还可以判别湖水分层的程度与好坏。鄂尔多斯盆地长7段泥页岩中有机质丰度高的烃源岩多具有纹层结构,与湖水分层、底水还原环境良好有关。

对于生物繁衍以及烃源岩有机质形成,长7段沉积时期的温暖潮湿的气候通过控制着湖盆水体中生物的生存环境以及通过风、水流等介质从陆地搬运至湖盆中营养物质的数量,影响着湖盆水体中生物的生长,从而影响湖盆水体古生产力的大小,也影响细粒沉积岩的形成:(1)初级生产力的形成,其实就是生物将阳光的能量转化为生物能的过程,那么,在日照合适充足、水体中的生物大量发育的情况下,有助于形成高的初级生产力,生物可将大气中的碳大量固结,进而转化为有机质;(2)陆地上植被发育,营养物质丰富,通过古河流携带至湖水中的营养物质较多,进一步增加了湖盆水体中营养物质的富集,为水生生物的繁衍生长提供大量物质基础;(3)温暖潮湿的气候可形成稳定繁盛的植被,在植被类型丰富、数量较大的情况下,陆地上土壤受到固结,通过河流及风等介质搬运到湖泊中的无机碎屑含量较低,从而降低了无机组分对有机质的稀释作用;(4)湖盆中的水体可形成分层现象,湖底的缺氧还原环境有利于有机质的聚集保存,另外,在一定的温度下,水体中氧的溶解量会大大减少,也有利于有机质保存。

在晚三叠世延长组沉积期,鄂尔多斯淡水湖盆的古地理、古纬度跨度大、古气候变化复杂,对沉积环境也产生了影响,进而影响细粒沉积物分布。平面上,从湖盆边缘到盆地腹地,形成了多种环境类型,既有北部地表河流、冲积扇、也有中南部湿润环境下的多种类型湖泊三角洲以及湖泊浅水、半深水和深水,淡水湖的水体范围、深度在湖盆不同演化阶段变化较大,其中细粒沉积物主要分布在长6段—长8段的湖盆腹地,尤以深湖—半深湖区浊流事件沉积中最具代表性。古气候也影响细粒沉积物的组分、结构以及分区,延长组长8段、长3段、长4段+长5段和长7段—长10段均分布有来自不同类型母岩的石英、长石、岩屑组分类型,进一步通过石英、长石、岩屑类比法,能够将沉积盆地中砂岩的碎屑成分类型及含量与潜在的母岩成分进行有效对比,恢复了母岩以及多物源方向。

2. 古地形对细粒沉积物分布的影响

晚三叠世长6段—长8段沉积期,在盆地北东—南西两翼斜坡上具有多级坡折带(付金华等,2013b),其中盆地西南翼坡折带坡度3.5°~5.5°,局部最大5.5°,平均宽度 15～25km；北东翼坡折带坡度 2°～2.5°，最大达到 5°，平均宽度 15～25km（傅强等，2010）。不同沉积坡折的特征区别主要体现在水深和坡降上，其对细粒沉积的控制作用也由此而定。盆地西南部坡度比北东部大，属于陡坡型坡折带，沉积末端广泛发育深水重力流沉积；盆地北东翼地层倾斜度较平稳，属于缓坡型坡折带，重力流沉积不发育（图 2-3-7）。

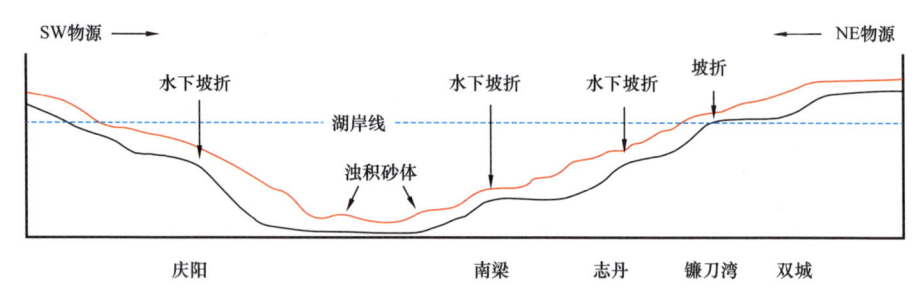

图 2-3-7 鄂尔多斯盆地长 6 段沉积期北东—南西向湖盆地形以及坡折带（付金华，2018）

湖盆底形会因盆地结构变化而不同，也会影响湖水深浅、湖水物理动力条件、湖底携砂水流的扩散方式以及游走迁移规律，进而影响砂体分布形态、分布面积与范围。结合盆地结构分析延长组沉积期沉积物的粒度空间展布规律发现，在湖盆东北岸边宽缓坡带或者平台浅水区的滨浅湖带，以滨湖相和三角洲平原以及前缘亚相中—细粒沉积物为主（付金华，2013b，2015a，2015b），细粒沉积物主要位于三角洲下游前缘及前三角洲亚相带，其发育程度和分布范围明显受湖泊基底古地形和古地理条件变化趋势影响。在湖岸边以及滨岸带，主要是三角洲平原亚相分流河道的河漫滩、河间，细粒沉积物分布明显受相带约束，平面上顺河道呈条带状分布，剖面上为透镜体状夹层，空间上总体分布局限，并在细粒沉积中夹有粗碎屑及泥质沉积；在半深湖区斜坡区，主要分布三角洲前缘亚相和末端沉积，沉积物经过上游长距离搬运沉积，分选磨圆程度高，于是在三角洲水下分流河道及末端扇沉积的砂岩中，细粒物广泛分布；位于半深湖斜坡带之下的深湖区，不仅有前三角洲扇细粒沉积物分布，而且由于坡折带作用，重力流发育，其中在浊流沉积环境形成的沉积体系中，剖面上均发育厚层细粒沉积物，平面上以规模不等的扇状体分布在盆地腹翼半深湖斜坡带以及湖盆西南洼陷带。对于盆地西南翼，由于湖底地形坡降大于东北翼，沉积物搬运距离短，沉积速度快；由于沉积物源区组分为再沉积，颗粒细，沉积厚度大，分布范围不及东北物源沉积区。

整体上，在湖盆演化的不同阶段，长 10 段—长 2 段沉积期，由于湖水持续淹没，盆地细粒沉积叠加厚度大；尤其长 8 段—长 6 段沉积期，也是湖盆在延长组沉积期由早期强烈下陷扩容后回返上升转换的关键时期，由于湖盆强烈快速沉陷，湖水快速上涨，深水范围向外扩展，半深湖、深湖相细粒沉积面积迅速增大，长 7 段沉积鼎盛期延长组剖面上细粒沉积厚度最大、最均匀，同时伴随的火山活动、浊流沉积事件沉积最发育；长 4 段+长 5 段沉积期，经历短暂的湖泊扩张期；长 3 段—长 1 段沉积期，湖盆再次进入平缓沉降期，湖水退缩，细粒沉积物沉积范围向湖心收缩，分布面积减小，整个过程反映了湖盆的演化过程，同时也控制了细粒沉积物的发育和分布（付金华，2018）。

3. 淡水湖盆古水深与长7段优质烃源岩形成

优质烃源岩发育厚度与分布范围与古湖泊深度变化有内在关联性。生物有机质分解作用中会产生许多二氧化碳，因而对比海水有光带，一般在100～500m处，微生物有机质分解作用剧烈，同时消耗大量海水中的溶氧，并导致氧的含量随深度增加而减少逐渐形成缺氧还原环境，考虑到晚三叠世鄂尔多斯盆地处于内陆，一般湖水浪小，生物种类少而单一，周围水中碎屑供给充分，湖水含泥量以及污浊度高，结合自生矿物、典型沉积构造，推测有光带可能在20～50m之间。通过泥岩稀土元素钴含量变化（吴智平和周瑶琪，2000）计算鄂尔多斯盆地长7段沉积期湖水深度，由此恢复的长7段沉积期古湖盆水体深度为60～120m，深湖区位于盆地南部低纬度区。

在鄂尔多斯盆地晚三叠世古延长湖中，浮游藻类含有丰富的营养物质元素，浮游生物死亡后从有光带下沉，重新分解后产生的营养元素有待水体混合，重返有光带进行新的光合作用，季节性回水有利于发生藻类勃发，不仅能够提高湖泊生产力，也是沉积长7段巨厚优质烃源岩主要因素之一。

长7段烃源岩的沉积形成，虽然有一定的生物和物化条件，形成演化中与强还原缺氧环境有关，深水还原缺氧环境往往是有机碳富集的重要因素，但在鄂尔多斯盆地南部，延长组长7段沉积期，南部古湖泊浅水环境湖中丰富营养物质还与光照率和营养元素有关。光照率又取决于纬度，低纬度有利于营养元素形成。

第四节　原型盆地及构造演化对细粒沉积的影响

盆地的构造演化、岩相古地理、事件沉积均会对沉积物的分散样式产生影响，进而影响细粒沉积物的展布。

一、晚三叠世原型盆地及构造演化对沉积物分散样式的控制

1. 盆地原型结构与平面上沉积物分散样式

鄂尔多斯盆地不对称的湖盆结构与基底斜坡不仅影响湖水深浅变化和来自湖盆上游的河流流动方式，而且作用于河流携带沉积物的搬运距离和分散样式，在盆地的西翼和南翼，基底斜坡坡降大，盆缘湖水深浅变化快，入湖河流及分叉河流的流动阻力大，流程短，离岸分叉能力弱，携带的碎屑沉积物难以充分分选、淘洗，易于形成快速混杂沉积，主要为扇状体、扇三角洲和束窄带状（辫状）河流三角洲沉积。平面上沉积物分布面积和范围小，细粒扩散能力差，沉积体分散程度以及颗粒分选性均较差，细粒分布相带窄；剖面上多为锥状，厚度大，重力作用导致颗粒沉降韵律性强，韵律旋回厚度大。

在盆地东北翼，湖盆基底坡降幅度小，地形开阔平坦，湖水相对较浅且变化缓慢，入湖河流及分叉河流的流动阻力小，流程曲折漫长，离岸分叉能力强，携带碎屑沉积物经过长距离牵引流的分选，颗粒均匀，分带性强，主要形成曲流河三角洲沉积。平面上

沉积物分布面积和范围大，特别是细粒沉积物扩散能力强，粉细砂岩分布相带宽；剖面上多为透镜体状，厚度薄，虽然颗粒沉降韵律性强，但韵律旋回厚度小，且多与泥质互层。

2. 晚三叠世构造演化中形成的剖面沉积物分散样式差异

晚三叠世延长段沉积期，印支运动对鄂尔多斯盆地结构、沉积环境以及沉积物分散样式均有重要的影响，鄂尔多斯湖盆也经历了孕育发展期、构造强烈下陷沉降与快速回返期、后期的缓慢沉降沉积期和分解衰亡期。其中在早期长 10 段—长 9 段沉积期，湖盆平稳沉降，湖盆范围小、水体浅，广泛接受河流以及湖相碎屑沉积，局部少量细粒沉积，沉积体粒级分带清晰，细粒沉积物主要位于沉积体系末端，不同方向的细粒沉积物聚集于盆地腹地，沉积厚度较薄。长 8 段沉积末期—长 7 段沉积期，湖盆开始不均衡强烈下陷，西南沉降幅度大，东北沉降幅度小，与此同时，湖泊水涨外扩，湖水面积增大，尤其是深水和细粒沉积范围大幅扩大，细粒沉积相以湖盆腹地的陇东地区为中心占据了盆地大部分地区。由于主要水流方向源自北北东、南南西向，顺水流方向在三角洲前缘以及前三角洲相带是细粒沉积最主要分布区，湖盆东北翼大于西南。在湖盆腹地，受事件沉积作用，细粒沉积平面地理位置聚集在盆地深水区以及半深水斜坡带下方，剖面厚度大，颗粒均匀。

可见，盆地构造演化过程中，不同阶段细粒沉积物沉积形式和分布场所以及规模不同，构造运动导致的湖盆结构、古地理、古地形变化对沉积物分散样式有重要的控制作用，盆内发育受控于区域东隆西坳的构造背景，隐伏或者低起伏隆起区，不仅影响周围沉积环境，而且对水流方向具有控制作用。

二、盆地沉积物分散样式对细粒沉积物分布的影响

盆地沉积物分散样式与细粒沉积物分布有密切关系，古水流有助于判断盆地边缘古斜坡的坡降、倾斜方向以及沉积物的供给方向。盆地内部不对称沉降的原型结构直接影响盆地内部沉积体系和细粒沉积物聚集分散样式，结果造成细粒沉积物的空间分布差异。长 8 段—长 6 段沉积期是盆地结构转型期，也是湖盆在延长组沉积期由早期强烈下陷扩容后回返上升转换关键期，盆地结构以及地形特征比湖盆发展早期的长 9 段—长 10 段沉积期以及盆地经历长期沉积充填回返后的长 3 段—长 1 段沉积期复杂，盆地边缘坡降幅度大，并受盆地地形、坡折线、浊流以及湖底流影响，砂体分布形态复杂多样。长 7 段沉积期，同一层序的不同区带，由于湖盆内沉积物分别来源于东北、西南和西北 3 个不同方向，沉积物搬运流域以及沉积场所的坡降存在差异。西南和西北坡降大、坡度陡，漫流分散性差，分别形成辫状河三角洲—重力流沉积和扇三角洲，其中分支河道砂体厚度大、流程短、分叉性差、带状砂体少、粒度粗，河口坝砂体不发育，但河道侧向迁移改道能力强，砂体横向连续对比性好；重力流沉积砂体纵向连通性较好，横向连通性较差，顺物源方向，砂质碎屑流沉积向浊流沉积时空转换。而东北属于正常曲流河三角洲，上游有湖岸浅水滩砂，中游水下分流河道和河口沙坝发育，沿途受坡折影响，会有二次

搬运，有湖底浊积砂与扇前缘薄层席状砂，韵律性强。

在砂体结构内部，由于细粒砂在搬运和沉积过程中常常在岩层中会形成各种沉积构造，例如交错层理、流水波痕、槽模构造、砾石叠瓦构造等特有的岩石组分、粒级结构以及地层和沉积相变化，所以，细粒沉积物的分散样式往往就记录在古水流的相关沉积组构与构造中，并且受相带演化控制。延长组沉积物分散样式也可以通过沉积构造、岩石组分、粒级结构以及地层和沉积相变化分析判断，进一步结合碎屑颗粒的轻、重矿物组合、砂岩粒度变化趋势，确定沉积物水系分布、细粒沉积范围和边界。在延长组沉积期长8段—长6段细粒岩主要沉积期，通过系统地在盆地南部麟游、耀县庙湾、铜川漆水河、韩城薛峰川、西南部汭水河、策底坡、西部崆峒山、固原窑山和炭山等剖面实测交错层理、砾石最大扁平面、层面植物根茎、沟模、槽模、纵向脊、砾石叠瓦等数据260多个，恢复了古水流，并发现砂体延伸方向近似水流方向，细粒沉积形态继承了砂体的轮廓形态，主要位于扇状体外扇及末端。

三、晚三叠世盆地事件沉积对细粒沉积物分布的影响

晚三叠世延长组沉积期（尤其长8段—长6段沉积期）是鄂尔多斯湖盆构造动力学的活跃期，不仅盆地结构在沉降回返期不断改变，而且周缘及盆地内部伴生的火山喷发、地震活动以及热液作用对盆地内细粒沉积物的组分、结构以及有机质演化均有重要影响，体现了多维一体、共同作用的特点。

1. 火山活动与细粒凝灰质分布

延长组沉积期，区域上火山活动频发，砂岩中夹有多层火山凝灰质，长8段—长6段沉积期最富集，盆地腹地陇东地区分布最广。根据区域资料研究，盆地腹地细粒沉积物中火山物质主要来自盆地南部秦岭活动带、盆地西北部贺兰山、千里山、阿拉善等地。火山凝灰质及颗粒，通常以漂浮和悬运方式进入湖盆，距离源区越近，含量越高。漂浮的火山凝灰质主要为薄夹层或者透镜体分布于砂岩及泥岩层中，而悬运方式进入湖盆的火山凝灰质分布在细粒砂泥岩中，成为砂岩颗粒间填隙物杂基或者泥岩混合物一起沉积。

火山活动频发是地壳不稳定的表现，由此不仅引起湖盆在延长组长8段—长6段沉积期形成的强烈下陷沉降，而且地层中细粒凝灰质多层段分布，本身也印证了当初湖盆的强烈沉降与深水环境形成之间的因果关系。延长组长7段沉积期，湖水中火山凝灰质大量富集，不仅增加了湖水营养，有利于有机质繁衍，有利于烃源岩生烃，而且细粒砂岩中富集凝灰质，增加了岩石的不稳定性，成岩中不稳定火山凝灰质组分易于产生溶解转化，改变了岩石结构，有利于改善细粒储层的孔喉结构。

2. 地震作用与细粒沉积物再搬运

延长组沉积期鄂尔多斯湖盆内部地震作用是细粒沉积物再搬运、再分配的动因。地震作用与火山活动、湖盆快速下降往往相伴而生。延长组沉积期湖盆周围及内部，地震作用的多期活动，不仅增加了湖盆结构变化，导致湖盆底形的复杂变化，形成的长8段—长6段沉积期半深湖—深湖过渡区湖底坡折带，从而有利于其下游深湖区的震

积岩形成，而且在湖盆东北以及西南翼的半深湖斜坡带上，也有利于其上早期沉积的三角洲前缘、前三角洲以及辫状河三角洲前缘相松软沙泥沉积物，进一步再搬运前移进入湖盆腹地坡折带之下深水区形成浊流沉积。无论是震积岩还是浊流沉积体，均由细粒砂和泥沉积组成，细粒沉积岩也是湖盆深水区最富集的岩相带之一，韵律层序变化和砂泥岩中特殊的漆状构造反映了地震作用过程。可见，在长8段—长6段沉积期，地震作用频发与浊流多次发育，二者之间具有内在因果效应，除震积沉积外，浊积岩也是同期地震、火山事件沉积作用的产物。

第三章　大型坳陷湖盆深水细粒沉积特征

上三叠统延长组是鄂尔多斯盆地坳陷持续发展和稳定沉降过程中沉积的以河流—湖泊相为主的陆源碎屑岩系，它的发展和演化记录了大型淡水湖盆从发生、发展到消亡的历史。长7段沉积期为湖盆发育鼎盛时期，沉积了一套以细砂岩、粉砂岩、泥页岩为主的细粒沉积体系，是盆地重要的烃源岩层系，也是页岩油的主要赋存层段。

本章详细论述了鄂尔多斯盆地长7段沉积期深水沉积类型、沉积相垂向及横向展布特征，分析了沉积相分布主控因素，建立了湖盆深水区细粒沉积发育模式，构建了淡水湖盆"岩相—沉积相—有机相"三相耦合模式。所提出的模式对陆相坳陷湖盆深水细粒沉积的精细解剖具有指导意义，并为页岩油勘探开发"甜点"的寻找提供了依据。

第一节　细粒沉积类型及特征

基于野外露头、岩心精细观察、测井响应特征、薄片等资料综合分析，识别出长7段主要发育5类岩石类型，明确了三角洲前缘沉积、重力流沉积、湖泊沉积三大类主要沉积类型。

一、细粒沉积岩石类型及特征

鄂尔多斯盆地长7段沉积期为湖盆发育鼎盛时期，长7_3亚段沉积期半深湖—深湖面积达$6.2×10^4 km^2$，水深60～120m，长7_2亚段—长7_1亚段沉积期湖盆逐渐萎缩，但仍是延长组湖盆最为发育的阶段。通过对盆地长7段全取心井系统测试分析，认为长7段沉积期以细粒沉积为主，发育细砂岩、粉砂岩、暗色泥岩、黑色页岩、凝灰岩5种岩石类型（图3-1-1），长7_3亚段多见厚度为厘米级的凝灰岩薄夹层。

细砂岩以灰色、灰绿色、灰褐色为主，多发育块状、交错层理、平行层理、粒序层理、软沉积物变形等沉积构造，成熟度一般较高，矿物组成以石英、长石为主，其中长石含量为45%左右，石英含量约为30%［图3-1-1（a）］。粉砂岩以浅灰色、灰绿色、灰黑色为主，发育块状、平行层理、沙纹层理、粒序层理等沉积构造，生物扰动较发育，分选一般较好，成熟度高，矿物组成以长石、石英为主，其中长石含量为45%左右，石英含量约为25%，黏土含量约为20%［图3-1-1（b）］。页岩以黑色为主，有机质纹层、砂质纹层发育，沉积构造以水平层理为主，矿物成分以黏土为主，含量可达60%以上，石英、长石含量各占15%左右［图3-1-1（c）］，泥岩以灰黑色、深灰色为主，多发育块状层理、沙纹层理、水平层理等沉积构造，少见有机质纹层发育，矿物成分与黑色页岩相似，具有高黏土、低长石、低石英含量的特征［图3-1-1（d）］。凝灰岩以黄褐色、灰褐色为主，长7段底部凝灰岩标志层分布稳定，其他层位凝灰岩一般为多薄层间互分布于泥页岩中，石英含量高，达60%左右，其余为长石、黏土等矿物[图3-1-1（e）]。

(a) 阳检1井，长7₂亚段，2022.74m块状油斑细砂岩
(b) 城页1井，长7₃亚段，2054.23m块状油斑细砂岩
(c) 高135井，长7₃亚段，1818.47m含油黑色页岩
(d) 白522井，长7₃亚段，1946.28m含油暗色泥岩
(e) 铜川剖面，凝灰岩

图3-1-1 鄂尔多斯盆地长7段5种岩石类型照片

二、沉积构造类型及特征

对大量取心井进行岩心观察，可见多种交错层理、平行层理等三角洲中常见的沉积构造，细砂岩中见大量交错层理、平行层理，包括板状、楔状及槽状交错层理，反映高能量水流作用，为三角洲前缘水下分流河道或河口沙坝环境产物。

鄂尔多斯盆地长7段深水区砂体发育，砂岩颜色较深，发育似鲍马序列、弱平行层理、软沉积物变形、底冲刷、槽模、泥岩撕裂屑及完整的植物叶片等沉积构造（图3-1-2），指示重力流沉积特征。

三、细粒沉积体系沉积类型及其特征

通过对取心井岩心的精细观察与描述，结合粒度分析、水平井、邻井的录井与测井显示，基于沉积过程—流体类型划分方案，认为长7段细粒沉积体系发育三大类沉积类型，即三角洲前缘沉积、重力流沉积、湖泊沉积。

1. 三角洲前缘沉积

岩心观察发现，多井段岩心在垂向粒度变化上具有明显的向上变细的特征，这种沉积序列代表了三角洲（水下）分流河道沉积（图3-1-3）。水下分流河道沉积测井曲线主要为钟形，GR值在40～120API之间；河口沙坝沉积测井曲线主要为漏斗形，GR值在60～100API之间。

(a) 庄177井，1753.55 m，似鲍马序列
(b) 里57井，2339.54 m，正粒序
(c) 蔡30井，1957.2 m，逆—正粒序
(d) 庄282井，1799.09 m，弱平行层理
(e) 里57井，2342.14 m，岩性突变界面
(f) 木138井，2338.8 m，泥岩撕裂屑
(g) 宁70井，1691.97 m，槽模
(h) 庄282井，1805.05 m，植物叶片
(i) 里57井，2349.42 m，液化砂岩脉
(j) 午100井，1992.72 m，揉皱
(k) 宁70井，1677.5 m，变形构造
(l) 元482井，2253.9 m，泥砾
(m) 午100井，1984.85 m，阶梯状小断层
(n) 午100井，1995.15 m，滑动面
(o) 耿292井，2563.31 m，变形构造
(p) 宁70井，1710.83 m，火焰状构造

图 3-1-2　鄂尔多斯盆地长7段重力流岩心沉积构造特征

三角洲前缘沉积主要发育于盆地东北部、西南部以及部分西北部地区，沉积微相包括水下分流河道、分流间湾、河口沙坝、远沙坝和席状砂。

1）水下分流河道

水下分流河道是水上分流河道向水下延伸的部分，沉积物岩性以厚层状的粉砂岩、细砂岩为主，泥质含量较少。板状交错层理、槽状交错层理、沙纹层理发育，底部常具冲刷面。

(a) 环54井，长7₂亚段，2693.31～2693.75 m　　(b) 环54井，长7₁亚段，2654.67～2655.07 m　　(c) 环54井，长7₁亚段，2645.33～2646.03 m　　(d) 环54井，长7₁亚段，2659.03～2659.89 m

图 3-1-3　水下分流河道垂向沉积序列变化特征

2）分流间湾

分流间湾处在分流河道间的相对低洼地区，沉积物以细粒泥质岩石为主，主要岩性为泥岩、泥质粉砂岩，含少量粉砂质泥岩、粉砂岩。水平层理发育，可见植物碎屑及生物扰动构造。

3）河口沙坝

河口沙坝位于水下分支河道的河口处，沉积速率最高。沉积物主要由分选好、质地纯净的细砂和粉砂组成，具较发育的槽状交错层理，可见水流波痕和浪成摆动波痕。

4）河道侧缘

河道侧缘是由于水下分流河道在延伸过程中发生侧向迁移，阻塞废弃河道所形成的。主要岩性以泥质粉砂岩和粉砂质泥岩为主，含少量细砂岩。

2. 重力流沉积

1）滑动—滑塌沉积

在外界因素的诱导下，三角洲前缘未固结—半固结的沉积物重力失稳而发生块体顺斜坡向下的滑动、滑塌事件，是深水重力流产生的主要方式。滑动是一种没有内部变形的沿平直滑动面（剪切面）的黏性块体滑移，期间沉积物作平移剪切运动。滑动在下降过程中可能转化为滑塌。滑塌是指沿上凹滑动面（剪切面）发生的块体运移，其内部具有因旋转运动产生的形变。顺坡运移期间，块体加速，颗粒间分散作用增强，流体物质增加，滑塌物质可进一步转化为碎屑流、浊流。长7段滑动—滑塌沉积以细砂岩、泥质粉砂岩、粉砂质泥岩的混杂堆积为特征，其中滑动沉积无内部明显变形但发育二次滑动面、底部发育有剪切面［图3-1-4（a）和图3-1-5］，而滑塌沉积以内部发育明显的同沉积变形构造和具有包卷层理以及底部砂质注入现象为特征［图3-1-4（b）和图3-1-5］。

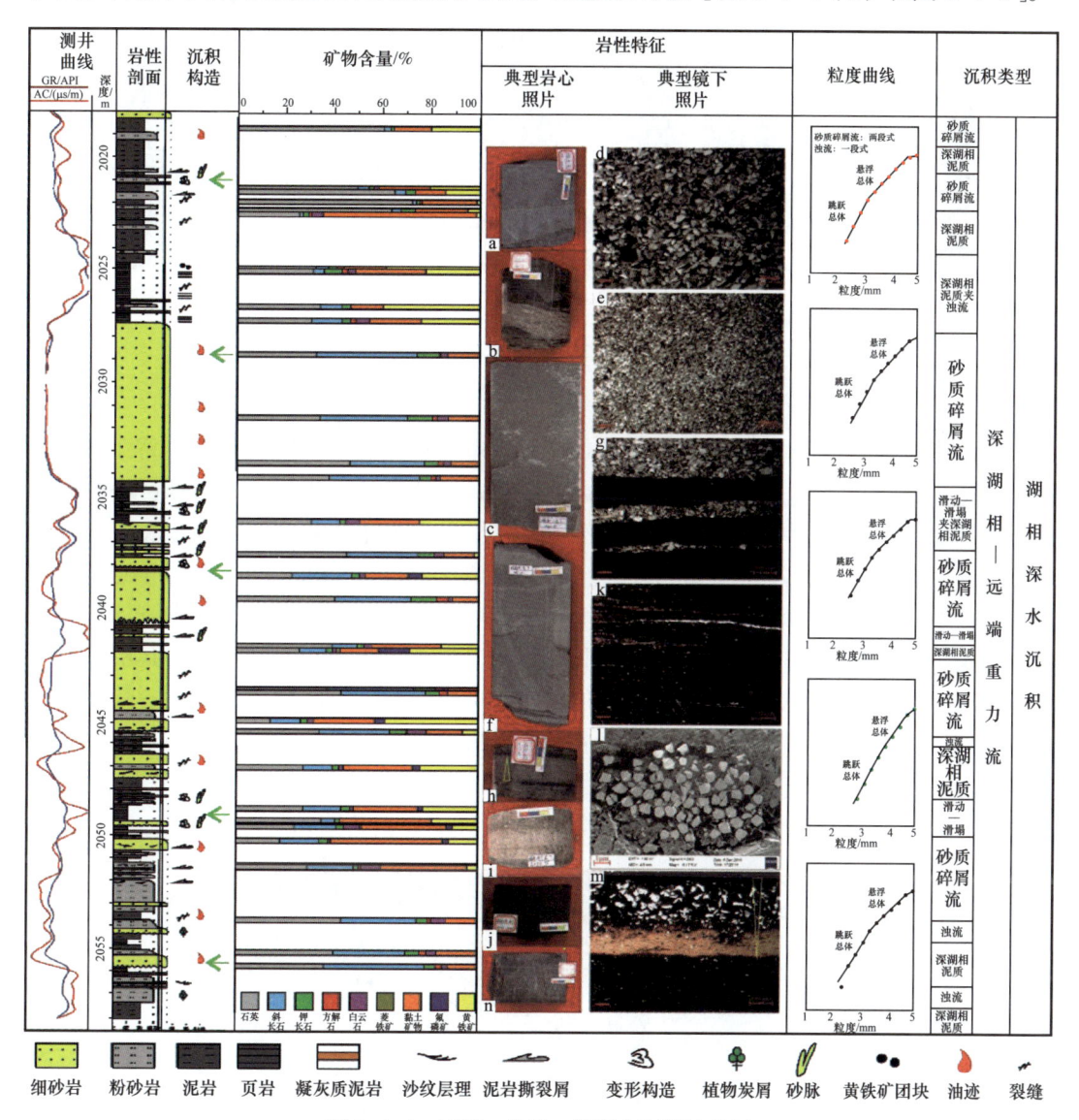

图3-1-4　城页1井长7段深水沉积柱状图

（a）2007.60m，细砂岩内部的二次滑动面；（b）2021.35m，滑塌构造；（c）2030.39m，纯净的块状细砂岩；（d）2034.56m，单偏光镜下块状砂岩颗粒分选好，粒间基质少见；（e）2014.05m，单偏光镜下粉砂岩中主要为细小的长石、石英碎屑；（f）2051.39m，细砂岩中漂浮的泥岩撕裂屑，底部的长条状泥岩条带近平行排列，指示碎屑流中的层流作用；（g）2051.36m，单偏光镜下细砂岩中近平行排列的泥质条带；（h）2027.05m，泥岩中的砂质条带，下部细砂岩向上渐变为粉砂岩的正粒序；（i）2056.75m，凝灰质泥岩；（j）2036.20m，黑色页岩，水平层理；（k）2048.78m，黑色页岩，单偏光镜下长英—黏土与有机质互层的"二元结构"；（l）2027.21m，黑色页岩，电子显微镜下的自生黄铁矿团块；（m）2026.70m，黑色页岩，有机质—黏土基质中悬浮的碎屑颗粒，逆粒序层理；（n）2022.94m，暗色泥岩，块状构造

(a) 庄233井，长7₂亚段，1821.40 m，含泥岩撕裂屑，细砂岩　　(b) 张22井，长7₂亚段，1581.05 m，砂岩脉　　(c) 正70井，长7₃亚段，1570.16 m，滑动面

图3-1-5　滑动—滑塌沉积岩心特征

2）砂质碎屑流沉积

砂质碎屑流是一种富砂质具塑性流变性质的宾汉塑性流体，代表一个从黏性至非黏性碎屑流连续过程系列（Shanmugam，2013），塑性流变性质使得流体在搬运过程中能够保持整体搬运。Talling等（2012）认为砂质碎屑流底部存在的滑水作用和基底剪切润湿作用，使得其能够整体在水下搬运较长距离，在湖盆中心发生卸载，以整体凝结的方式形成以块状层理为主的深水砂体。长7段深水区域砂质碎屑流沉积十分发育，其沉积岩性主要为纯净的块状细砂岩、粉砂岩［图3-1-4（c）～图3-1-4（e）和图3-1-6］，与上覆、下伏岩层突变接触部分，砂体上部和底部常见漂浮的泥岩撕裂屑以及长条状的泥质条带［图3-1-4（f）和图3-1-5］，后者长轴方向近平行于层面［图3-1-4（g）］，指示砂质碎屑流流动中的层流作用；粒度概率曲线呈两段式分布，跳跃总体含量一般大于70%，分选好，斜率一般大于50°，悬移总体含量为30%左右，缺乏滚动总体。

(a) 正40井，长7₃亚段，1451.98 m，泥砾构造　　(b) 庄233井，长7₂亚段，1720.70 m，泥包砾结构

图3-1-6　砂质碎屑流沉积岩心特征

3）浊流沉积

浊流是一种呈湍流状态、具牛顿流体特性的沉积物重力流,当其速度减缓或内部水流扰动强度降低时,内部颗粒按粒径逐级递减沉降。因而,具正粒序层理的砂岩与平行层理、沙纹层理和水平层理的粉细砂岩、泥岩一起构成完整或不完整的鲍马序列是浊流沉积最典型的标志。浊流主要发育在长7_1亚段、长7_2亚段,长7_3亚段发育相对有限,单期次浊流沉积厚度一般小于0.5m,鲍玛沉积序列不完整,岩心上表现为细砂质透镜体或厚度均一的砂质条带夹于黑色泥岩中[图3-1-4（h）和图3-1-7],局部见浊流沉积发育于砂质碎屑流之上,形成下部砂质碎屑流—上部浊流沉积组合,上下沉积单元突变接触。粒度概率累积曲线表现为一段式特征明显,但粒度较细。

（1）鲍马序列。

一个完整的浊积岩层序,自下而上由5个单元（即鲍马段）所组成:①A段——粒序递变段;②B段——下部平行纹层段;③C段——波痕纹层段或称变形纹层段;④D段——上部平行纹层段;⑤E段——泥质段;⑥F段——深水页岩段。

长7段可见完整或不完整的鲍马序列沉积,沉积厚度差别较大（图3-1-7）。

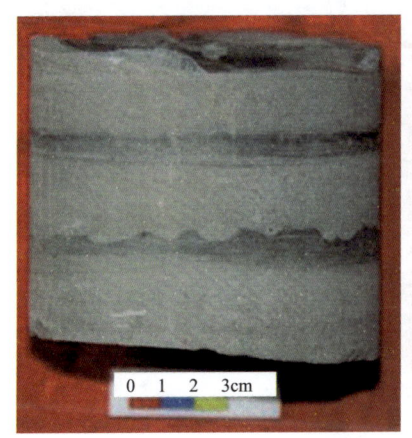

(a) 正70井,长7_1亚段,1583.01m,鲍马序列　　(b) 正40井,长7_2亚段,1773.4m,鲍马序列

图3-1-7　鲍马序列岩心特征

（2）沟模与槽模。

一种常见的印模构造,指砂质岩层底面上的平行小脊状凸起（或在下伏的泥质岩的上层面呈平行的沟）,脊状体高数毫米,宽数厘米。因为它是流水携带的某种工具（如贝壳、树枝、岩块等）对底部泥质沉积物刻划或冲击而在水底软泥层中留下沟槽或擦痕后,被上覆砂质沉积物充填而成,故亦称"拖痕""滑动痕",其长轴平行于水流方向。常见于浊积岩及冲积相沉积中（图3-1-8）。

槽模指砂岩底面上的舌状凸起,一端较陡,外形较清楚,呈圆形或椭圆形,另一端宽而平缓,与层面渐趋一致。槽模是流水成因的,即具定向流动的水流在下伏泥质沉积物层面冲刷形成的小沟穴,后来又为上覆砂质沉积物充填而成。槽模的长轴平行于水流方向,大小一般为2～10cm,陡的一端指向上游（图3-1-9）。

(a) 宁228井，长7₁亚段，1760.25 m，沟模构造　　(b) 宁36井，长7₁亚段，1603.55 m，沟模构造

图 3-1-8　沟模构造岩心特征

(a) 里231井，长7₂亚段，2078.24 m，槽模构造　　(b) 庄233井，长7₁亚段，1734.14m，槽模构造

图 3-1-9　槽模构造岩心特征

4）异重流沉积

异重流沉积因其作用机制与滑动滑塌型深水重力流沉积相区别，形成异重流的关键是流体本身与足够水深的汇水盆地环境水体的密度差，达到异重流的沉积物密度阈值是异重流形成的必要条件之一。洪水对形成异重流起着关键作用，受洪水持续性补给控制，能够持续数天或数周保持流体的稳定状态，洪水水动力的"增强—稳定—减弱"演化过程使得其沉积序列出现体现相应水动力变化的沉积构造。异重流沉积以典型的侵蚀充填、逆—正粒序组合为特征，从沉积近端到沉积远端，其岩相组合依次由中厚层的块状砂岩相、块状含砾砂岩相、正粒序细砂岩相、沙纹层理细砂岩相、平行层理细砂岩相、含泥质碎屑细砂岩相、块状或水平层理泥岩相组合而成，过渡为中薄层的正粒序沙纹层理细砂岩相、正粒序平行层理、正粒序含砾砂岩相、含泥质碎屑细砂岩相、块状泥岩相，最终过渡为薄层的正粒序细砂岩相、沙纹层理砂岩相、平行层理砂岩相与逆粒序沙纹层理、平行层理细砂岩相，以及块状或平行层理泥岩相组合而成（图3-1-10）。

(a) 宁155井，块状砂质碎屑流和砂泥频繁互层沉积
(b) 庄155井，砂质碎屑流沉积和砂泥韵律层互层沉积
(c) 庄282井，砂泥韵律层和分层块状，发育块状砂
(d) 山192井，砂泥韵律层和逆正粒序组合发育砂岩

图 3-1-10 异重流沉积岩心特征图

异重流成因的岩心主要存在块状砂岩、砂泥互层和逆正粒序组合砂岩。宁155井处于沉积近端，主要发育砂泥互层韵律层和块状砂岩沉积，块状砂岩沉积一般为灰色细砂岩，厚度可达3m，其中可含有少量的碳质碎屑和植物碎片，部分碳质碎屑和植物碎片呈杂乱状均匀分布于砂质沉积物中，部分集中呈层状分布，表现为砂质沉积结束后悬浮的碳质碎屑和植物碎片集中沉降成因。

3. 湖相泥质沉积

湖相泥质为深湖环境下原地沉积的产物，一般与砂质碎屑流、浊流输入的砂质、粉砂质粗碎屑突变接触，局部见凝灰岩、凝灰质泥岩夹层[图 3-1-4（i）]。根据岩相及有机质富集差别，深湖相泥质沉积可分为黑色页岩和暗色泥岩两大类。黑色页岩颜色一般为暗灰色、黑色[图 3-1-4（j）]，镜下可见明显的水平层理[图 3-1-4（k）]，且发育黄铁矿团块[图 3-1-4（l）]，指示其为静水还原条件下悬浮的细粒物质缓慢机械沉积而成[图 3-1-4（m）]；暗色泥岩，多为灰黑色均质块状[图 3-1-4（h）]，部分暗色泥岩发育同沉积变形构造[图 3-1-4（b）]，与重力流事件或者斜坡上早中期泥质沉积物滑塌滑动作用有关。两类泥质岩均是富有机质的优质烃源岩，暗色泥岩TOC分布在1.91%～8.55%之间，平均为4.93%；黑色页岩TOC分布在11.36%～18.22%之间，平均为14.78%。

第二节 铁柱子剖面岩性特征

为了系统分析和进一步量化深水体系不同沉积类型组合特征，选取了湖盆中部庆城油田C96井建立了长7段铁柱子剖面，开展了测井、岩性特征、沉积序列的系统研究。

庆城油田长7段沉积厚度较为稳定，分布在90~110m之间，沉积组合中，粉砂质泥岩平均占比54%、粉细砂岩占比21%、富有机质泥页岩占比25%。长7_3亚段岩性组合主要为暗色泥岩、黑色页岩，夹薄层粉砂岩；长7_2亚段、长7_1亚段岩性组合主要为粉砂质泥岩、暗色泥岩、粉细砂岩互层沉积（图3-2-1）。

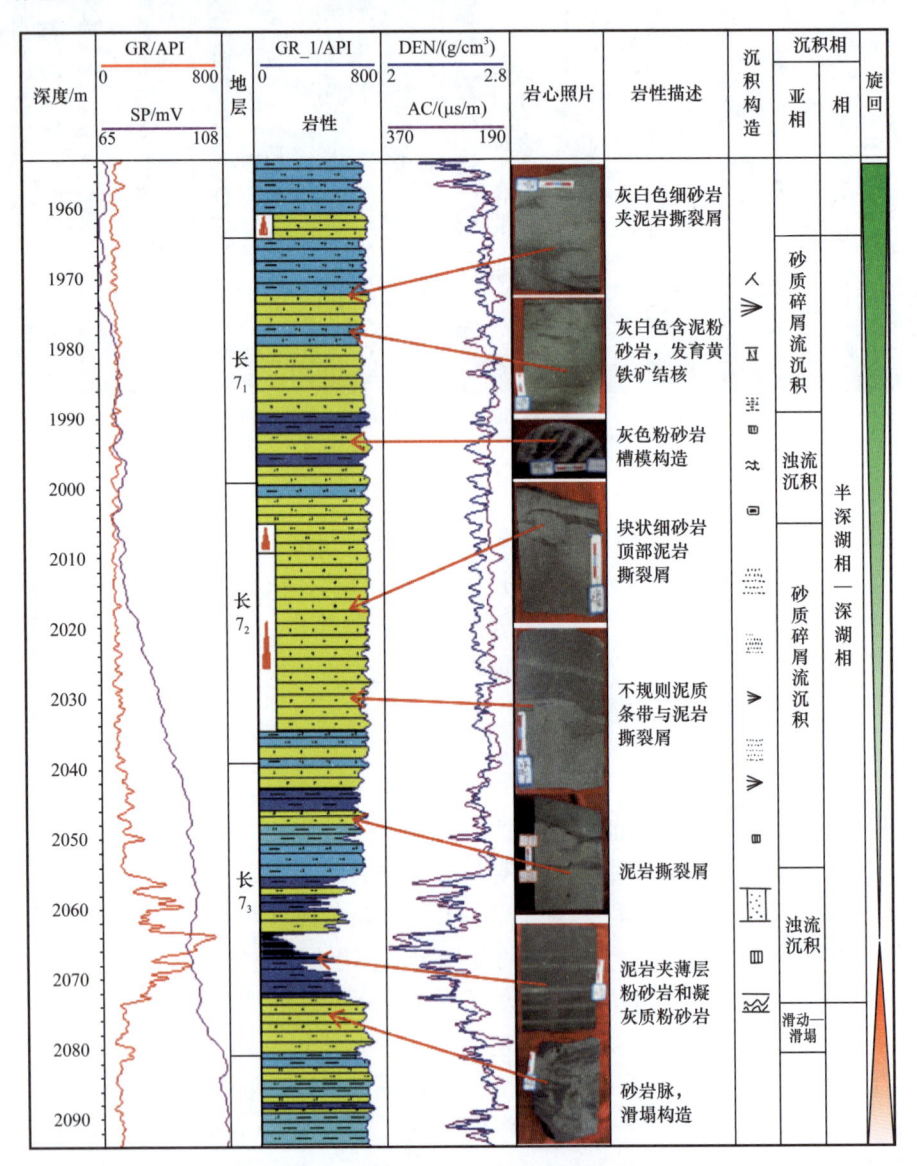

图3-2-1　庆城油田C96井长7段综合柱状图

长7段沉积早期到中晚期，随着湖盆萎缩，侵蚀基准面降低，源区剥蚀量不断增大，河流携带了大量碎屑，物质供给充足，三角洲前缘砂体不断向深湖方向进积，在快速沉积不稳定状态下或受某种事件作用引发（波浪、火山、地震、风暴等）而随机发生滑塌形成重力流事件。基于C96井岩心精细观察及测井特征分析，在该井长7段识别出滑动—滑塌沉积、砂质碎屑流沉积、浊流沉积3种深水重力流沉积类型（图3-2-1和图3-2-2）。

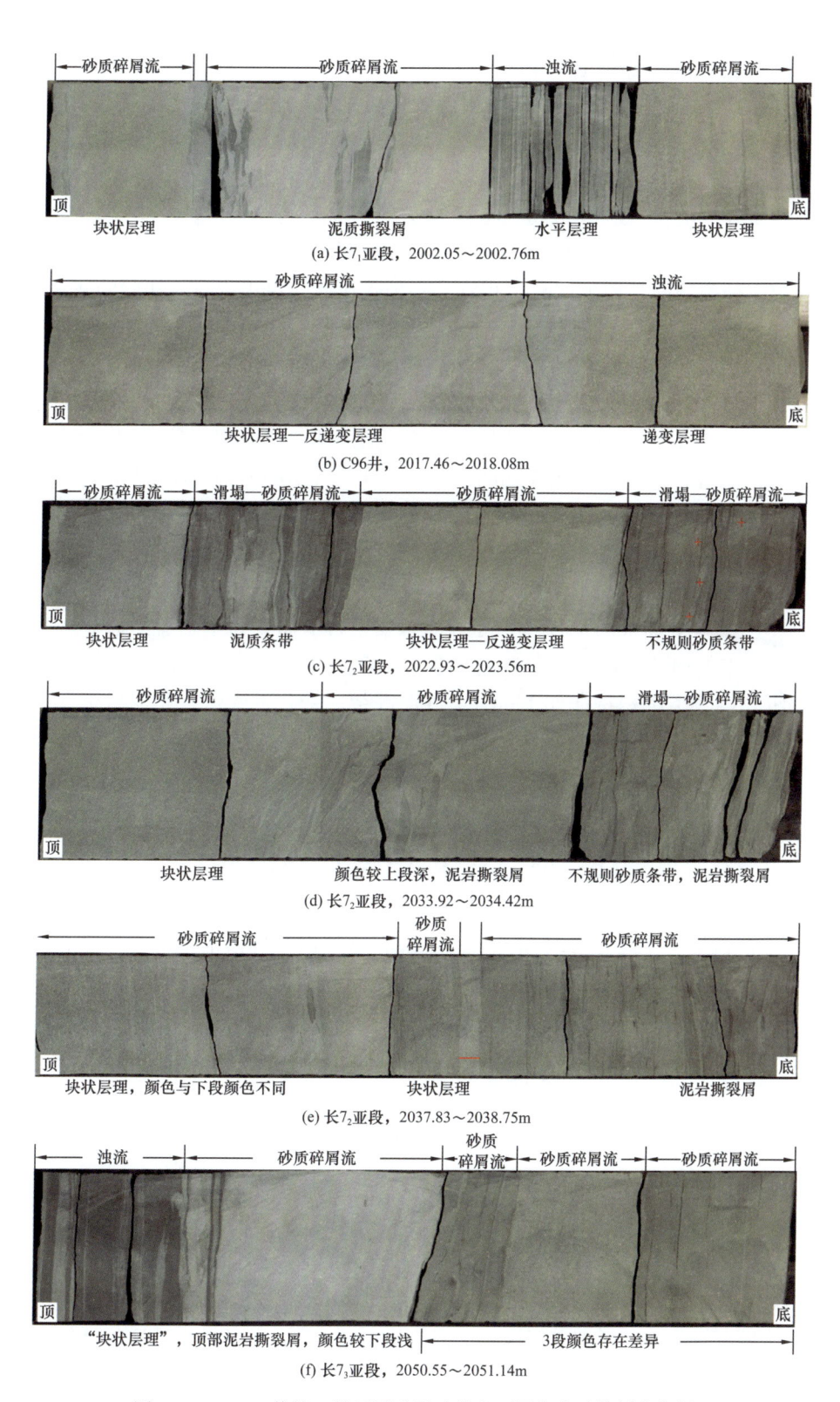

图 3-2-2　C96 井长 7 段不同成因砂体和不同期次砂体划分依据

砂质碎屑流沉积：由灰色、褐灰色块状细砂岩构成，其沉积特征如下：（1）该类砂岩厚度均在0.5m以上，多数大于1m，最厚可达9m；（2）块状层理极其发育，不显示粒序层理；（3）含油性较好，泥质含量极少；（4）测井曲线主要呈箱形，GR值在51～105API之间（图3-2-1）；（5）粒度概率累积曲线表现为一段式特征明显，但粒度较粗；（6）砂质碎屑流沉积物与上覆、下伏岩层突变接触；（7）砂岩内部偶见零散分布的泥岩碎片和泥砾，直径长度在1～5cm之间，呈悬浮状，且有拖长变形现象。通过岩心观察共识别出2种类型的砂质碎屑流沉积物：一种是泥质含量极少且呈块状的灰色细砂岩、粉砂岩；另一种是富含泥砾的块状灰色细砂岩、粉砂岩（图3-2-2）。

浊流沉积由灰色、深灰色粉砂岩、泥质粉砂岩构成，其沉积特征如下：（1）该类砂岩单层厚数厘米到数十厘米；（2）具有完整或不完整的鲍马序列；（3）岩心及野外露头可见砂岩底部不平整，岩性突变，常有较清楚的槽模构造；（4）自然伽马曲线呈中—高幅的锯齿状，GR值在90～137API之间（图3-1-1）；（5）粒度概率累积曲线表现为一段式特征明显，但粒度较细；（6）常以砂泥岩薄互层形式出现，构成多个韵律层；（7）常常发育在重力流沉积的前端、侧翼或顶部。浊流沉积在粒序层理砂岩之上，可出现平行层理、小—中型交错层理、水平层理以及沙纹层理等牵引流构造，可能是浊流的体部和尾部中细小的颗粒被加入的水稀释，导致流态发生转变而变为牵引流。通过岩心仔细观察，可见不完整的鲍马序列AB、ABC、ABE、AC、AE、CDE等（图3-2-2）。

滑塌沉积的典型沉积特征如下：（1）砂泥混杂，粉砂岩或粉砂质泥岩中发育包卷层理和小型褶皱构造；（2）可见大小不一的角砾状泥岩撕裂屑；（3）在底部发育滑动面，界面上下岩性差异显著（图3-2-2）。

第三节　沉积相特征及展布

鄂尔多斯盆地长7段发育时期，受西南部湖盆底形及构造活动、气候变化等综合影响，主要发育三角洲前缘、沟道型重力流、湖泊沉积相，其砂体结构受沉积类型影响明显，呈现出多种不同的砂体结构特征，不同的砂体叠置关系是沉积相变化的重要响应。

一、沉积相展布特征及模式

1.沉积相垂向展布特征

选取盆地不同位置4口单井剖面，分析不同沉积类型垂向组合特征，以明确沉积相垂向展布特征，深化沉积环境垂向变化规律。

1）孟53井

孟53井钻遇长7段厚度96m，长7_1亚段厚32m，长7_2亚段厚37m，长7_3亚段厚32m。整体发育辫状河三角洲前缘沉积，以水下分流河道沉积和分流间湾沉积为主。砂岩以浅灰色细砂岩和泥质粉砂岩为主，见平行层理、交错层理及块状层理等。长7_1亚段砂岩相对较粗，以细砂岩为主，单层分流河道细砂岩厚度较大。长7_2亚段砂岩相对较细，多为细砂岩和泥质粉砂岩互层叠置，长 7_3 亚段多为灰黑色泥岩（图 3-3-1）。总体而言，由长 7_3 亚段到长 7_1 亚段沉积期岩性逐渐由细变粗，反映了三角洲进积沉积的特点。

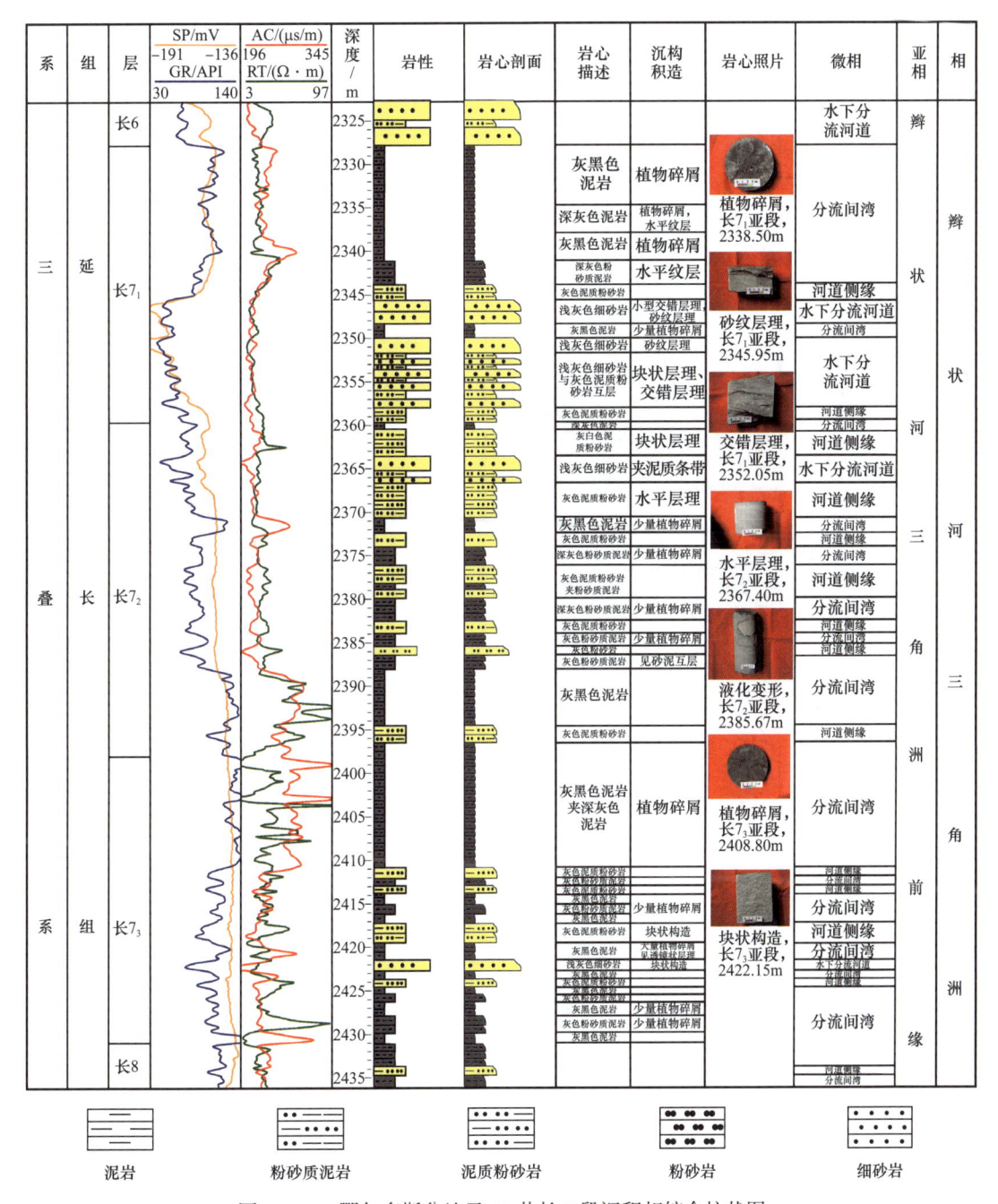

图 3-3-1 鄂尔多斯盆地孟 53 井长 7 段沉积相综合柱状图

2）白 522 井

白 522 井钻遇长 7 段厚度 107m，长 7_1 亚段厚 39m，长 7_2 亚段厚 36m，长 7_3 亚段厚 32m。整体发育沟道型重力流沉积，以砂质碎屑流沉积和浊积沉积为主。长 7_1 亚段发育

- 61 -

砂质碎屑流沉积，以细砂岩为主，夹浊积岩沉积。长 7_2 亚段以泥质粉砂岩浊流沉积为主，夹灰黑色泥岩。长 7_3 亚段多为黑色泥岩，多见植物碎屑、水平层理、沙纹层理（图 3-3-2）。总体而言，由长 7_3 亚段到长 7_1 亚段沉积期岩性逐渐由细变粗。

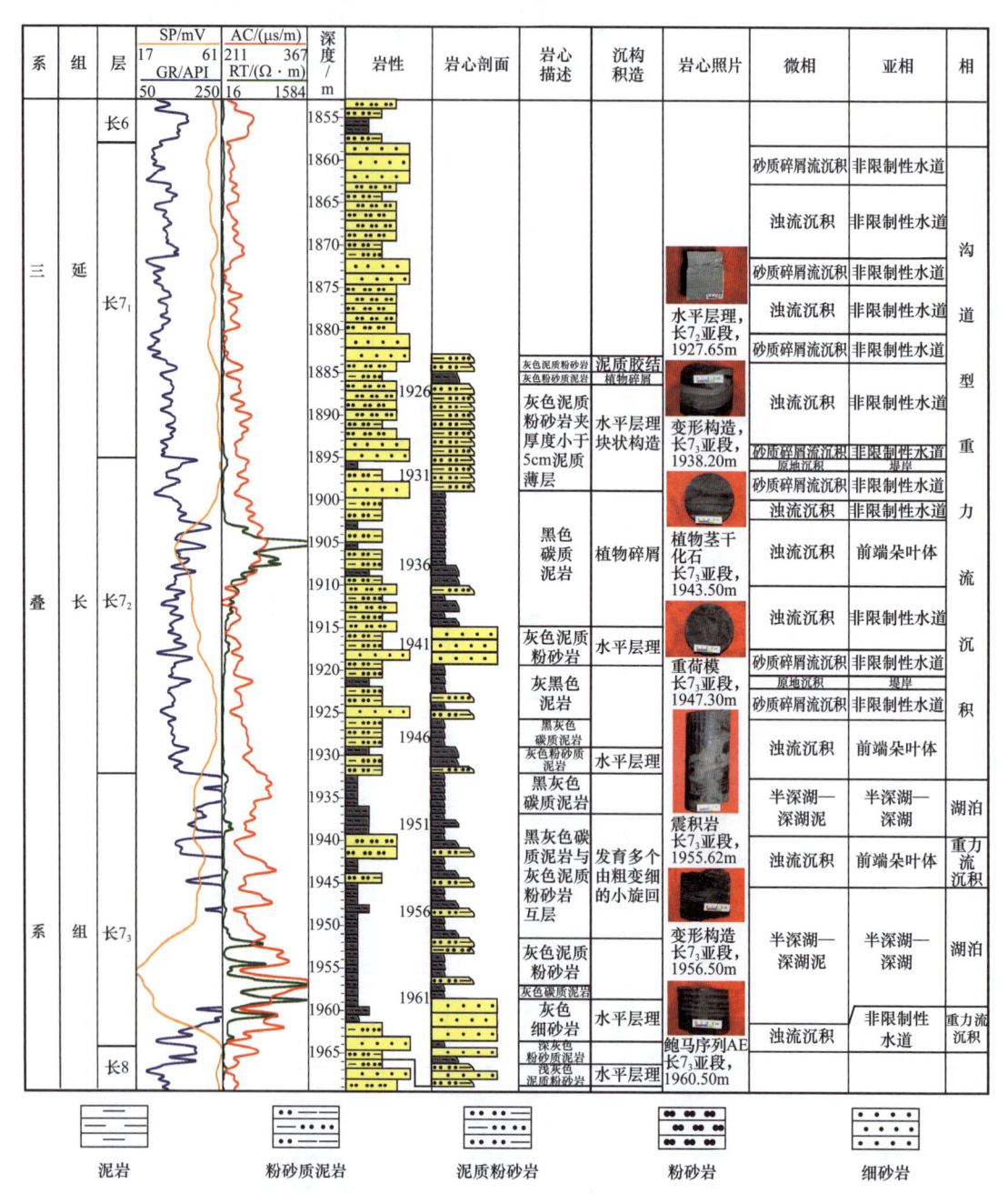

图 3-3-2　鄂尔多斯盆地白 522 井长 7 段沉积相综合柱状图

3）安 35 井

安 35 井钻遇长 7 段厚度 111m，长 7_1 亚段厚 34m，长 7_2 亚段厚 42m，长 7_3 亚段厚 35m。整体发育曲流河三角洲前缘沉积，以水下分流河道沉积为主，同时发育分流间湾相和河口沙坝相。长 7$_1$ 亚段以细砂岩和泥质粉砂岩为主，夹黑色泥岩，发育浪成交错层理，泥岩撕裂。长 7$_2$ 亚段以泥质粉砂岩为主，细砂岩厚度较厚。长 7$_3$ 亚段为黑色泥岩夹泥质粉砂岩（图 3-3-3）。总体而言，由长 7 段沉积期砂岩从下到上具有明显的粒度逐渐由细变粗，厚度逐渐由薄变厚的趋势，反映了三角洲进积沉积的特点。

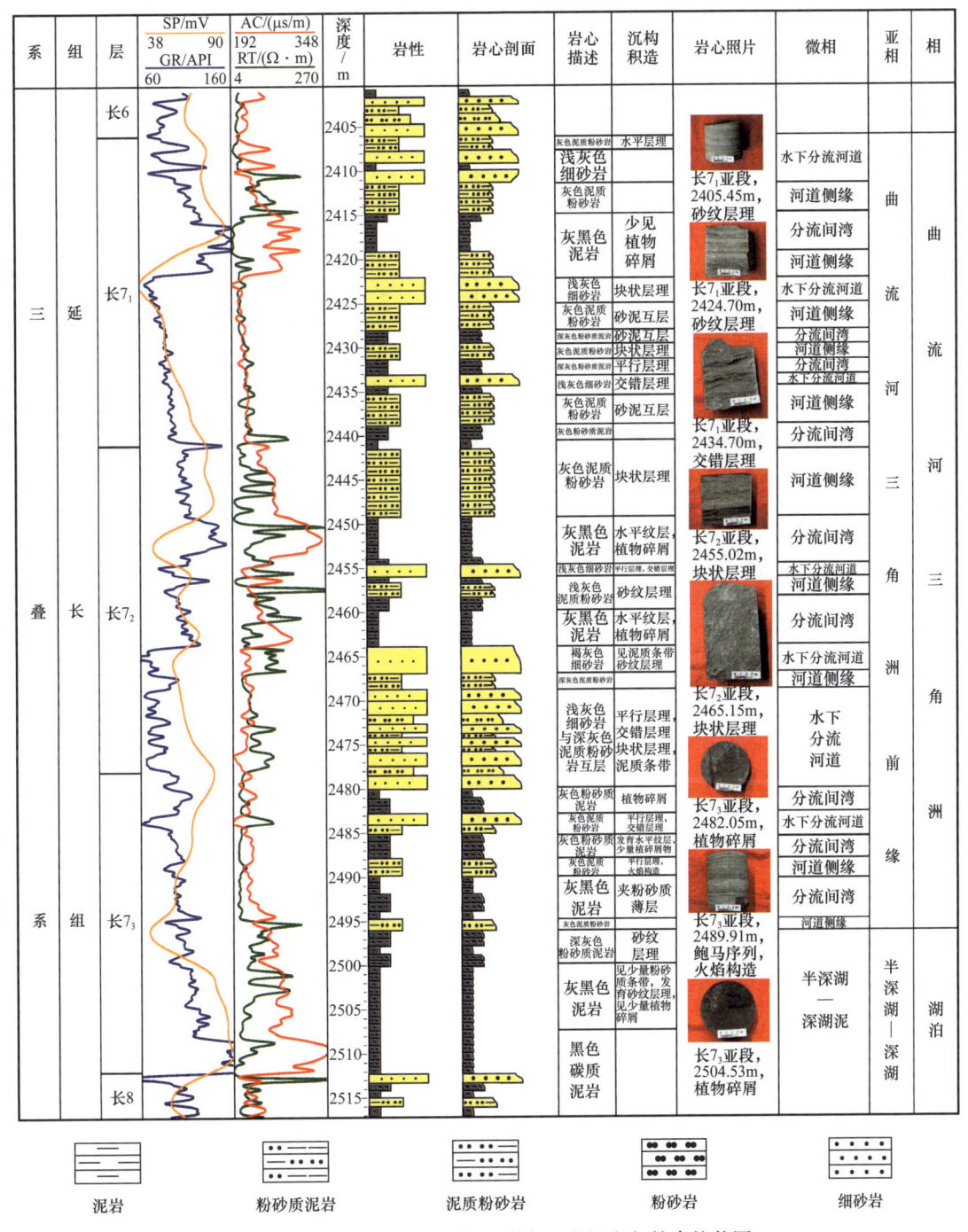

图 3-3-3　鄂尔多斯盆地安 35 井长 7 段沉积相综合柱状图

4）张 22 井

张 22 井钻遇长 7 段厚度 112m，长 7_1 亚段厚 37m，长 7_2 亚段厚 43m，长 7_3 亚段厚 32m（图 3-3-4）。整体发育湖泊相沉积，以半深湖—深湖泥为主，主要发育黑色泥页岩，发育少量泥质粉砂岩。

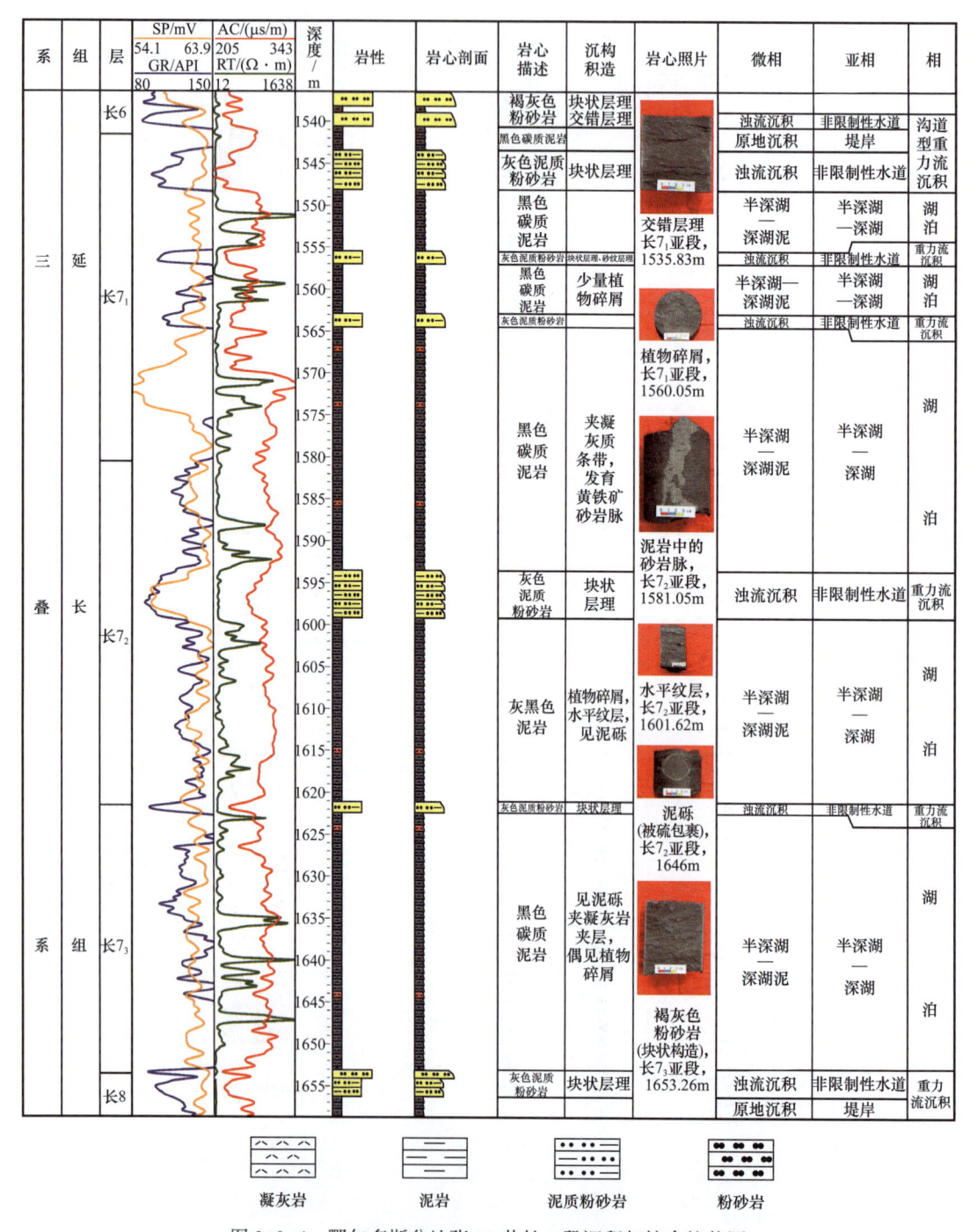

图 3-3-4　鄂尔多斯盆地张 22 井长 7 段沉积相综合柱状图

2. 沉积相横向展布特征

1) 顺物源剖面

长 7_3 亚段到长 7_1 亚段沉积期由西南向东北,依次发育三角洲前缘沉积和半深湖—深湖沉积,三角洲前缘逐渐向东北方向推进,以水下分流河道沉积和分流间湾为主,反映了湖平面收缩,沉积基准面下降的沉积演化规律。深湖—半深湖发育砂质碎屑流和浊流沉积,呈透镜状展布,延展范围较短(图 3-3-5)。

2) 横切物源剖面

该剖面发育三角洲前缘沉积和深湖—半深湖相沉积,三角洲前缘亚相以分流河道沉积为主,由长 7_3 亚段到长 7_1 亚段河道砂体厚度逐渐增大,纵向切叠频率变高。深湖—半深湖相发育重力流沉积,规模较小,剖面上呈透镜状孤立存在。长 7_3 亚段重力流相对不发育(图 3-3-6)。

3. 沉积相平面展布特征

综合垂向及横向沉积相展布特征,对长 7 段沉积相平面展布规律进行分析,明确了湖盆中部深水重力流沉积体系展布变化,建立了深水远端重力流沉积模式。整体看来,长 7 段沉积期湖盆西南部以三角洲、重力流沉积体系为主,东北部以三角洲体系为主,三角洲平原面积较小,广泛发育三角洲前缘水下分流河道。长 7_3 亚段沉积期湖盆中部发育零星分布的重力流砂体,周边发育小规模的三角洲前缘水下分流河道砂体,厚 5~15m;长 7_2 亚段沉积期以重力流、三角洲沉积砂体为主,湖盆中部砂体较薄(5~10m),周边砂体较厚(5~15m),砂体分布具有一定规模。长 7_1 亚段沉积期砂体规模进一步增大,局部砂厚 15~20m,形成了大面积复合连片分布(图 3-3-7)。

不同的沉积环境具有不同的流体性质、沉积机制,因此,沉积岩的分布也具有显著的差异性。细砂岩主要分布在三角洲前缘水下分流河道、河口沙坝及砂质碎屑流等沉积环境;粉砂岩主要分布在远沙坝、席状砂及浊流沉积环境中;浅色泥岩主要分布在三角洲前缘分流间湾沉积环境;暗色泥岩主要分布在半深湖;黑色页岩主要分布在深湖坳陷;凝灰岩盆地范围发育,西南部厚度较大;碳酸盐岩盆地西南和南部局部地区发育(图 3-3-8)。从长 7_3 亚段到长 7_1 亚段沉积期,随着湖盆面积的萎缩,三角洲前积,砂质沉积向前推进,泥质沉积范围减小。

二、深水细粒沉积砂体结构类型及特征

盆地长 7 段沉积期主要发育 4 种砂体结构类型,即多期砂叠置厚层型(Ⅰ类),厚砂、薄泥互层型(Ⅱ$_1$ 类),厚砂与薄砂、泥互层型(Ⅱ$_2$ 类)及薄砂、泥互层型(Ⅲ类)(图 3-3-9)。其中湖盆中部Ⅰ类、Ⅱ$_1$ 类砂体是勘探的有利目标。

从砂体结构平面分布图来看(图 3-3-10),砂体结构受沉积类型控制明显,三角洲砂体以Ⅰ类、Ⅱ$_1$ 类为主;重力流沉积呈多类型发育特征,其中Ⅰ类、Ⅱ$_1$ 类主要分布于湖底平原,Ⅱ$_2$ 类、Ⅲ类分布于斜坡区。

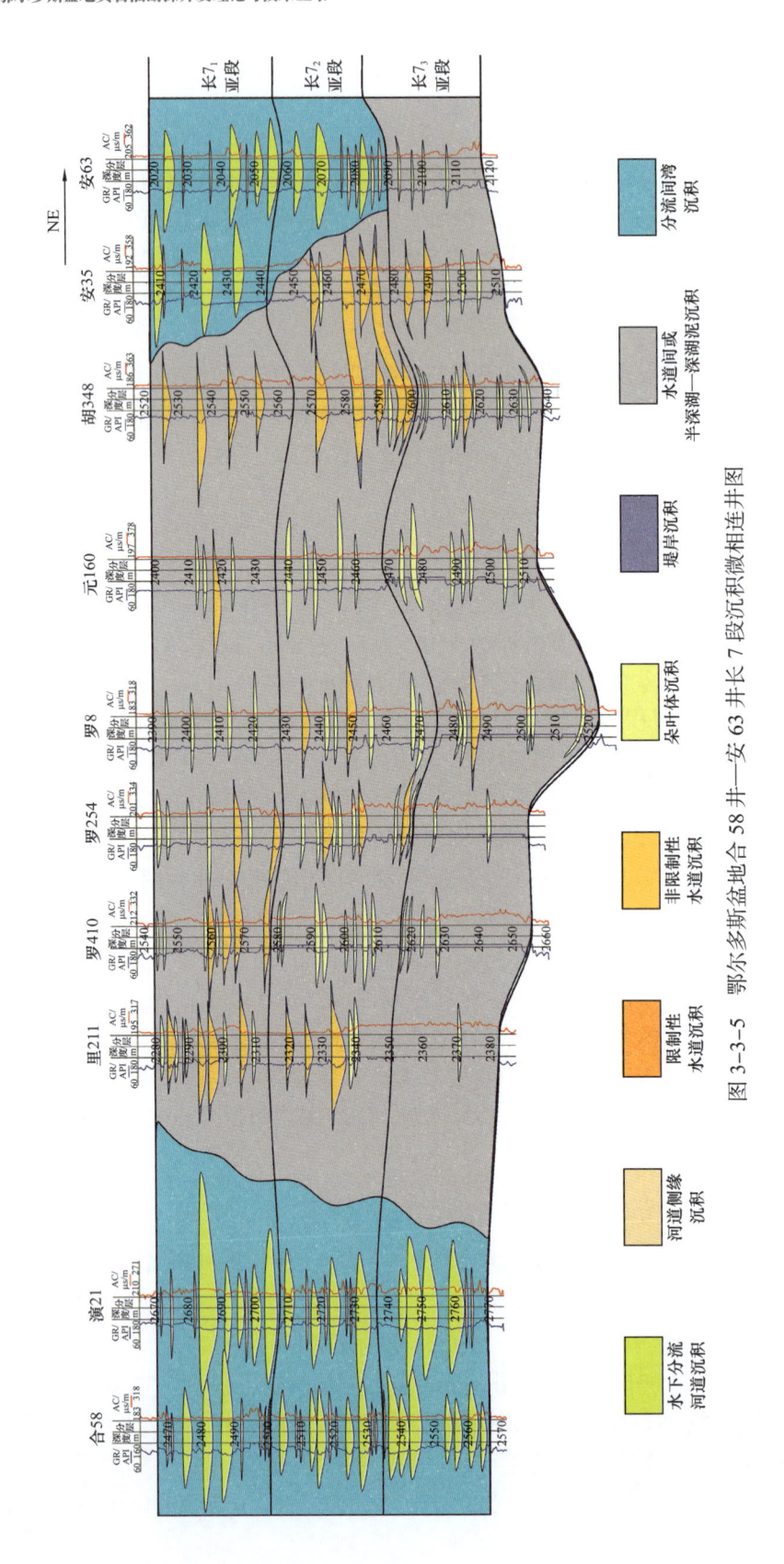

图 3-3-5 鄂尔多斯盆地合 58 井—安 63 井长 7 段沉积微相连井图

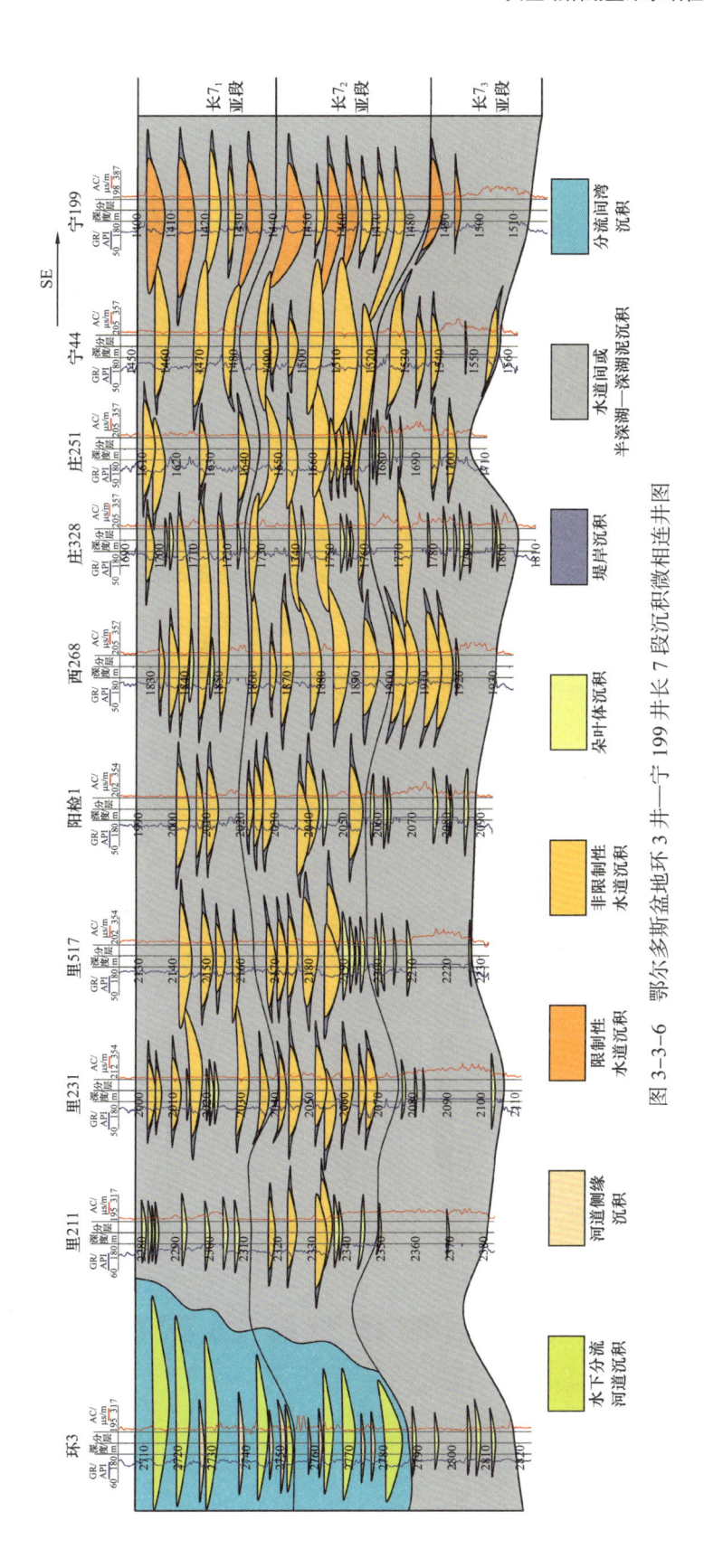

图 3-3-6 鄂尔多斯盆地环 3 井—宁 199 井长 7 段沉积微相连井图

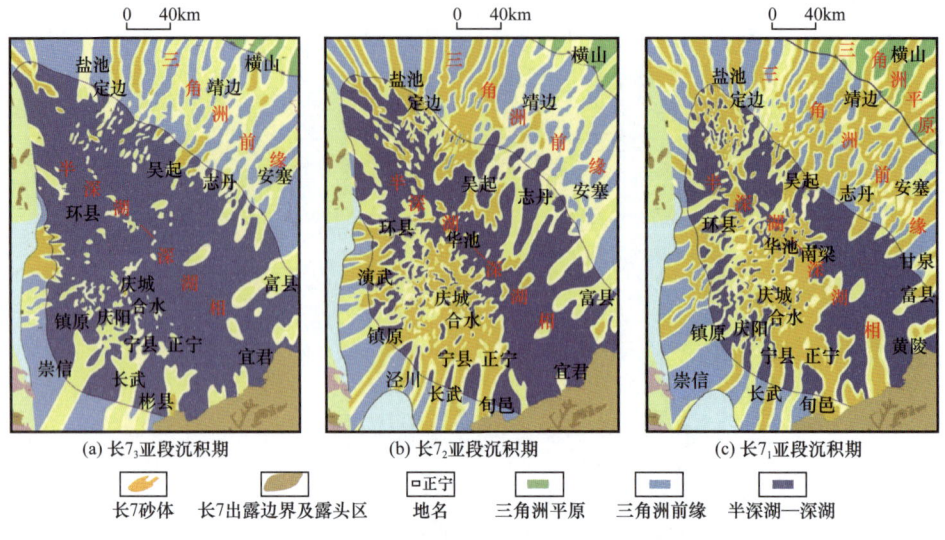

图 3-3-7 鄂尔多斯盆地长 7 段沉积期沉积相图

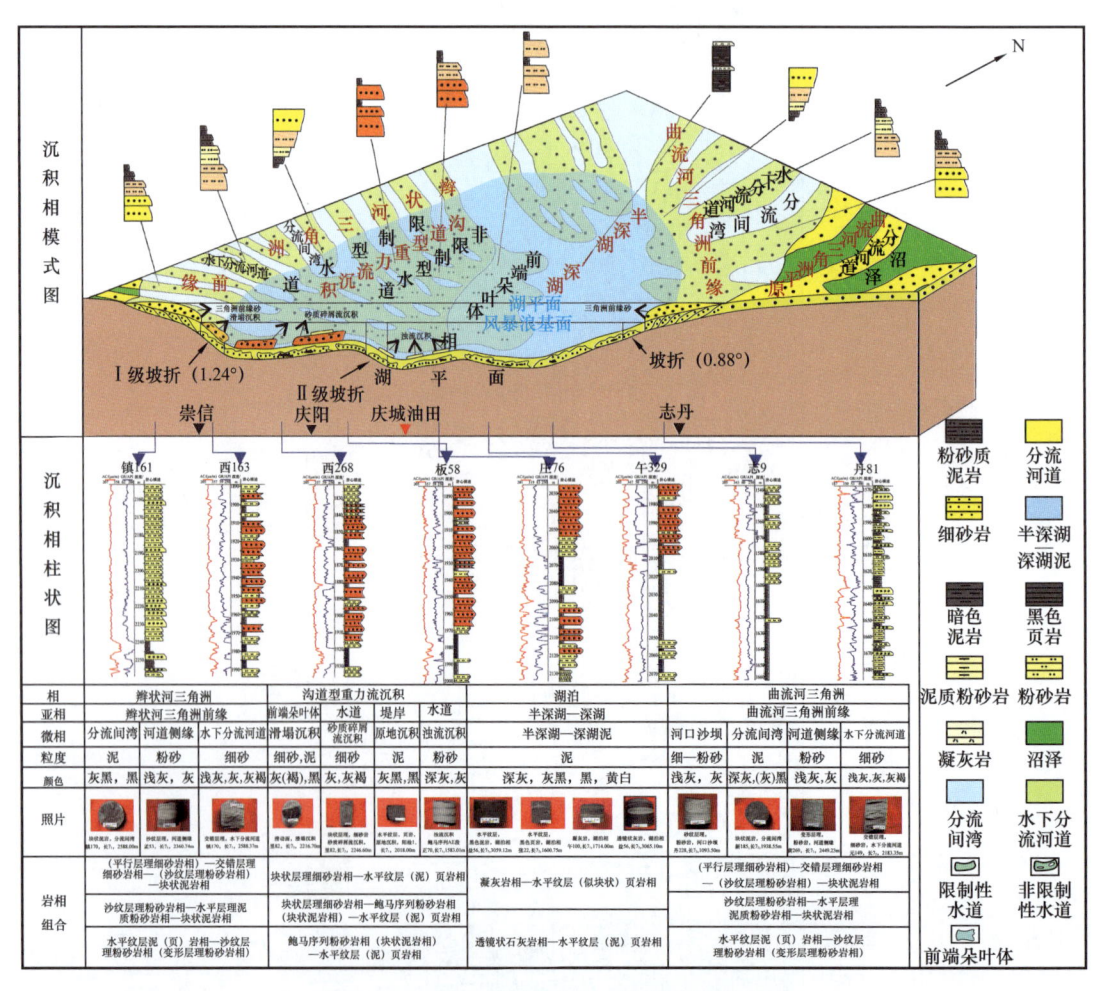

图 3-3-8 鄂尔多斯盆地长 7 段沉积相模式图

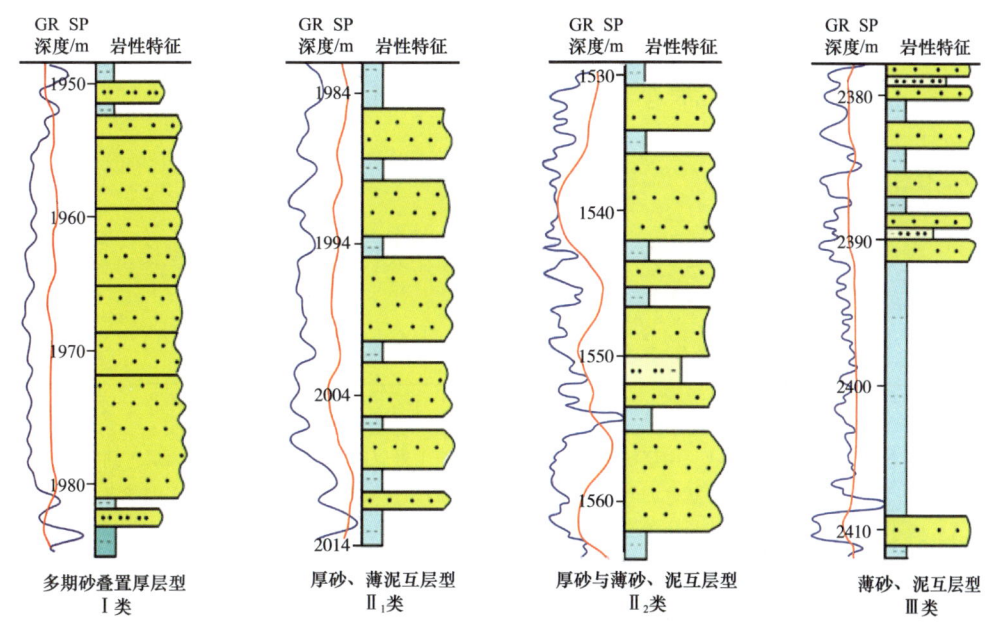

图 3-3-9　鄂尔多斯盆地长 7 段源内非常规储层砂体结构类型

(a) 盆地长 7_2 亚段砂体结构平面分布图

(b) 盆地长 7_1 亚段砂体结构平面分布图

Ⅰ类　Ⅱ₁类　Ⅱ₂类　Ⅲ类

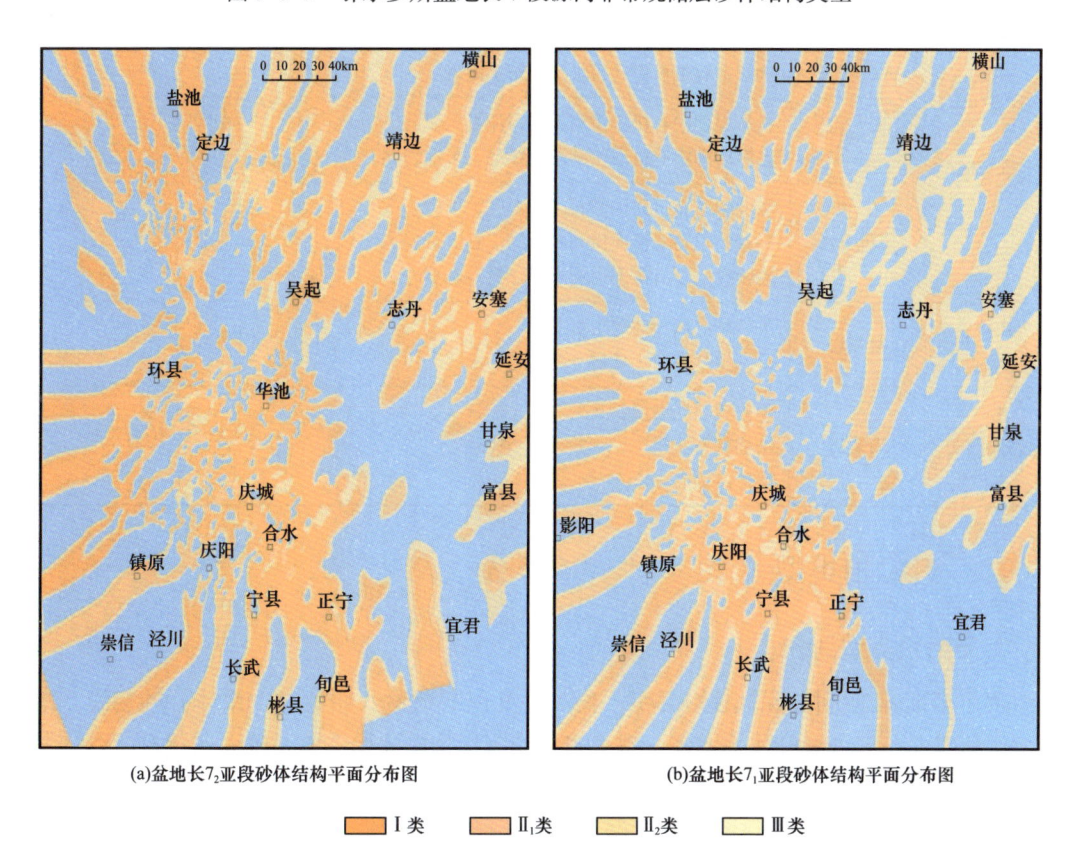

图 3-3-10　鄂尔多斯盆地长 7 段砂体结构平面分布图

第四节 深水细粒沉积"三相"耦合关系

一、岩相类型

通过岩心观察、薄片鉴定、X射线衍射等鉴别方法,将鄂尔多斯盆地长7段分为4大类、7小类岩相类型(表3-4-1)。

表3-4-1 鄂尔多斯盆地长7段岩相类型

大类	小类	主要岩石类型
砂岩类	细砂岩	块状—中层状平行、交错层理长石(岩屑质长石砂岩、长石质岩屑)细砂岩 厚层状含泥岩撕裂屑长石(岩屑质长石砂岩、长石岩屑质石英)细砂岩 块状长石(岩屑质长石、长石岩屑质石英)细砂岩 中—厚层状底模构造长石(岩屑质长石、长石岩屑质石英)细砂岩
	粉砂岩	中—薄层状沙纹、水平层理岩屑质长石(长石质岩屑)粉砂岩 块状变形层理岩屑质长石(长石质岩屑)粉砂岩 薄—厚层状粒序层理长石(岩屑质长石、长石岩屑质石英)粉砂岩
黏土岩类	浅色泥岩	块状贫有机质伊利石(绿泥石)泥岩
	暗色泥岩	水平层理中有机质伊利石(绿泥石)泥岩 粒序层理中有机质伊利石(绿泥石)泥岩
	黑色页岩	微波状富有机质伊利石(绿泥石)页岩 平直纹层富有机质伊利石(绿泥石)页岩 断续纹层富有机质伊利石(绿泥石)页岩
火山碎屑岩类	凝灰岩	条带状晶屑(玻屑)凝灰岩 薄—块状晶屑(玻屑)凝灰岩
碳酸盐岩类	石灰岩	中—薄层状砂质石灰岩 结核状石灰岩 交代成因石灰岩

二、有机相类型

1. 干酪根类型划分

鄂尔多斯盆地为陆相湖泊相沉积,长7段沉积期湖盆开始萎缩,水体开始变浅,富氢组分逐渐减少,富氧组分开始增多,越来越多的沉积物质开始暴露在外。通过显微组分划分干酪根可以了解烃源岩母源物质的沉积环境,但不精确,同时参考干酪根X形划分图解(黄第藩等,1982),利用岩石热解分析数据,将该区烃源岩干酪根划分为标准腐泥型(Ⅰ)、含腐殖的腐泥型(Ⅱ$_1$)、腐殖腐泥型(Ⅱ$_2$)、含腐泥的腐殖型(Ⅲ)(图3-4-1和图3-4-2)。制订了鄂尔多斯盆地长7段富有机质页岩干酪根类型划分标准(表3-4-2)。

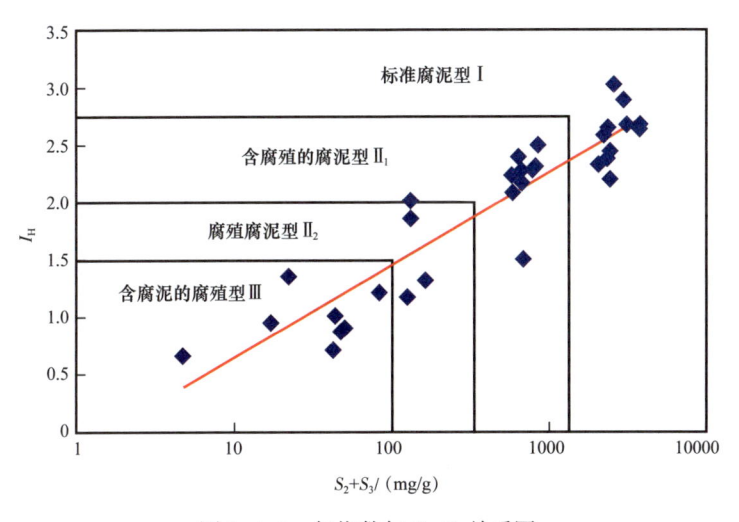

图 3-4-1 氢指数与 S_2+S_3 关系图

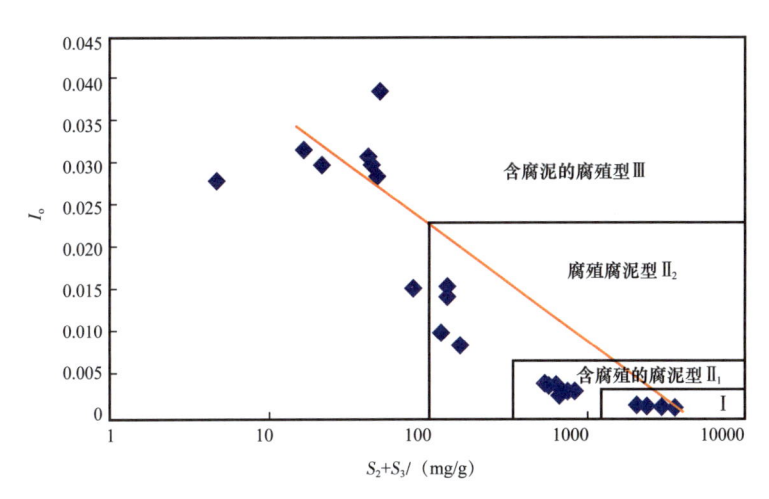

图 3-4-2 氧指数与 S_2+S_3 关系图

表 3-4-2 鄂尔多斯盆地长 7 段烃源岩干酪根类型划分标准及对应母源物质

干酪根类型	I_H	I_O	S_2/S_3 下限	S_2/S_3 特征值	母源物质	沉积环境及氧化还原环境
标准腐泥型（Ⅰ）	2.0~3.0	<0.001	2000	>2000	藻类等浮游生物	深湖强还原
含腐殖的腐泥型（Ⅱ₁）	1.5~2.5	0.001~0.003	500	500~2000	藻类等浮游生物	半深湖—深湖 还原—强还原
腐殖腐泥型（Ⅱ₂）	1.0~2.0	0.003~0.010	100	100~500	藻类等浮游生物 及陆源植物碎片	三角洲前缘 弱还原—还原
含腐泥的腐殖型（Ⅲ）	<1.5	0.010~0.040	5	<100	陆源植物碎片	三角洲前缘 弱氧化—还原

2. 有机质丰度评价

选取重点井位重点层位的样品，利用 TOC 含量、S_1+S_2、氯仿沥青"A"分析该层位烃源岩干酪根类型的有机质丰度，将研究区烃源岩有机质丰度分为：富、中、贫 3 种类型（表 3-4-3）。

表 3-4-3　鄂尔多斯长 7 段有机质丰度评价

样品序号	干酪根类型	有机质评价指标			有机质丰度评价
		TOC 含量 /%	氯仿沥青"A" /%	S_1+S_2/（mg/g）	
1	标准腐泥型	9.66	0.7275	26.33	富有机质
2		10.72	0.6593	26.61	
3		9.49	0.4345	25.57	
4	含腐殖的腐泥型	3.44	0.1830	8.93	富有机质
5		3.08	0.1922	7.56	
6		2.89	0.1573	9.86	
7	腐殖腐泥型	1.15	0.0998	2.43	中有机质
8		1.48	0.0478	2.70	
9		1.14	0.0564	2.02	
10	含腐泥的腐殖型	0.64	0.0345	0.65	贫有机质
11		0.84	0.0443	1.27	
12		0.77	0.0546	0.96	

3. 有机相划分

结合各干酪根类型对应的沉积环境，说明不同的沉积类型对应不同的有机质丰度，通过这个规律确定了研究区总共可以分为 4 种有机相类型（表 3-4-4）。

表 3-4-4　鄂尔多斯盆地长 7 段有机相划分表

有机相类型		干酪根类型及母源物质	沉积环境与氧化还原环境	TOC 含量 /%	S_1+S_2/mg/g	有机质丰度评价
A	强还原富有机相	Ⅰ型（藻类等浮游生物）	深湖 强还原	>6	18～100	富有机质
B	还原—强还原富有机相	Ⅰ型及Ⅱ₁型（藻类等浮游生物）	半深湖—深湖 还原—强还原	2～6	15～30	富有机质
C	弱还原—还原中有机相	Ⅲ型、Ⅱ₂型（藻类等浮游生物及陆源植物碎片）	三角洲前缘 弱还原—还原	2～6	<15	中有机质
D	弱氧化—弱还原贫有机相	Ⅲ型（陆源植物碎片）	三角洲前缘 弱氧化—弱还原	<2	<10	贫有机质

三、岩相—沉积相—有机相分布模式

依据岩相、沉积相和有机相组合关系，划分了4种组合类型（表3-4-5）。

表3-4-5 鄂尔多斯盆地长7段岩相—沉积相—有机相组合类型划分表

类型		Ⅰ型		Ⅱ型		Ⅲ型		Ⅳ型
三相		（黑色页岩、凝灰岩、砂岩）—（深湖、重力流沉积）—（强还原富有机相）		（暗色泥岩、砂岩）—（半深湖—深湖、重力流沉积）—（还原—强还原富有机相）		（暗色泥岩、砂岩）—（三角洲前缘）—（弱还原—还原中有机相）		（浅色泥岩、砂岩）—（三角洲前缘）—（弱氧化—弱还原贫有机相）
岩相	黑色页岩	微波状、平直纹层、断续纹层富有机质伊利石（绿泥石）页岩	暗色泥岩	水平层理中有机质伊利石（绿泥石）泥岩	暗色泥岩	粒序层理中有机质伊利石（绿泥石）泥岩	浅色泥岩	块状贫有机质伊利石（绿泥石）泥岩
	粉砂岩	块状、变形层理岩屑质长石（长石质岩屑）粉砂岩	粉砂岩	块状变形层理岩屑质长石（长石质岩屑）粉砂岩	粉砂岩	薄—厚层状粒序层理长石（岩屑质长石、长石岩屑质石英）粉砂岩	粉砂岩	薄—厚层状粒序层理长石（岩屑质长石、长石岩屑质石英）粉砂岩
		薄—厚层状粒序层理长石（岩屑质长石、长石岩屑质石英）粉砂岩		薄—厚层状粒序层理长石（岩屑质长石、长石岩屑质石英）粉砂岩		中—薄层状沙纹、水平层理岩屑长石（长石质岩屑）粉砂岩		中—薄层状沙纹、水平层理岩屑长石（长石质岩屑）粉砂岩
	细砂岩	块状长石（岩屑质长石、长石岩屑质石英）细砂岩	细砂岩	厚层状含泥岩撕裂屑长石（岩屑质长石砂岩、长石岩屑质石英）细砂岩	细砂岩	厚层状含泥岩撕裂屑长石（岩屑质长石砂岩、长石岩屑质石英）细砂岩	细砂岩	厚层状含泥岩撕裂屑长石（岩屑质长石砂岩、长石岩屑质石英）细砂岩
				块状长石（岩屑质长石、长石岩屑质石英）细砂岩		块状—中层状平行、交错层理长石（岩屑质长石砂岩、长石质岩屑）细砂岩		
	凝灰岩	条带状、薄—块状晶屑（玻屑）凝灰岩				中—厚层状底模构造长石（岩屑质长石、长石岩屑质石英）细砂岩		中—厚层状底模构造长石（岩屑质长石、长石岩屑质石英）细砂岩

续表

类型	Ⅰ型		Ⅱ型		Ⅲ型		Ⅳ型	
沉积相	湖泊相、重力流沉积	深湖亚相重力流沉积	湖泊相、重力流沉积	半深湖—深湖重力流沉积	三角洲前缘	水下分流河道、分流间湾、河口沙坝、远沙坝、席状砂	三角洲前缘	水下分流河道、分流间湾、河口沙坝、远沙坝、席状砂
有机相	强还原富有机相（A）	TOC：>6%	还原—强还原富有机相（B）	TOC：2%~6%	弱还原—还原中有机相（C）	TOC：2%~6%	弱氧化—弱还原贫有机相（D）	TOC：<2%
		S_1+S_2：18~100mg/g		S_1+S_2：15~30mg/g		S_1+S_2：<15mg/g		S_1+S_2：<10mg/g
		干酪根类型：Ⅰ型		干酪根类型：Ⅰ型、Ⅱ₁型		干酪根类型：Ⅱ₁型、Ⅱ₂型		干酪根类型：Ⅱ₂型、Ⅲ型

1. 岩相—沉积相—有机相纵向分布规律

C96井位于鄂尔多斯盆地湖盆中心位置，发育重力流沉积，岩性以黑色页岩、暗色泥岩、细砂岩、粉砂岩和凝灰岩为主，有机质丰度高，有机相为A型、B型，具有Ⅰ型、Ⅱ型岩相—沉积相—有机相组合交互分布的特征（图3-4-3）。

2. 岩相—沉积相—有机相横向分布规律

依据单井沉积有机相柱状图，结合沉积相、岩相、烃源岩性质绘制岩相—沉积相—有机相连井剖面图（图3-4-4和图3-4-5），从湖盆中心至边缘，岩相—沉积相—有机相组合类型具有从Ⅰ型、Ⅱ型过渡为Ⅲ型、Ⅳ型的分布规律。揭示了鄂尔多斯盆地长7段细粒沉积岩源储组合的空间展布。

3. 岩相—沉积相—有机相综合模式

构建鄂尔多斯盆地长7段沉积期岩相—沉积相—有机相组合模式图，半深湖—深湖区域三相组合主要为Ⅰ型、Ⅱ型；湖盆两侧浅湖主要发育Ⅲ型、Ⅳ型三相类型，湖盆中心岩相—沉积相—有机相组合为非常规勘探的"甜点区"（图3-4-6）。

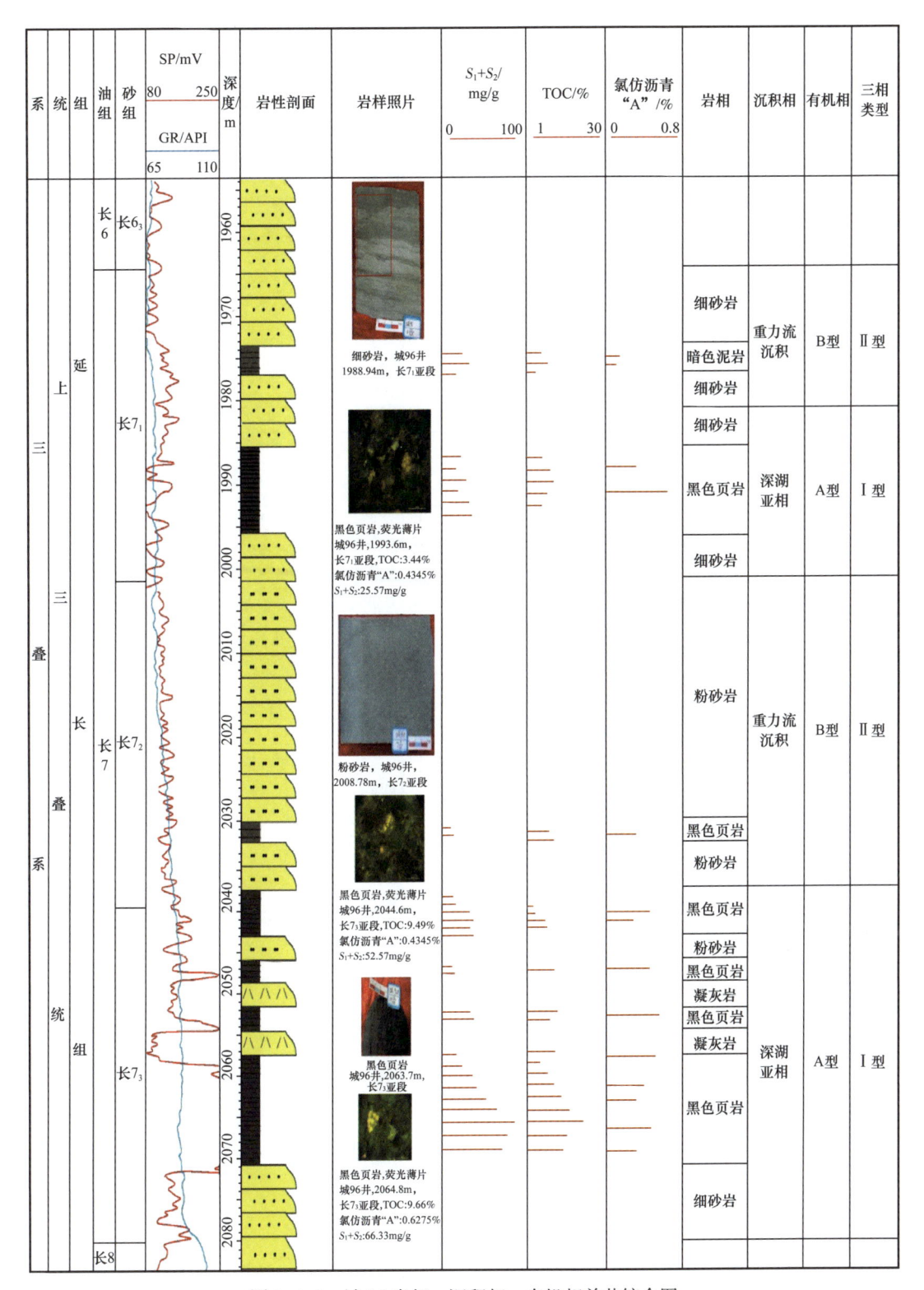

图 3-4-3 城 96 岩相—沉积相—有机相单井综合图

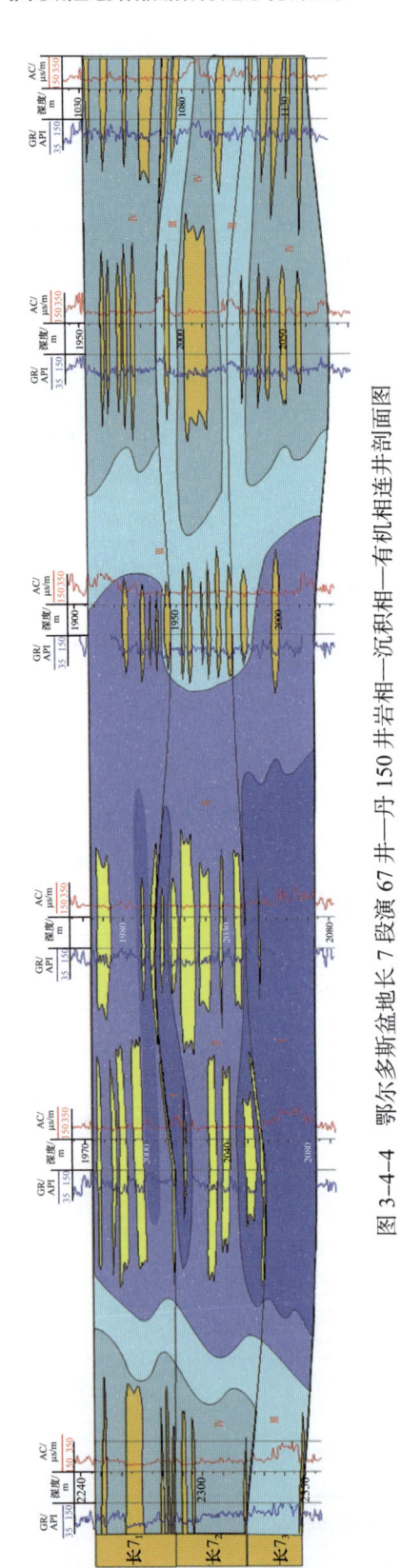

图 3-4-4 鄂尔多斯盆地长 7 段演 67 井—丹 150 井岩相—沉积相—有机相连井剖面图

图 3-4-5 鄂尔多斯盆地长 7 段虎 6 井—正 68 井岩相—沉积相—有机相连井剖面图

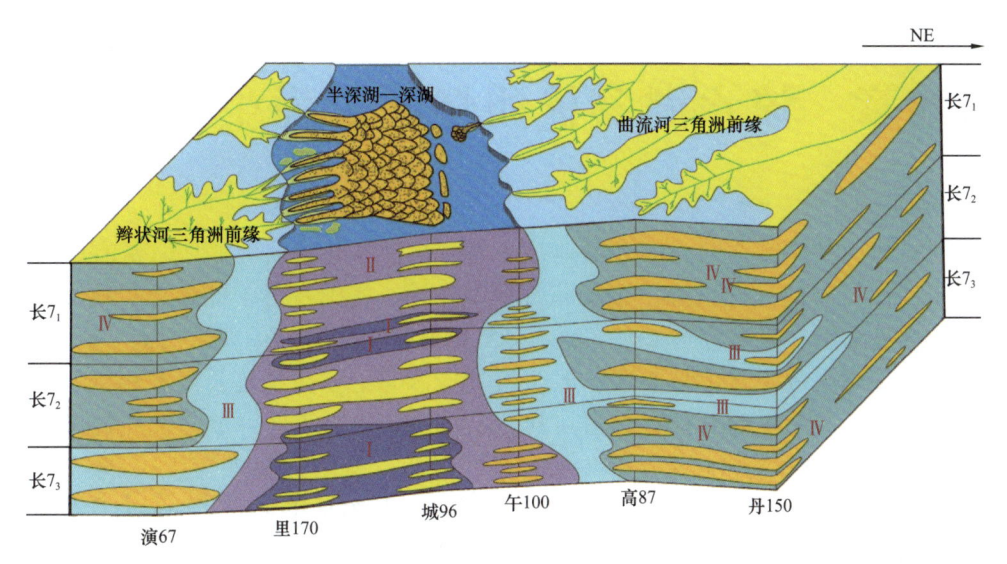

图 3-4-6　鄂尔多斯盆地长 7 段过演 67 井—丹 150 井岩相—沉积相—有机相综合模式

第四章 淡水湖盆优质烃源岩强生排烃特征

大量的油气勘探实践和含油气盆地烃源岩有机地球化学研究表明,富有机质的优质烃源岩层往往对油气的大规模聚集起着关键作用。特别是对于低渗透、致密储层来说,由于喉道细小、毛细管阻力大、油水分异困难,对烃源岩的要求更高。研究表明,鄂尔多斯盆地中生界丰富的低渗透—致密石油资源与上三叠统延长组湖相富有机质烃源层(长7段)的大规模发育有着密切的关系。初步研究表明,该套优质烃源岩的有机质丰度很高(TOC含量主要分布在6%～14%之间,高者达30%以上),分布范围大($6×10^4km^2$),累计厚度在10～50m之间,在陆相含油气盆地中十分罕见。本章节重点阐述中生界优质烃源岩的地球化学特征、生排烃特征、控制因素及机理等研究成果,明确优质烃源岩对页岩油富集成藏的重要意义。

第一节 优质烃源岩的发育特征

一、优质烃源岩的概念

关于母源岩的术语众多,有生油岩、生气岩、烃源岩、暗色泥岩、富有机质层等。根据Hunt(1979)的定义,烃源岩为:"在天然条件下曾经产生和排出过烃类并已形成工业性油气聚集的细粒沉积。"表征烃源岩的基本指标有有机质丰度、有机质类型和成熟度,丰度决定有无工业成烃条件,类型决定成烃潜量和成烃方向,成熟度则决定了烃类的属性。

本章中所提到的优质烃源岩是指有机质丰度高、类型好、具有强大的生烃和排烃能力,对油气藏有较大贡献的烃源岩。优质烃源岩是构成含油气系统的主力烃源岩,厚度不一定很大,但却具有较高的生烃潜力和排烃强度。鄂尔多斯盆地中生界长7段烃源岩便是如此,从岩性类型来看,大致可以分为2类:黑色页岩与暗色泥岩。其中黑色页岩的生排烃能力占据主导地位,为中生界含油气系统的主要供烃烃源岩,在长7段页岩油富集成藏中起决定性作用。

二、优质烃源岩的有机地球化学特征

1. 有机质丰度

有机质丰度表征了烃源岩中有机质的相对含量,通常用有机碳含量(TOC)、氯仿沥青"A"、总烃含量(HC)和生烃潜力(S_1+S_2)等参数表征。通过统计长7段泥页岩的地球化学指标可以看出,超过40%的样品有机碳含量大于2%,氯仿沥青"A"含量大都大于0.1%,总烃含量大都大于$500×10^{-6}$(图4-1-1)。结合中国湖泊泥质烃源岩有机质丰度

评价标准（表4-1-1）可以判断盆地长7段泥页岩大都为好烃源岩，黑色页岩、暗色泥岩属于优质烃源岩范畴。

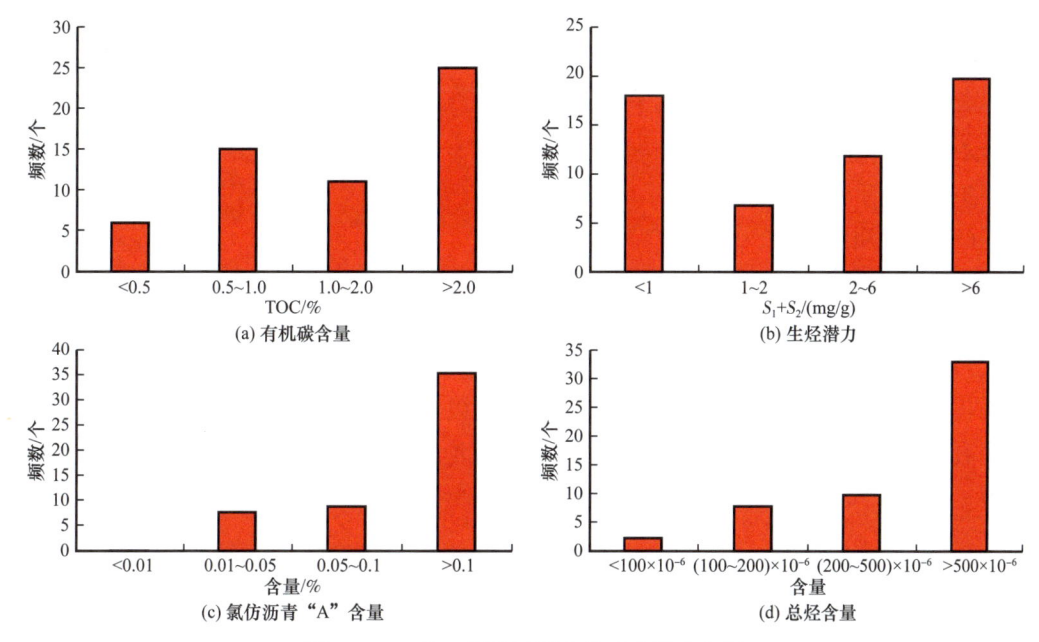

图 4-1-1 长7段泥页岩有机质含量分布图

表 4-1-1 中国陆相湖泊泥质烃源岩有机质丰度评价标准（邱欣卫，2011）

演化阶段	评价参数	优质烃源岩	好烃源岩	中等烃源岩	差烃源岩	非烃源岩
未成熟—成熟	TOC/%	>2.0（Ⅰ—Ⅱ$_1$） >4.0（Ⅱ$_2$—Ⅲ）	1.0~2.0（Ⅰ—Ⅱ$_1$） 2.5~4.0（Ⅱ$_2$—Ⅲ）	0.5~1.0（Ⅰ—Ⅱ$_1$） 1.0~2.5（Ⅱ$_2$—Ⅲ）	1.0~2.0（Ⅰ—Ⅱ$_1$） 2.5~4.0（Ⅱ$_2$—Ⅲ）	1.0~2.0（Ⅰ—Ⅱ$_1$） 2.5~4.0（Ⅱ$_2$—Ⅲ）
	氯仿沥青"A"/%	>0.25	0.15~0.25	0.05~0.15	0.03~0.05	<0.03
	总烃/10^{-6}	>1000	500~1000	150~500	50~150	<50
	S_1+S_2/(mg/g)	>10	5.0~10.0	2.0~5.0	0.5~2.0	<0.5
高成熟—过成熟	TOC/%	>1.2（Ⅰ—Ⅱ$_1$） >3.0（Ⅱ$_2$—Ⅲ）	0.8~1.2（Ⅰ—Ⅱ$_1$） 1.5~3.0（Ⅱ$_2$—Ⅲ）	0.4~0.8（Ⅰ—Ⅱ$_1$） 0.6~1.5（Ⅱ$_2$—Ⅲ）	0.2~0.4（Ⅰ—Ⅱ$_1$） 0.35~0.6（Ⅱ$_2$—Ⅲ）	<0.2（Ⅰ—Ⅱ$_1$） <0.35（Ⅱ$_2$—Ⅲ）

2. 有机质类型

烃源岩的生烃能力不仅与有机质丰度有关，还与有机质的类型有关，有机质的类型决定了烃源岩的产烃效率。有机质类型可通过有机质碳同位素、元素、热解等方法来表征。长7段有机质碳同位素值主要分布在 −31.6‰~−27.2‰ 之间，长7$_1$亚段、长7$_2$亚段、

长 7_3 亚段有机质碳同位素平均值分别为 –27.8‰、–29.8‰和 –30.2‰，说明延长组长 7 段优质烃源岩的有机质类型以Ⅰ型为主。

从显微组分来看，根据干酪根中腐泥组、壳质组、镜质组、惰质组等含量，可以根据 T 指数法来进行计算：

$$T=(100A+50B-75C-100D) \quad (4-1-1)$$

式中　　A——腐泥组含量，%；

　　　　B——壳质组含量，%；

　　　　C——镜质组含量，%；

　　　　D——惰质组含量，%。

T 值大于 80 属于Ⅰ型干酪根，T 值在 40~80 之间属于Ⅱ$_1$ 型，T 值在 0~40 之间属于Ⅱ$_2$ 型，T 值小于 0 属于Ⅲ型。从长 7 段干酪根显微组分鉴定数据来看（图 4-1-2），干酪根中腐泥组占绝对优势，从测试结果来看，70% 以上的样品为Ⅰ型干酪根。从层位上的分布来看，长 7_2 亚段、长 7_3 亚段干酪根中Ⅰ型占绝大多数，而长 7_1 亚段的有机质类型相对较差，包含Ⅰ型、Ⅱ型两类。

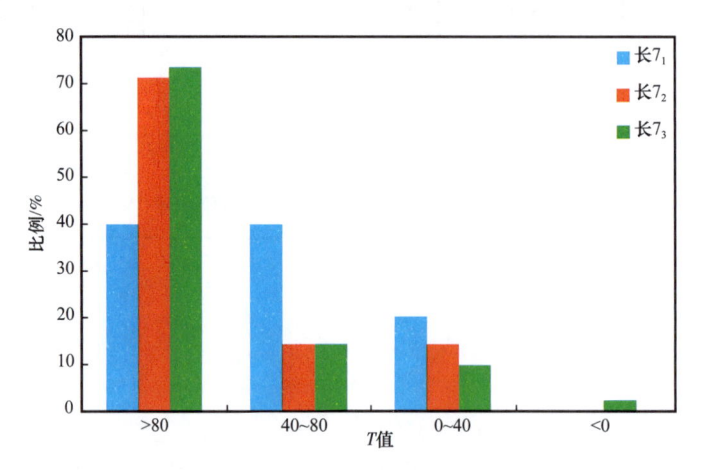

图 4-1-2　鄂尔多斯盆地长 7 段优质烃源岩干酪根 T 值分布图

3. 有机质成熟度

除了有机质丰度与类型之外，有机质的热演化程度影响了烃源岩生成烃类的属性，有机质只有达到一定的热演化程度才能开始大量生烃（柳广弟，2009）。目前，常用的有机质成熟度指标有很多种，如镜质组反射率（R_o）、岩石最高热解峰温（T_{max}）、生物标志物等参数，其中 R_o 是最常见的参数。镜质组反射率测试结果表明，长 7 段富有机质页岩发育区的绝大部分地区均已达到了成熟—高成熟早期，R_o 值分布在 0.9%~1.2% 之间，处于生油高峰的成熟阶段；T_{max} 值的分布在 400~462℃ 之间，平均值为 445℃；甾烷异构化指数 $C_{29}\alpha\alpha\alpha$ 甾烷 20S/(20S+20R) 平均值为 0.50，C_{29} 甾烷 $\alpha\beta\beta/(\alpha\beta\beta+\alpha\alpha\alpha)$ 平均值为 0.42，C_{31} 藿烷 22S/(22S+22R) 值主要分布在 0.44~0.57 之间，均达到或接近其热平衡终点值，同样反映了长 7 段富有机质页岩经历了较高的成熟作用。

三、优质烃源岩的展布特征

优质烃源岩展布特征是研究烃源岩生烃能力和形成机理的基础图件。根据岩心、录井及测井资料对比发现,优质烃源岩具备高 GR、高 AC、高电阻、低 DEN 等明显特征,通过识别 1000 多口井的厚度来看,整体上长 7 段优质烃源岩分布范围广、厚度大,超过 60m 的页岩主要分布在姬塬—华池—塔尔湾—宜君一带(图 4-1-3),与湖泊长轴方向一致;纵向上来看,长 7_3 亚段优质烃源岩单层厚度大,横向连续性好,是富有机质页岩主要发育部位。结合以往研究成果,长 7 段烃源岩展布特征如下。

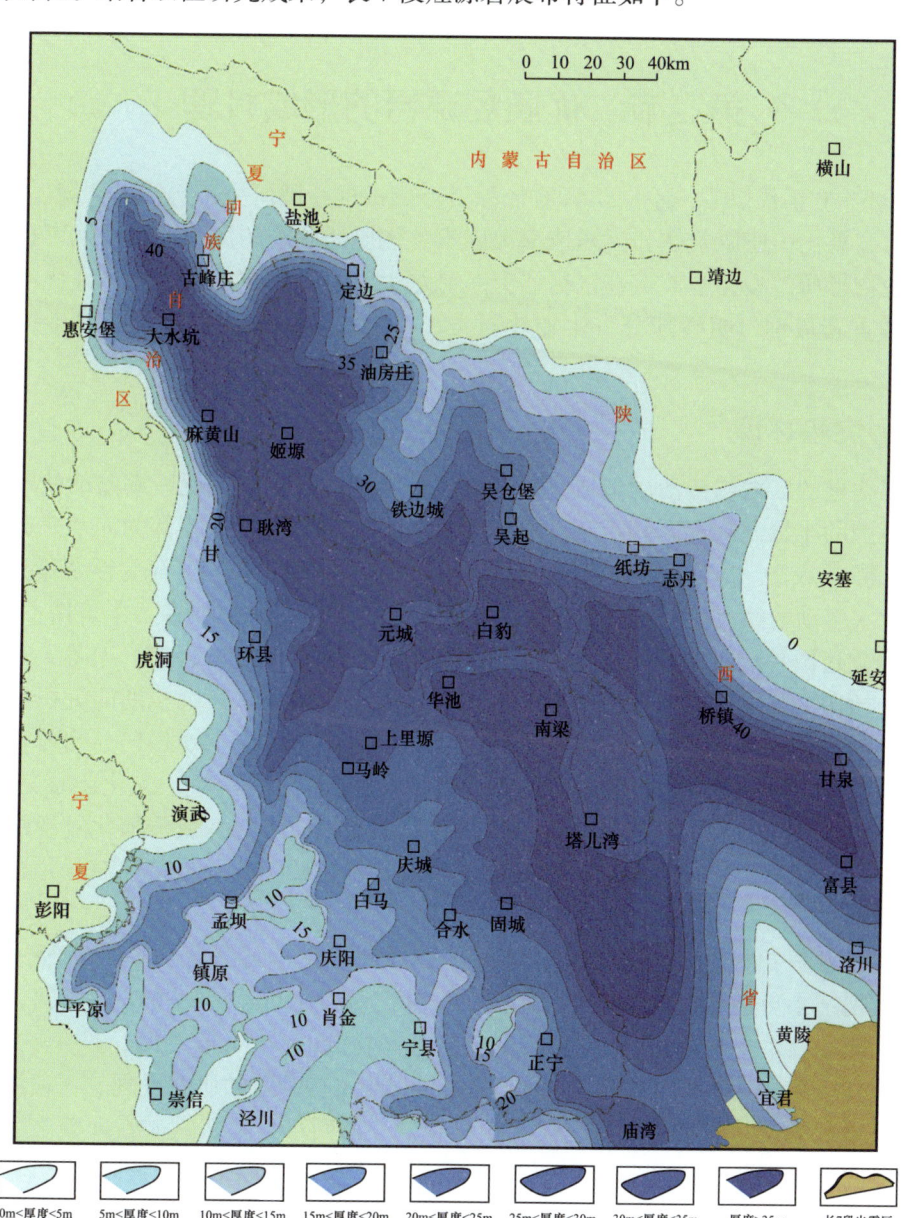

图 4-1-3 鄂尔多斯盆地长 7 段优质烃源岩等值线图

（1）长7段优质烃源岩岩性主要为深灰—灰黑色泥岩和黑色页岩，主要分布于长7段底部，分布面积广、单层厚度大、横向连续好。从盆地中心向盆地边缘，厚度逐渐减薄。盆地西南部以厚层状优质烃源岩为主，夹有薄层砂岩；盆地中部浊积砂体比较发育，以砂岩—页岩薄互层展布为主。

（2）长7$_3$亚段到长7$_2$亚段、长7$_1$亚段，随着湖盆的萎缩，长7$_2$亚段、长7$_1$亚段沉积期砂质含量逐渐增多，优质烃源岩的展布范围逐渐缩小。相对于长7$_3$亚段来说，长7$_2$亚段与长7$_1$亚段单层厚度变小，横向连续性也变差，主要与砂岩呈互层形式存在，仅在塔尔湾、环县等地区厚度较大。

第二节 优质烃源岩的形成机理

20世纪80年代以后，不同学者对烃源岩形成机理开展研究，包括古环境、古气候、古生产力、氧化—还原条件和沉积速率等因素。优质烃源岩的沉积环境及发育机理控制着原始生物母质类型，本节是在以往研究基础之上，对鄂尔多斯盆地长7段优质烃源岩形成机理重新梳理，明确部分古生物化石类型，进一步推进了优质烃源岩生排烃机理研究。

一、沉积环境

晚三叠世的区域构造活动造成了长7段沉积早期的大规模湖泛，湖盆的快速扩张形成了大范围的半深湖—深湖相沉积环境，大量的地球化学指标证实其为淡水—微咸水水体环境（柳广弟等，2013；Yang et al.，2010），湖盆水域的扩张和变深为浮游藻类、底栖藻类以及水生动物的大量繁殖提供了重要的基础条件，关于水体属性，本著作不再赘述，重点对氧化还原环境进行阐述。前人（张文正等，2009a，2009b；柳广弟等，2013；范萌萌等，2019）利用不同的方法对鄂尔多斯盆地晚三叠世长7段沉积期的沉积环境进行了研究，然而有机地球化学指标[如Pr/Ph值、伽马蜡烷含量、17α（H）-重排藿烷]与微量元素指标判定结果自相矛盾，有还原环境、弱氧化—还原环境、氧化还原交替环境、亚氧化环境等观点。考虑到这些指标受陆源碎屑、有机质来源和成岩演化过程的影响变得复杂，本次研究通过自生矿物（胶磷矿或草莓状黄铁矿）的分布特征对氧化还原环境进行了判定。

利用场发射扫描电镜对延长组长7段优质烃源岩中草莓状黄铁矿的直径进行了测量，从数据结果可以看出，草莓状黄铁矿的直径主要分布在2.9~36.0μm之间，平均为12.8μm，标准偏差为5.5μm；80%以上的粒径分布在5.0~18.9μm之间，只有3%的草莓状黄铁矿直径在5μm之下（图4-2-1）。根据Wilkin（1997）的研究发现，古代沉积岩中草莓状黄铁矿的尺寸分布特征与现代沉积物相似，说明草莓状黄铁矿在埋藏之后基本不会经历再次生长，换言之，草莓状黄铁矿的粒径分布特征可以很好地反映氧化还原环境。统计结果表明，还原环境的沉积物中草莓状黄铁矿粒径平均在5.0μm左右，氧化—亚氧化环境的沉积物中平均大概为7.7μm。由此可见，长7段优质烃源岩主要发育于氧化—亚氧化的底水环境，同时从草莓状黄铁矿粒径变化可以看出，沉积环境伴随有间歇性的还原环境出现，对优质烃源岩的发育起到至关重要的作用。

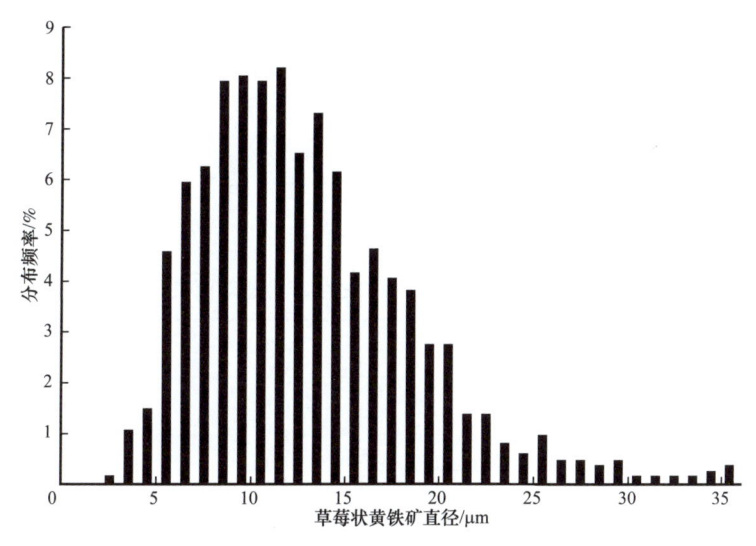

图 4-2-1　鄂尔多斯盆地长 7 段优质烃源岩中草莓状黄铁矿粒径分布频率

二、优质烃源岩发育机理与控制因素

1. 高生产力

从盆地长 7 段优质烃源岩有机质丰度及丰富的有机质纹层可以看出，这套页岩中含有大量的有机质，在国内湖相盆地中非常少见，直观说明沉积时期具有相当高的生物产率以提供丰富的物质供给。烃源岩的元素地球化学研究揭示出长 7 段富有机质页岩中 P_2O_5、Fe、V、Cu、Mo、Mn 等生物营养元素明显富集的特点，因此，长 7 段沉积期生物的高生产力特征十分明显。

为了评估鄂尔多斯盆地长 7 段烃源岩生物产率特征，开展了湖盆古生产力定量评价。古生产力是指地质历史时期生物在能量循环过程中固定能量的速率，即单位面积、单位时间内所产生的有机物的量。本书中采用以下公式来评估（丁修建，2014）：

$$R = S^{0.30}\frac{C\rho(1-\phi)}{0.003} \quad (4-2-1)$$

式中　R——古生产力，g/（$m^2 \cdot a$）；

　　　C——有机碳含量，%（干重）；

　　　ρ——干沉积物密度，g/cm^3；

　　　ϕ——孔隙度，%；

　　　S——沉积速率，cm/ka。

单井计算结果表明，盆地长 7_1 亚段沉积期的湖盆古生产力分布在 233～3279g/（$m^2 \cdot a$）之间，平均为 1829.8g/（$m^2 \cdot a$）；长 7_2 亚段沉积期湖盆古生产力分布在 598～2026g/（$m^2 \cdot a$）

之间，平均为1176.2g/(m²·a)；长7₃亚段沉积期湖盆古生产力分布在458~3973g/(m²·a)之间，平均为2704.7g/(m²·a)，可见长7₃亚段沉积期古生产力明显偏高。Kelts（1988）对现代湖泊营养程度的划分标准为：贫营养湖[<200g/(m²·a)]、中营养湖[200~350g/(m²·a)]、富营养湖[350~1000g/(m²·a)]、超富营养湖[>1000g/(m²·a)]。对照可知，鄂尔多斯盆地长7段不同时期营养程度有所差异，但均为超富营养湖盆。

与松辽盆地（孙平昌，2013）、四川盆地（王淑芳等，2014）及现代大洋上升区域的古生产力（Algeo et al.，2011）进行比较（表4-2-1），可以发现鄂尔多斯盆地长7段沉积期具有非常高的湖盆古生产力，也是导致该层有机质十分富集的主要原因。

表4-2-1 不同盆地的古生产力值对比表

盆地	层位	P/Ti 值	P/Ti 平均值	古生产力平均值 / [g/(m²·a)]
鄂尔多斯盆地	长7₁亚段	0.13~1.21	0.50	1892
	长7₂亚段	0.11~0.56	0.30	1176
	长7₃亚段	0.13~2.56	0.64	2704
松辽盆地	青一段浅湖区	—	—	1042
	青一段半深湖区	—	—	1674
	青一段深湖区	—	—	1678
四川盆地	龙马溪组	0.09~0.61	0.16	—
现代大洋的上升流区域		—	—	500

2. 低沉积速率

沉积速率是指某段地层的厚度与该段地层年龄的比值，低陆源碎屑补给速度有利于有机质的相对富集。利用米兰科维奇旋回法计算沉积速率可知，长7₁亚段沉积速率的分布在1.1~2.6cm/ka之间，平均为1.4cm/ka；长7₂亚段沉积速率分布在1.0~2.6cm/ka之间，平均为1.3cm/ka；长7₃亚段沉积速率分布在1.01~1.45cm/ka之间，平均为1.14cm/ka，整个长7段的平均沉积速率为1.3cm/ka。由此可以看出，整个延长组长7段沉积速率自下而上逐渐升高，从长7₃亚段—长7₁亚段沉积期湖盆水体逐渐变浅，沉积物中的砂质含量逐渐增加，沉积速率加快。此外，通过元素特征也可发现长7段优质烃源岩具有较低的Al_2O_3、SiO_2和总稀土含量，以及TOC与Al_2O_3、SiO_2和总稀土含量的负相关性，反映了低陆源碎屑补给速度的特征，并促进了有机质的富集；暗色泥岩有机质丰度相对较低，与陆源碎屑物质的稀释作用相关。

通过建立沉积速率与有机碳含量之间的关系可以看出（图4-2-2），当沉积速率大于1.35cm/ka时，烃源岩的TOC含量随着沉积速率变大而降低，在此区间内，沉积速率对有机质含量具有明显的控制作用，沉积速率越大，单位时间内陆源碎屑的输入量就越多，进入沉积物中的有机质被稀释的程度也就越严重，有机碳含量就越低，这点也可从黑色页岩与暗色泥岩的差异性得到证实。总之，长 7 段沉积期整体较低的沉积速率，使得沉积物中的有机质避免了陆源碎屑物质的稀释，对有机质的保存和富集具有积极作用。

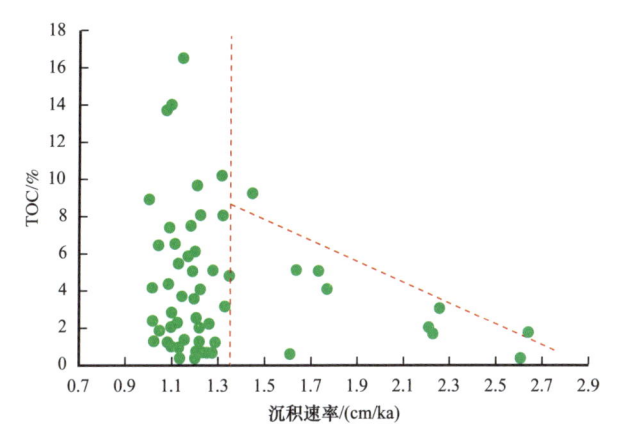

图 4-2-2　鄂尔多斯盆地长 7 段优质烃源岩沉积速率与 TOC 关系图

3. 事件作用

通常情况下，较高的生物产率与地质特殊事件息息相关，如上升流、火山活动、热水活动、海侵等，这些地质事件可引起水体营养物质高度富集。研究表明，长 7 段沉积期湖泛期与优质烃源岩发育期，盆地内存在地震活动（张文正等，2006）。地震是区域构造活动的响应，可能反映了基底断裂活动的发生，并伴随着湖底热水活动，盆地周边（可能主要在南部的秦岭地区）存在频繁的火山喷发，使得长 7 段优质烃源岩层中含有丰富的薄层、纹层状凝灰岩沉积。湖底热水和中、酸性火山灰的水解作用可能是无机营养盐的重要来源之一，有力地促进了富营养湖盆的形成（张文正等，2009）。尤其是湖底热水作用，还能在一定程度上提高水体（底层）的温度、促进水体的循环和火山灰的水解，在营养物质的供给、促进生物勃发中起着关键性的作用（张文正等，2010）。总之，鄂尔多斯盆地长 7 段富有机质页岩的发育模式属典型的高生产力模式。区域构造活动引起的大规模湖泛为优质烃源岩的发育提供了有利的地质条件，湖底热水、火山喷发和火山物质的沉积水解作用等在陆相淡水湖泊优质烃源岩发育中起着关键性的作用。

（1）提供营养物质，促进高生物生产率的形成。火山灰沉积物中含有大量营养物质，在沉降过程中亦可吸附大量气体或微量元素，这些都可能成为生命营养物质；湖底热水可以把沉积水体中的富营养物质带到水体表层，形成施肥作用，有利于初级生产力的提高。

（2）造成生物大规模死亡。凝灰岩层的发育表明火山活动剧烈且旋回极多，从而形成火山间歇期—生物繁盛到火山喷发期—生物大规模死亡的多个旋回，大量生物死亡堆积从而形成高富有机质烃源岩。

（3）改变湖盆底水的氧化还原条件。研究表明长 7 段沉积期湖盆水体总体为氧化—亚氧化沉积环境，但由于火山喷发或湖底热液活动的影响，使得湖盆富营养化程度较高，湖泊往往具有极高的初始生产力，从而导致沉入湖底的有机质也相应增加。有机质的降解是一个耗氧的过程，进而随着间歇性的火山和湖底热液活动形成了湖盆底水间歇性还原的特征，对有机质的保存至关重要。

第三节 优质烃源岩的生排烃特征

鄂尔多斯盆地中生界优质烃源岩排烃效率高、排烃时间长，地质色层效应累积，导致烃源岩可溶有机质性质与原油性质差异明显，强排烃的地球化学效应显现。优质烃源岩具备生烃强度大、排烃效率高、排出高势能与优质流体等特征，对页岩油富集成藏具有重要意义，使得鄂尔多斯盆地致密储层经历了长时间充注聚集之后，也能形成高饱和度油藏。

一、优质烃源岩生烃强度大

由于长7段优质油源岩在盆地大部分地区均已达到成熟—高成熟早期演化阶段（R_o值为0.9%~1.15%，T_{max}值为445~455℃），因而仅能在盆地西缘逆冲带上盘取到低成熟样品。张文正等（2006）对解Ⅱ-674井长7段优质烃源岩样品的热模拟实验已大致说明了长7段烃源岩的生烃演化特征，但由于当时设备条件有限，热模拟装置的加热、密封、收集等装置都不够完善，实验数据可能会有偏差。本节利用自主研发的高温高压生排烃热模拟实验装置对郭43井长7段烃源岩（1975.9m）进行评价，TOC值为5%，R_o值为0.49%，有机显微组分富类脂组，$\delta^{13}C_{干酪根}$值为-29.53‰。该样品有机质丰度相对于解Ⅱ-674井样品偏低，但母质类型与盆地内部烃源岩相似，具有代表性。

为了较为系统地观察其生油过程，生烃模拟实验过程缩小低温阶段的实验温度间隔。模拟实验采用密闭式温压釜—产物收集计量系统，同时采用低温冷冻法（电子冷阱装置）对模拟产物——油、气、水进行分离、收集与计量，结果如图4-3-1所示。

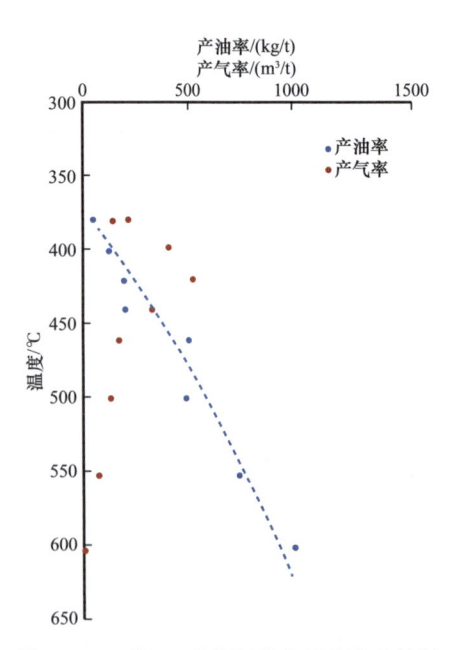

图4-3-1 郭43井烃源岩生烃热演化特征

模拟实验结果表明，长7段优质烃源岩热演化生烃具有以下特征：（1）在热成熟演化阶段（温度低于420℃，R_o值为0.55%~1.30%）生成的烃类中，以液态烃为主，气态烃含量相对较少，进入高演化阶段以后（温度高于440℃），液态烃大量裂解成气态烃；（2）产烃率较高，液态烃产出高峰为400~440℃（R_o值为0.71%~1.30%），产率高于500kg/t（相关实验结果未列出），模拟温度600℃的气态烃产率可达900m³/t，生产中气体的产出有利于流体流动；(3)氯仿沥青"A"产率先达到峰值，随后逐步热降解（热裂解）为轻质油，轻质油的产出高峰在420℃（R_o值为1.3%），产率达500kg/t；(4)低温阶段生成的气态烃中富含C_{2+}组分，$C_{2+}/C_1 \geqslant 1$，与油田伴生气富含C_{2+}组分的特征相一致；(5)热模拟实验中的CO_2的产出量相对较低，反映出干酪根结构具贫含氧基团的特征，这与其强还原的沉积环境相吻合；(6)C_{14-}组分占液态烃的比例随热模拟温度的升高而增大；(7)生烃高峰期所产生的烃类中油多水少，流体性质好，属于富烃优质流体。

二、优质烃源岩排烃作用强

1. 排烃效率高

排烃效率是指从烃源岩排出的烃量占累积生烃量的比例。高—很高的排烃效率是湖相优质烃源岩强排烃的主要特征之一。由于优质烃源岩生烃强度大、产烃效率高、残留孔隙有限，优质烃源岩排烃效率较高，可达80%以上。

2. 排烃作用强

以往研究证实强排烃作用的证据主要有，高产油率与低氯仿沥青"A"转化率存在明显反差；残留烃中极性组分富集，饱和烃、芳烃含量较低；残留烃组分的稳定碳同位素组成较重；以及残留烃的分子化合物中重排藿烷含量偏高等，这些地球化学指标均说明烃源岩的强排烃作用不仅会使地质色层效应显现，而且可引起排烃过程中的同位素分馏效应积聚，长时间的排烃作用下，可逐渐表现出来。近期研究揭示烃源岩的排烃过程（初次运移）应进一步细分为干酪根自身吸附饱和后的一级排烃——逐步产生游离烃，泥页岩滞留烃接近饱和至饱和后的二级排烃——提供石油成藏的油源，具体实验成果如下。

1）泥页岩中游离烃实验测试与研究

考虑到游离态烃与吸附态烃在赋存状态、结合程度上的差异性，在较低温度（室温）下，游离态可溶有机质（游离烃）极易被有机溶剂萃取，而吸附态可溶有机质（吸附烃）则较难被萃取。因此，适当控制有机溶剂（二氯甲烷）的萃取时间，就能够萃取得到游离态的可溶有机质（页岩油），残留的吸附态可溶有机质用三氯甲烷进行抽提得到。基于此，设计了不同浸泡时间的有机溶剂萃取可溶有机质实验，通过分析实验数据，确定游离烃有机溶剂萃取法的实验方案（图4-3-2）。

为了尽可能地使游离烃分离出来，本次实验采用了极性较弱的二氯甲烷溶剂。首先将岩心样品粉碎至200目以下，用万分位天平称量4份10g左右的样品分别放入4个50mL的离心管内，之后分别加入20mL的二氯甲烷溶剂，第一组即刻搅拌，用离心机进行分离，倒出液体L_1，接着继续加入20mL的二氯甲烷溶剂，搅拌，用离心机进行分离，倒出液体L_2；第二组样品搅拌浸泡15min之后，离心分离，倒出液体L_1，接着再次加入20mL的二氯甲烷溶剂，搅拌，离心，倒出液体L_2；第三组样品则是搅拌浸泡30min，其他流程与第二组一样；第四组样品搅拌浸泡60min，其他流程与第二组一样。按照此实验方案，对3个样品进行了不同时间的萃取实验。

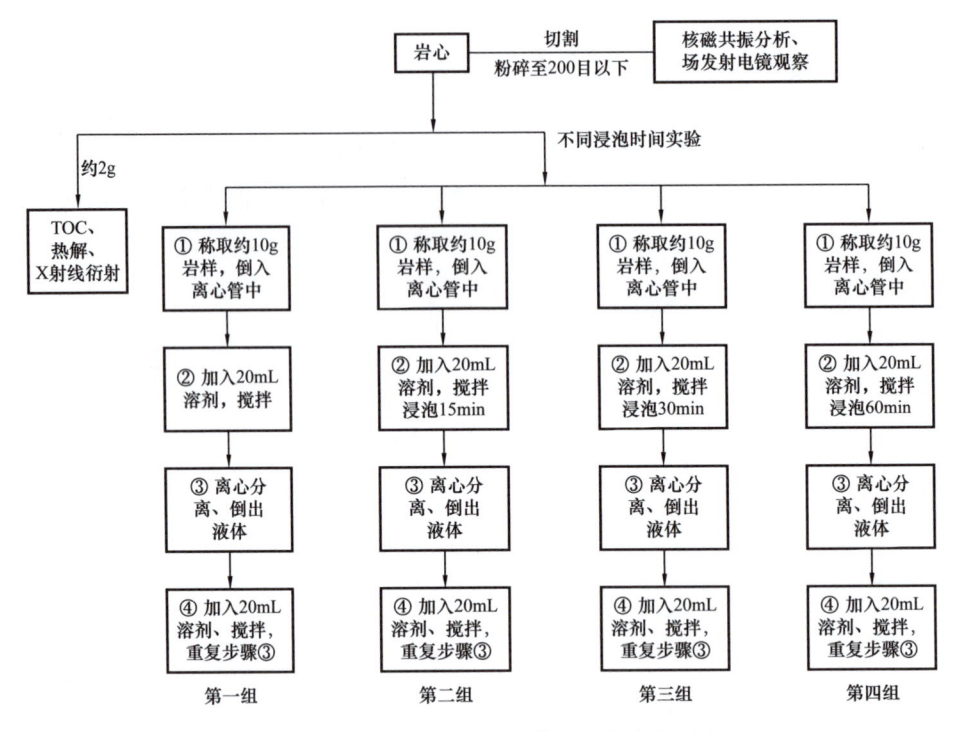

图 4-3-2　游离烃有机溶剂萃取法实验流程图

从实验结果可以看出，在 1h 的时间内，同一页岩样品的二氯甲烷萃取物含量较为稳定，未显示出明显的增高趋势（图 4-3-3），说明萃取的有机物以游离态占绝对优势，萃取的吸附态可溶有机质很少。因此，二氯甲烷萃取的可溶有机质可近似地看作是游离烃。因此，可以采取该实验方案来测试泥页岩中游离烃的含量。

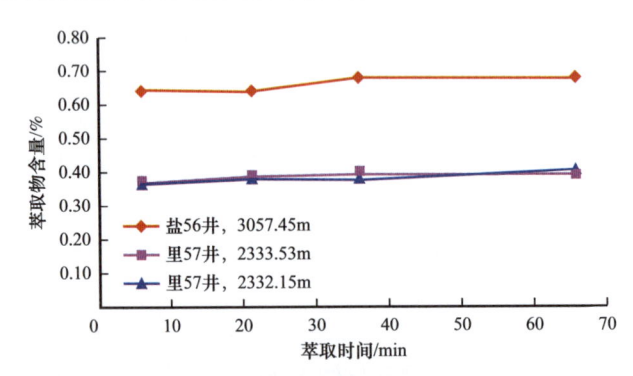

图 4-3-3　三组岩样残留游离烃二氯甲烷萃取实验结果图

利用该方法对 25 个长 7 段泥页岩样品进行了游离烃含量的测试，其中选取的黑色泥岩样品主要为残留沥青"A"转化率相对较高的样品。测试结果表明，TOC>10% 的黑色页岩样品游离烃含量在 0.4% 左右；5%<TOC<10% 的黑色页岩样品游离烃含量在 0.2%～0.4% 之间；部分黑色泥岩样品的游离烃含量较高，最高达 0.869%。色谱分析显示，长 7 段优质烃源岩的二氯甲烷萃取物饱和烃以中质烃占优势，重质烃含量较低，与

试油采出的页岩油特征较为相似。族组成分析结果表明二氯甲烷萃取物呈现低—极低沥青质、较高的芳烃与非烃的特征,与页岩油具有较好—好的相似性。因此,从二氯甲烷快速萃取有机物组成性质与页岩油的比较,进一步说明了二氯甲烷快速萃取法是一种测定页岩游离烃可行的方法。

2)泥页岩中吸附烃实验分析与研究

在二氯甲烷萃取实验的基础上,将二氯甲烷萃取后残渣再次进行三氯甲烷(氯仿)抽提,可得到吸附烃含量。随着泥页岩有机碳含量的增加,吸附烃含量逐渐升高,当TOC值为10%时,吸附烃在0.4%左右。吸附烃的族组成特征表现为低饱和烃、低芳烃、低非烃、高—极高沥青质含量,与游离烃的高饱和烃、较高的芳烃与非烃、低—极低沥青质的特征形成鲜明对比。

为了分析吸附烃的组成特征及其赋存状态,设计了无机重液分离实验,该实验原理为:无机矿物密度在2.6g/mL左右,而纯有机质颗粒的密度近1.1g/mL,在泥质烃源岩中,有机质常常以分散状、顺层富集状、局部富集状和生物残体等形式分布于黏土矿物中,两者相互共存,常结合形成有机黏土复合体,密度在1.6~2.4g/mL之间。因此,笔者试图利用不同密度的无机重液(1.6~1.8g/mL与2.5~2.6g/mL)分离轻密度组分与重密度组分,从而得到相对较纯的干酪根与无机矿物组分,然后分别进行有机碳测试、氯仿沥青"A"抽提、族组分分离、X射线衍射等分析,从而对比分析两者所赋存的烃类组分。族组成分析结果与前文所述基本一致,吸附烃组成以沥青质为主,其中密度较小的部分(富干酪根)沥青质含量更高。根据氯仿沥青"A"、TOC等结果,计算得出干酪根吸附可溶有机质容量平均在40.26mg/g左右。

泥页岩样品中吸附烃含量随有机碳含量增加而增加,说明吸附烃主要赋存于干酪根中。根据页岩残留沥青"A"与有机碳含量关系图及其线性回归方程式,可以得到干酪根对烃类的吸附能力大概为39.4mg/g,且被吸附的主要为极性组分。当TOC为零时,氯仿沥青"A"为0.2561%,该值大致反映了游离可溶烃量与黏土矿物吸附量之和(图4-3-4),而该值与二氯甲烷快速萃取物含量基本一致,所以推测黏土矿物吸附量很低,加之页岩中黏土矿物含量较低,其吸附烃能力应该较弱。此外,页岩中沥青质含量随有机碳含量增加而升高的现象也反映出沥青质组分主要以吸附态赋存于干酪根中,并且有可能降低干酪根对油质组分的吸附能力。因此,优质烃源岩很高的沥青质含量也不会显著影响页岩油的可流动性。

从多组实验结果来看,游离烃与吸附烃的显著差异性(表4-3-1)体现了排烃(初次运移)过程中的地质色层效应,干酪根热演化生烃在自身饱和之后,先排烃至烃源岩内的孔隙、裂缝中,之后烃源岩内烃类饱和后进而排烃至储层中聚集成藏。在排烃过程中,饱和烃、芳烃等小分子烃类优先排出,大分子烃类残留于烃源岩或干酪根中。加之盆地中生界优质烃源岩有机质十分富集、有机质纹层十分发育,因而沥青质组分主要被干酪根所吸附,游离烃中以饱和烃、芳烃为主,聚集的原油油质也偏轻,以饱和烃为主。综上,烃源岩的排烃过程(初次运移)应进一步细分为干酪根自身吸附饱和后的一级排烃——逐步产生游离烃,泥页岩滞留烃接近饱和至饱和后的二级排烃——提供石油成藏的油源。

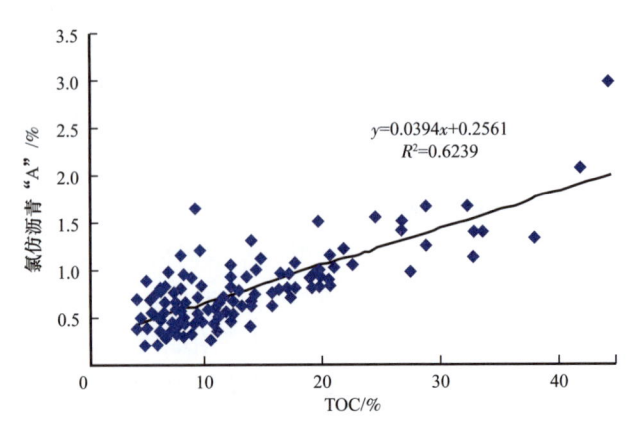

图 4-3-4　盆地中生界优质烃源岩有机碳含量与氯仿沥青"A"关系图

$y=0.0394x+0.2561$
$R^2=0.6239$

表 4-3-1　长 7 段代表性样品二氯甲烷萃取物及其残渣三氯甲烷抽提物含量与族组成数据表

井号	井深/m	层位	岩性	二氯甲烷萃取物					二氯甲烷萃取后岩样三氯甲烷抽提				
				萃取物/%	饱和烃/%	芳烃/%	非烃/%	沥青质/%	氯仿沥青"A"/%	饱和烃/%	芳烃/%	非烃/%	沥青质/%
里 57	2330.20	长 7	油页岩	0.483	37.72	38.89	21.64	1.75	0.335	8.77	11.11	19.88	52.63
里 57	2338.70	长 7	油页岩	0.286	37.89	42.63	17.89	1.58	0.163	6.21	12.42	17.39	61.49
悦 67	2029.32	长 7	暗色泥岩	0.298	80.08	9.96	9.96	0	0.074	42.86	23.38	20.78	20.78
悦 67	2033.02	长 7	粉砂质泥岩	0.270	75.60	17.60	6.80	0	0.061	38.33	10.00	20.00	30.00
悦 67	2047.85	长 7	油页岩	0.509	25.24	42.81	15.65	9.27	0.513	4.68	9.65	6.73	73.68
盐 56	3037.30	长 7	暗色泥岩	0.869	58.91	28.03	11.56	1.50	0.292	15.14	11.95	17.13	54.18
盐 56	3057.45	长 7	暗色泥岩	0.648	50.81	33.63	14.13	1.43	0.167	14.38	12.33	19.86	52.74
罗 196	2659.08	长 7	暗色泥岩	0.557	23.91	36.30	14.57	7.17	0.406	8.76	12.37	10.82	71.13
罗 196	2663.62	长 7	暗色泥岩	0.634	34.27	35.78	15.52	5.39	0.297	11.11	14.81	15.43	60.49
罗 196	2667.40	长 7	暗色泥岩	0.670	38.81	41.89	13.55	5.54	0.354	9.13	12.61	13.04	65.65
罗 196	2670.76	长 7	暗色泥岩	0.781	50.18	34.36	12.55	2.18	0.220	16.92	17.69	26.15	39.23

三、对页岩油富集成藏的意义

优质烃源岩累积生烃强度大——显著高于滞留烃饱和容量，排烃能力较强、排烃效率高，能够提供富烃优质流体，在低渗透砂岩油气藏富集中起到了关键性作用；同时，滞留烃中极性大分子烃类主要被干酪根所吸附，游离烃富含饱和烃等油质组分，页岩油具有良好的流动性，源内非常规油气藏勘探潜力巨大。

首先优质烃源岩为低渗透油藏提供了大量"富烃优质流体"。生油岩生成的烃类数量和组成是制约排烃相态的主要因素。就优质烃源岩而言，有机质丰度高、累计生油强度大是其最大的特点。连续油相运移是优质烃源岩的主要排烃方式，也就是说，优质烃源岩可以通过连续油相为储集岩直接提供"富烃优质流体"，从而为特低渗透—超低渗透储层的石油富集提供极为有利的条件。另一方面，由于优质烃源岩的有机质丰度高，因而干酪根在岩石体积中所占的比例较高（15%～35%），具备形成"干酪根网络"的物质条件。由于干酪根具有亲油性，使得石油通过"干酪根网络"运移所需的动力大大降低，显著有利于石油的初次运移（排烃）。前文述及的优质烃源岩残留氯仿沥青"A"的低饱/芳值，较高的胶质、沥青质含量以及饱/芳值随TOC增高而降低的趋势可能与"干酪根网络"对极性分子的吸附作用产生的强烈色层效应有关。优质烃源岩中的"干酪根网络"与微裂隙共同构成了石油初次运移的立体网络。

此外，优质烃源岩在埋藏热演化过程中的生烃热膨胀增压作用为油气运聚提供了主要动力。一般来说，产生石油初次运移的地质作用是十分复杂的，石油初次运移的动力来源也是各种各样的。就泥质烃源岩而言，目前普遍认为压实作用、水热作用、黏土脱水作用、有机质生烃作用等是石油初次运移的主要动力来源。

对于优质烃源岩而言，由于生烃作用强，生烃膨胀产生的超压对于石油初次运移有着更为重要的意义。对于这一点，可以通过生烃作用产生的体积膨胀来说明。计算得出每立方米生油岩累计生成的原油体积是岩石体积的7.68%～17.95%，甚至更高。可见，优质烃源岩生烃作用产生的体积膨胀约是其孔隙度的10～20倍，而根据高压物性分析数据统计的地层原油平均压缩系数为0.001MPa^{-1}，假如不发生排烃的话，烃源岩中有机质的生烃膨胀形成的压力是十分巨大的，因此油气从优质烃源岩中大量排出是必然的。另外，如果假定干酪根热降解过程中体积收缩产生的空间完全被石油所占据，那么干酪根生烃过程产生的体积膨胀也可达岩石体积的3%～7%，该数值也远大于烃源岩的孔隙度。实际上，烃源岩的低孔隙度（1.31%）特征表明，干酪根热降解收缩产生的空间是难以完整地保存下来的。因此，第一种方法计算的数值可看作生烃作用产生的体积膨胀的最大值（不考虑干酪根热降解收缩产生的空间），而后一种方法计算的数值则相应于最小值。虽然，以上计算是比较粗略的，但无疑有助于对生烃作用可能产生的体积膨胀和超压的认识。很显然，优质烃源岩产生的超压无疑是巨大的，完全有可能成为石油初次运移（排烃）的最主要动力。

优质烃源岩滞留烃中游离烃以轻质组分为主，页岩油勘探潜力较大。优质烃源岩排烃效率高，滞留烃组分中重质组分含量较高，随着有机质含量的增加，滞留烃中沥青质组分逐渐增加。但从游离烃、吸附烃等相关实验研究结果来看，游离烃性质较轻，以饱和烃、芳烃为主，是源内非常规油藏（页岩油）的主要开采目标。而吸附烃性质较重，以非烃、沥青质为主，尤其是沥青质组分含量较高，且沥青质组分主要被干酪根所吸附，不会显著影响页岩油的流动性。25个泥页岩样品的游离烃含量测试结果表明，TOC＞10%的黑色页岩样品游离烃含量在0.4%左右；5%＜TOC＜10%的黑色页岩样品游离烃含量在0.2%～0.4%之间。

第五章 细粒沉积储层特征及微观表征

本章分析了鄂尔多斯盆地长 7 段烃源岩层系细粒沉积储层发育类型，综述了细粒沉积储层孔喉微观表征进展，明确了鄂尔多斯盆地长 7 段不同类型细粒沉积储层特征及微观表征，阐述了相对高渗透储层形成主控因素，探讨了裂缝发育特征及分布规律，建立了储层综合评价方法。提供的细粒沉积储层特征及表征数据资料反映了鄂尔多斯盆地长 7 段页岩油储层研究的最新进展，提出的储层综合评价方法正在资源潜力分析、"甜点"优选、井位部署等方面发挥作用。

第一节 细粒沉积储层类型

本节重点阐述了长 7 段细粒沉积岩石发育类型，分析了不同类型细粒沉积岩石基本特征，刻画了细粒沉积岩石分布，为细粒沉积储层特征分析奠定基础。

一、细粒沉积岩石类型及特征

鄂尔多斯盆地长 7 段整体为一套广覆式富有机质泥页岩夹粉细砂岩的岩性组合，纵向上可划分为长 7_1 亚段、长 7_2 亚段和长 7_3 亚段共 3 个亚段。其中，长 7_1 亚段、长 7_2 亚段为泥页岩夹多期薄层粉细砂岩，是目前页岩油勘探开发的现实领域；长 7_3 亚段以泥页岩为主，是风险勘探、原位转化攻关试验的主要层段。

结合野外露头剖面、长 7 段全取心井岩性剖面，以及 2000 余口井的测井精细解释，鄂尔多斯盆地长 7 段发育细砂岩、粉砂岩、黑色页岩、暗色泥岩、凝灰岩共 5 类岩性（图 5-1-1），泥页岩占主体，夹多薄层粉细砂岩（图 5-1-2 和图 5-1-3），非均质性较强。源内油藏储层岩石类型主要为砂质岩和泥页岩两大类，岩心常见饱含油的粉砂岩和泥页岩（付金华等，2020a，2020b）。

不同类型细粒沉积岩石，其岩相特征、沉积特征、沉积环境、电测响应特征等均有不同（表 5-1-1 和表 5-1-2）。

细砂岩：发育 2 种岩相类型。一是以三角洲前缘水下分流河道、河口坝沉积的块状—中层状平行、交错层理细砂岩，以灰色、灰绿色、灰褐色为主，见大型槽状、板状、楔状交错层理，砂岩成熟度较高，具冲刷面。该类岩石主要分布在陕北、姬塬等湖盆周边地区。二是以坡折带砂质碎屑流沉积、浊流沉积的块状细砂岩，以浅灰色、灰色、灰褐色为主，块状、粒序层理，见棱角状泥砾及"泥包砾"，与上下岩层均呈突变接触。主要分布在陇东地区。细砂岩单层厚度较薄，一般为 0.3～2m。自然伽马一般小于 120API，U 值小于 3API，TH 值低，密度大于 $2.4g/cm^3$，声波小于 $250μs/m$，电阻率大于 $50Ω·m$，TOC 值一般小于 4%，与粉砂岩电测特征差异明显。

图 5-1-1　鄂尔多斯盆地长 7 段不同类型细粒沉积岩石照片

（a）城页 1 井，2030.39m，细砂岩；（b）城页 1 井，2054.23m，粉砂岩；（c）城页 1 井，2025.02m，黑色页岩；（d）城页 1 井，2057.59m，暗色泥岩；（e）宁 33 井，1745m，凝灰岩

图 5-1-2　C96 井长 7 段全取心井岩性组合

粉砂岩：发育 2 种岩相类型。一是以三角洲前缘远沙坝、席状砂沉积的中—薄层、块状层理粉砂岩，以浅灰绿、灰色为主，质纯、分选好，见生物扰动构造，主要分布在陕北、姬塬地区。二是以浊流沉积为主的薄—厚层状粒序层理粉砂岩，主要分布在湖盆中部长 7$_3$ 亚段。粉砂岩单层厚度薄，一般为 0.1~1m。自然伽马变化较大，一般分布

- 93 -

为 80~300API，U 值为 3~8API，Th 值较高，密度为 2.3~2.5g/cm^3，声波时差为 250~275μs/m，电阻率大于 50Ω·m，TOC 值为 2%~8%，具有一定的生烃潜力。

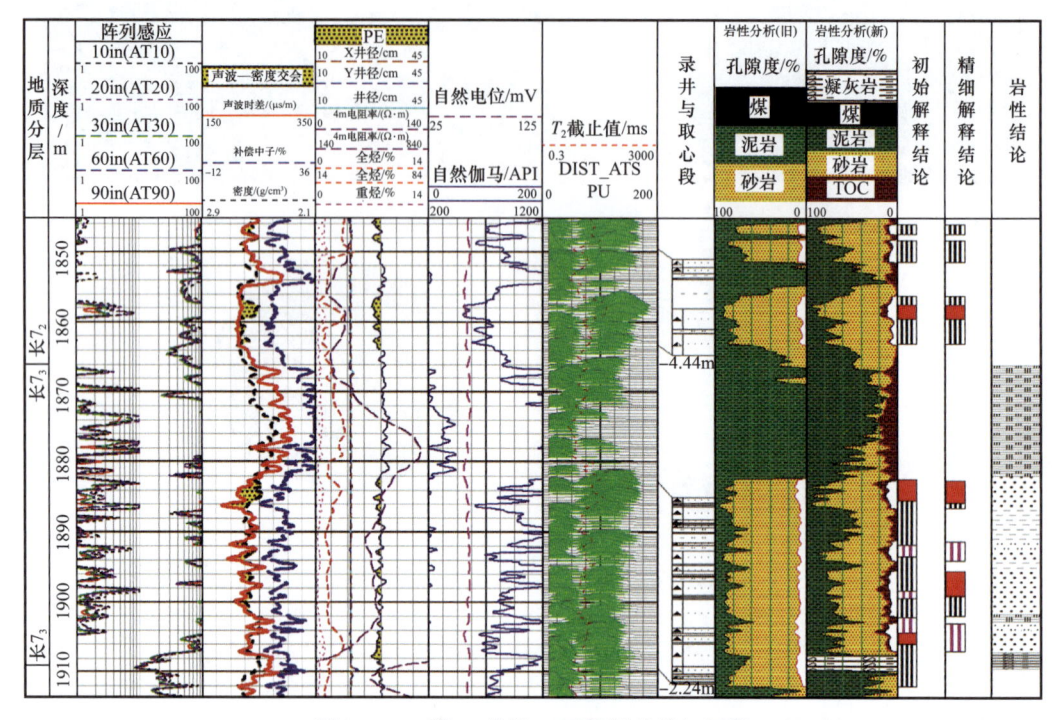

图 5-1-3 蔡 37 井长 7$_3$ 亚段测井精细解释

表 5-1-1 鄂尔多斯盆地长 7 段细粒沉积岩石类型及特征

岩石类型		沉积特征	沉积环境	发育情况
细砂岩	块状—中层状平行、交错层理细砂岩	以灰色、灰绿色、灰褐色为主，发育大型槽状、板状、楔状交错层理，砂岩成熟度较高，具冲刷面	三角洲前缘水下分流河道、河口坝	十分发育
	块状细砂岩	以浅灰色、灰色、灰褐色为主，块状、粒序层理，见棱角状泥砾及"泥包砾"，与上下岩层均呈突变接触	坡折带砂质碎屑流沉积、浊流沉积（A 段）	十分发育
粉砂岩	中—薄层、块状层理粉砂岩	以浅灰绿、灰色为主，质纯、分选好，见生物扰动构造	三角洲前缘远沙坝、席状砂	发育
	薄—厚层状粒序层理粉砂岩	以深灰、灰黑色为主，发育平行层理、沙纹层理，具完整或不完整的鲍马序列	浊流沉积（A~D 段）	十分发育
黑色页岩	纹层状黑色页岩	黑色页岩有机质纹层状分布，TOC>6%	深湖沉积	十分发育
暗色泥岩	块状层理	有机质纹层分散分布，TOC 一般分布在 2%~6%之间	半深湖、深湖沉积	十分发育
凝灰岩	薄层凝灰岩	长 7 段底部凝灰岩标志层分布稳定，其他凝灰岩一般与泥页岩间互产出，多薄层发育	湖相沉积	较发育

表 5-1-2　鄂尔多斯盆地长 7_3 亚段 5 类岩石测井响应特征

岩石类型	大类	砂质岩类		泥页岩类		凝灰岩类
	小类	细砂岩	粉砂岩	黑色页岩	暗色泥岩	凝灰岩
厚度 /m		0.3~2.0	0.1~1.0	5.0~40.0	5.0~40.0	0.5~3.0
自然伽马 /API		<120	80~300	>180	120~300	>150
U/API		<3	3~8	>8	<5	低
Th/10^{-6}		低	较高	低	高	高
密度 /（g/cm³）		>2.4	2.3~2.5	<2.3	2.3~2.4	2.3~2.5
声波时差 /（μs/m）		<250	250~275	>275	200~250	>250
电阻率 /（Ω·m）		>50	>50	>80	40~100	<20
TOC/%		<4	2~8	>8	4~8	<2

黑色页岩：主要为深湖沉积的纹层状黑色页岩，有机质纹层状分布，TOC 大于 6%，是盆地中生界油藏最主要的优质烃源岩。黑色页岩自然伽马大于 120API，U 值大于 8API，Th 值低，密度小于 2.3g/cm³，声波时差大于 275μs/m，电阻率大于 80Ω·m。

暗色泥岩：主要为半深湖—深湖沉积的块状层理泥岩，有机质纹层分散分布，TOC 值一般分布在 2%~6% 之间，是中生界油藏重要的烃源岩。暗色泥岩自然伽马为 120~300API，U 值小于 5API，Th 值高，密度为 2.3~2.4g/cm³，声波时差为 200~250μs/m，电阻率为 40~100Ω·m。

凝灰岩：薄层凝灰岩，长 7 段底部凝灰岩标志层分布稳定，其他凝灰岩一般与泥页岩间互产出，多薄层发育。厚度一般为 0.5~3m，自然伽马大于 150API，U 值低，Th 值高，密度为 2.3~2.5g/cm³，声波时差大于 250μs/m，电阻率小于 20Ω·m。

二、细粒沉积岩石分布

鄂尔多斯盆地长 7 段沉积期，湖盆水体深、面积广，"面广水深"的沉积格局有利于细粒沉积发育。基于露头、岩心分析，通过对盆地 2810 口井的岩性统计，长 7 段砂地比较小，平均为 17.8%，砂地比不大于 30% 的井约占 80%；单层砂体厚度薄，单砂体平均厚度为 3.5m，单砂体厚度不大于 5m 约占 71%（图 5-1-4）（付锁堂等，2020a，2020b）。

受古构造、古地形、古水深等因素控制，长 7 段沉积期不同演化时期沉积了不同类型的砂体，其中长 7_3 亚段沉积期湖盆中部发育零星分布的重力流砂体；周边发育小规模的三角洲砂体，厚度为 5~15m；长 7_2 亚段以重力流、三角洲沉积为主，湖盆中部砂体较薄，一般为 5~10m，周边砂体较厚，一般为 5~15m，砂体分布具有一定规模；长 7_1 亚段砂体规模进一步增大，局部砂厚为 15~20m，形成了大面积复合连片分布。砂质岩主要分布在长 7_1 亚段、长 7_2 亚段，且具有一定规模（图 5-1-5）。

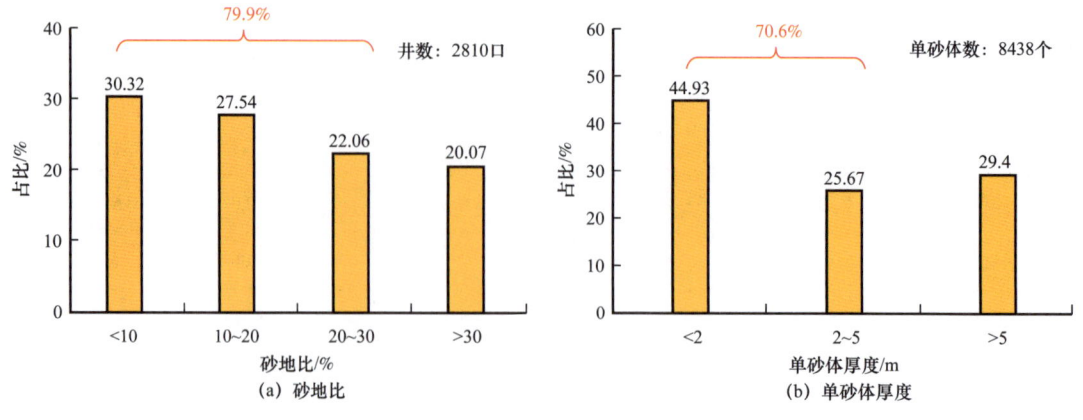

图 5-1-4 鄂尔多斯盆地长 7 段砂地比、单砂体厚度分布

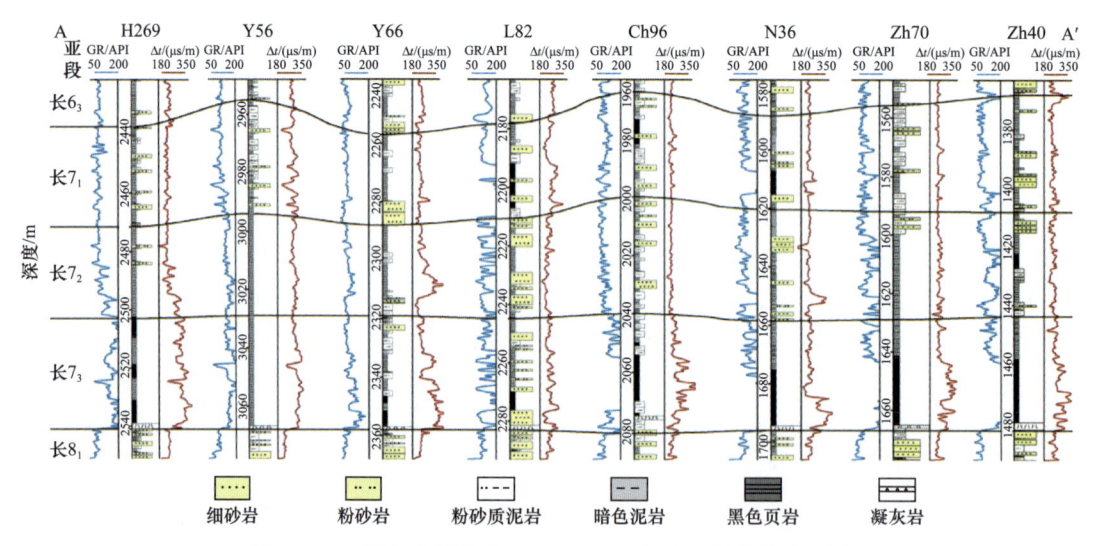

图 5-1-5 鄂尔多斯盆地 H269—Zh40 井长 7 段岩性对比图

泥页岩主要分布在长 7_3 亚段，长 7_1 亚段、长 7_2 亚段局部发育。其中，黑色页岩面积达 $4.3×10^4 km^2$，厚度一般为 5～25m，平均厚度为 16m，最大厚度达 60m；暗色泥岩面积达 $6.2×10^4 km^2$，厚度一般为 5～40m，平均厚度为 17m，最厚达 124m。

勘探实践表明，长 7 段深水区发育一定规模的隐蔽型砂质储层，主要为粉砂岩、细砂岩，自然伽马值普遍高于 180API，厚度薄，常规测井难以识别。通过城页 1 井导眼井、城页 1 井水平井、午 114 井以及城 80 井 4 口紧邻井的岩心、录井、测井资料分析，建立了能精细表征单砂体空间形态及展布的栅状图（图 5-1-6），单砂体呈孤立的透镜状，侧向延伸距离为 50～600m，同一口井导眼段和水平段的砂体可对比性差。

同时，结合测井精细解释，编制了城 80 井区细砂岩、粉砂岩分布图（图 5-1-7）。细砂岩砂体厚度为 3～5m，主要呈相互孤立透镜状，沿湖盆轴部分布；粉砂岩厚度为 1～5m，分布面积大于细砂岩、连片性稍好。粉砂岩、细砂岩叠置连片发育，具有一定的规模，是页岩油风险勘探的有利目标。

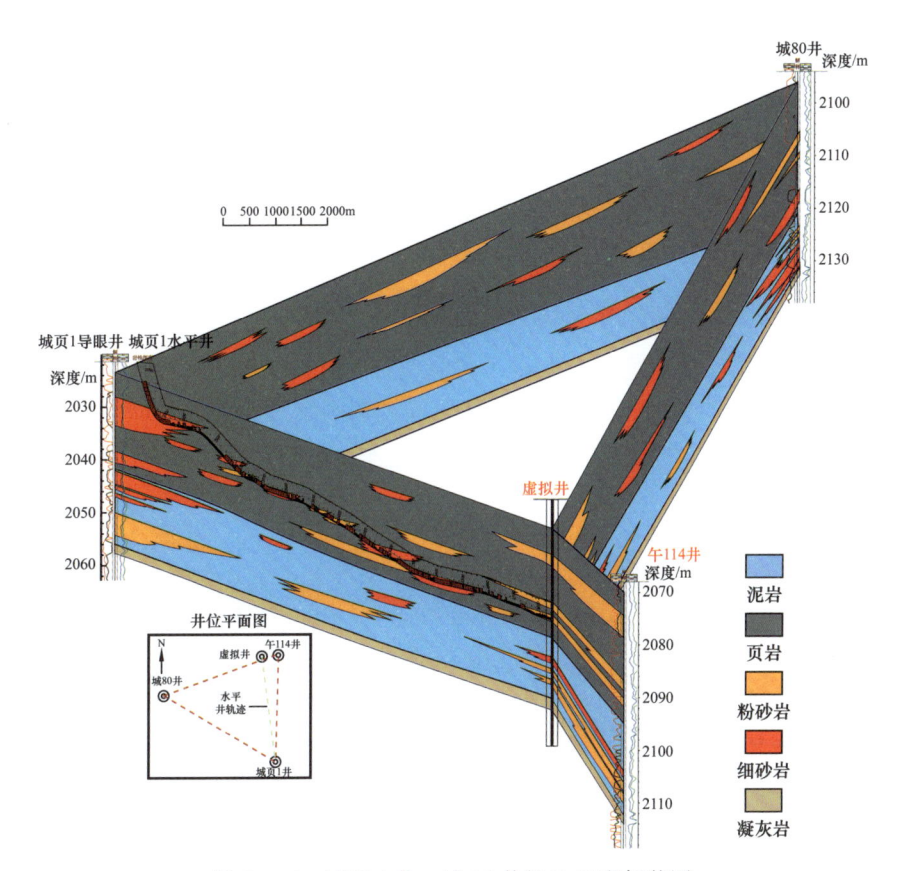

图 5-1-6　城页 1 井—城 80 井长 7_3 亚段栅状图

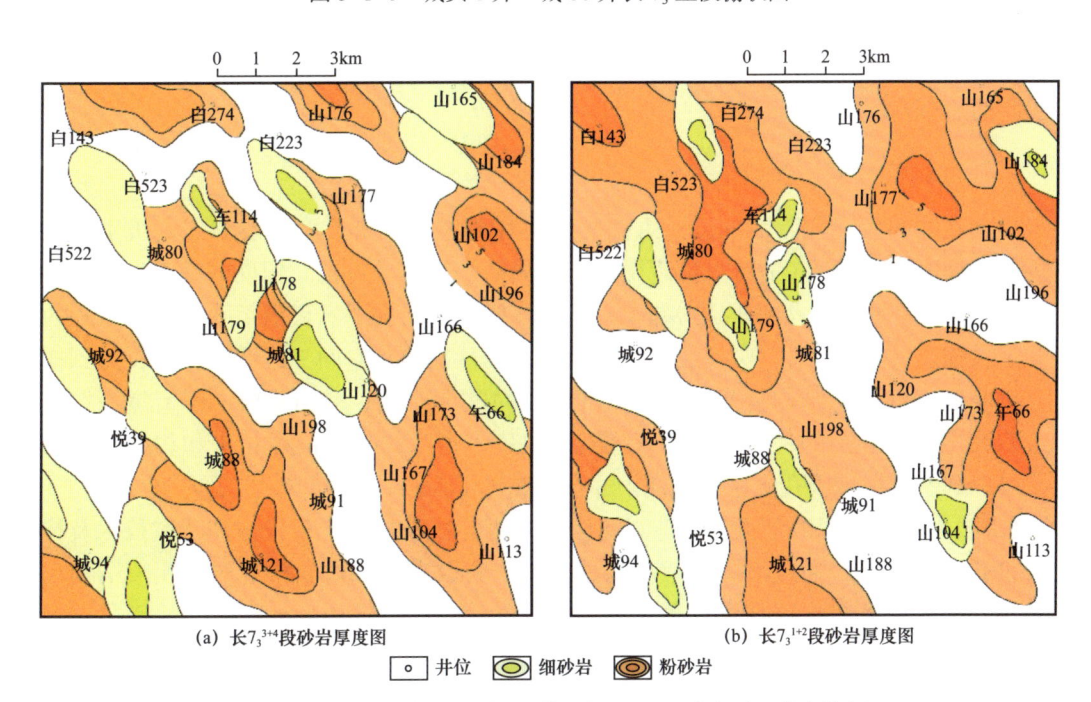

(a) 长7_3^{3+4}段砂岩厚度图　　(b) 长7_3^{1+2}段砂岩厚度图

图 5-1-7　鄂尔多斯盆地城 80 井区长 7_3 亚段砂岩平面分布特征

第二节 细粒沉积储层表征

本节综述了非常规储层孔喉系统研究进展,通过多种方法表征了不同类型细粒沉积岩石储层微观特征,系统分析了页岩油储层特点。

一、非常规储层孔喉系统研究进展

关于非常规储层孔喉系统,前人做了大量的研究工作,形成了精度高、直观而形象的测试、表征方法。通过微细尺度分析,从不同视角观察及定量评价储层微观孔隙结构,并且利用理论模型开展了渗流规律等研究。

1. 细粒沉积储集类型

Loucks 等(2009)在密西西比 Barnett 页岩中发现了大量分布的纳米级的孔隙,通过场发射扫描电镜观察微孔隙,并利用 Ar-ion-beam milling 技术(氩离子抛光技术)在平整矿物表面聚焦成像,发现 3 种主要的孔隙类型。

晶内孔:主要分布在有机物颗粒中,具有不规则的形状特征,5~750nm 之间,平均为 100nm 左右。扫描电镜图像计数统计显示,有机质颗粒中的纳米孔隙度为 20.2%。

粒间孔:主要为有机质颗粒内的粒间孔,以及有机质颗粒间的粒间孔,一般发育在平行层状及小束状富有机质的薄层中。

纳米孔隙:细粒沉积基质发育纳米孔隙,黄铁矿团粒也可见微米—纳米级晶间孔,但数量有限。有机质纳米孔隙是 Barnett 页岩主要的孔隙类型,大部分纳米孔隙和有机质颗粒有关。大量纳米孔隙与有机质的热演化程度密切相关,纳米孔隙形成于生烃过程中有机质的热压缩。

2. 储层微观尺度测试方法

早期孔喉系统研究常用的测试方法(如薄片鉴定)分析尺度一般为毫米级别,通过常规的扫描电镜和普通 CT 可以实现微米级孔喉系统特征的分析。扫描电镜侧重表面形态的观察,而 CT 可以深入到样品内部,在不破坏样品的前提下实现内部孔喉系统特征的观察和定量描述。在 CT 过程中,通过对样品进行切片扫描和空间三维图像反演,得到样品在三维空间中的孔隙结构特征。随着测试技术的进步,FIB-SEM(离子束聚焦—扫描电镜或双束电镜)观察的尺度逐级深入到纳米尺度。通过特殊的制样技术和扫描电镜相结合,可以观察到纳米级孔隙微观特征。通过高精度 Micro-CT(微米 CT)或 Nano-CT(纳米 CT)技术可以实现纳米级微孔隙观测。数字岩心技术是基于现代微观测试技术及计算机模拟技术的进步,通过不同的微观测试手段,获取真实源内非常规储层孔隙结构和颗粒构型。通过计算机模拟技术,在三维空间建立代表孔隙结构的数据体,并通过三维影像技术将这种数据体展示出来,获得直观的孔隙微观模型影像。这些微观测试手段包括:高倍光学显微镜、扫描电镜和纳米 CT 等。此外,建立的数字岩心模型可以结合微尺度的

N–S方程及孔隙渗流模型构建数字孔隙网络模型。国外数字岩心技术已经发展成为一种非常实用的微观孔隙结构和渗流研究工具，在源内非常规油气研究中被普遍采用。

3. 矿物成分及其在微观渗流中的作用

通过扫描电镜和X射线能谱相结合，可以分析矿物成分及矿物在孔隙网络中的分布特征，从而探讨各种矿物对渗流路径的贡献。这种技术主要基于使用"自动矿物及岩石分析系统"（QEMSCAN）来定量分析原位矿物。在扫描过程中，样品表面被分割成许多小区域，每个小区域独自检测，然后将扫描图像拼接起来形成扫描区域的矿物分布图。在分析每个区域时，应用电光源，在定义的分辨率条件下进行矿物分布图的扫描，并可以计算矿物含量，估算微孔隙度。同时，还可以通过该技术研究各类矿物对微观孔隙结构的影响及其在渗流路径中的作用。

4. 储层中各类孔隙及流体分子尺度

Nelson（2009）统计对比了常规储层、致密砂岩储层和页岩中孔隙尺度的分布特征，建立各类储层及非储层中微观孔喉尺度分布，认为各类储层孔隙尺度从微米级到纳米级连续分布。其中，常规储层孔喉一般大于 $2\mu m$，致密砂岩气储层孔喉大概为 $0.03\sim2\mu m$，页岩孔喉大概为 $0.005\sim0.1\mu m$。孔喉尺度的连续分布对于预测油气在致密岩石中的赋存状态，揭示页岩中流体流动具有重要意义。烃类分子尺度远小于致密砂岩及页岩中的孔隙尺度，使得致密储层中油气赋存及流动具有可能，这就为源内非常规资源的开发提供了依据。

二、储层特征及微观表征

页岩油储层岩石类型多样，储层特征各异。本节结合多方法多尺度储层测试分析，系统开展了不同类型细粒沉积的岩矿、孔隙类型、孔喉结构、含油性、脆性和地应力性等方面的研究，明确了不同类型页岩油储层特征及微观表征。

1. 储层岩矿特征

根据长7段页岩油岩性组合及分布，按照砂质岩、泥页岩、凝灰岩，分地区分层系分析了其储层岩矿特征。

1）砂质岩类

湖盆中部长 7_1 亚段、长 7_2 亚段重力流沉积的粉砂岩、细砂岩，具有高石英、低长石的特征，石英平均含量为40%，长石平均含量为20%，黏土矿物平均含量为11%左右，主要为伊利石。长 7_3 亚段砂质岩储层以粉砂岩为主，细砂岩相对较少，砂质岩储层岩矿含量相似，石英平均含量为37%，长石平均含量为43%，黏土矿物平均含量为11%，主要为绿泥石、伊利石，平均含量分别为6%和5%。

湖盆周边三角洲前缘沉积以细砂岩为主，具有高长石、低石英的特征，长石平均含量为40%，石英平均含量为25%，黏土矿物平均含量为9%左右，主要为绿泥石、高岭石和伊利石，平均含量分别为4%、3%和2%。

2）泥页岩类

泥页岩储层主要分布在湖盆中部长 7_3 亚段，其岩矿组分存在差异（图 5-2-1）。其特征如下。

黑色页岩石英、长石、黄铁矿含量较高，石英平均含量为 30%，长石平均含量为 13%，黄铁矿平均含量为 21%。黏土矿物平均含量为 34%，主要为伊利石、绿泥石，平均含量分别为 21% 和 10%。

暗色泥岩石英平均含量为 35%，长石平均含量为 11%，黄铁矿相对较低，平均含量为 6%，黏土矿物平均含量为 49%，主要为伊利石，平均含量高达 40%。

值得注意的是，泥页岩中粒径为泥级的石英、长石含量较高（近 40%），黏土矿物含量小于 50%，主要为伊利石。较高含量的长英质有利于泥页岩的水力压裂。

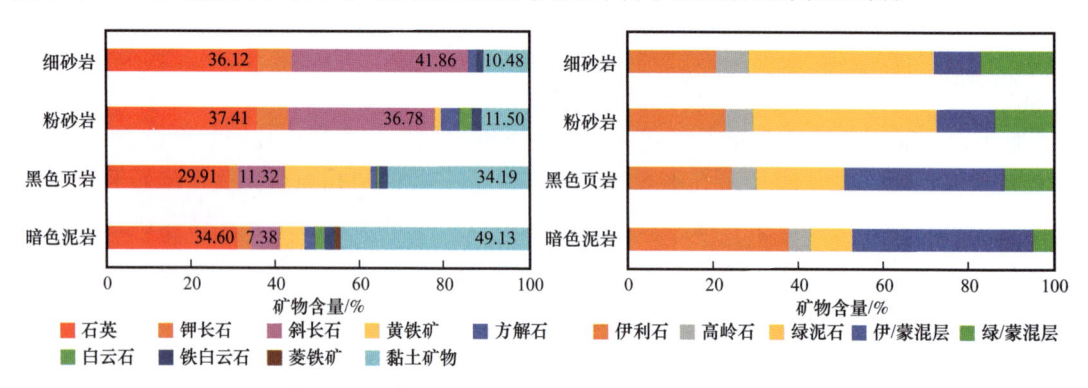

图 5-2-1 湖盆中部长 7_3 亚段细粒沉积岩矿含量分布

3）凝灰岩类

凝灰岩岩矿组分变化较大，以伊利石为主，分布范围为 50%～80%，石英、长石含量相对较低，一般小于 20%。

2. 储层孔隙类型

1）砂质岩类

受沉积环境和物源影响，砂质岩孔隙类型及特征与泥页岩存在较大差别。

铸体薄片和扫描电镜分析结果表明，长 7 段砂质岩储层孔隙可划分为 4 类，即原生剩余粒间孔隙、次生溶蚀孔隙、晶间孔隙及微裂缝（图 5-2-2）。

(1) 原生剩余粒间孔。

原生剩余粒间孔隙一般呈三角形或多边形，孔隙边缘平直，几乎不可见溶蚀痕迹，孔隙大小一般在 10～120μm 之间，是沉积时期形成的原生粒间孔隙经历后期成岩压实和胶结的产物［图 5-2-2（a）］。较细的颗粒、较高的基质含量及强烈的压实作用不利于该类孔隙的发育。原生剩余粒间孔隙是长 7 段主要的孔隙类型之一，由于其较大的孔隙直径和平直的孔隙边缘，且一般具有较好的连通性，该类孔隙的发育有利于储层流体的储集和渗流。但由于长 7 段经历了强烈的压实和胶结作用，原生粒间孔隙普遍大量减少。

(a) 新257井，1927.10m，微米级原生剩余粒间孔隙

(b) 午100井，2008.29m，溶蚀孔隙，包括长石溶蚀孔、铸模孔及岩屑溶蚀孔

(c) 午100井，1995.86m，微裂缝

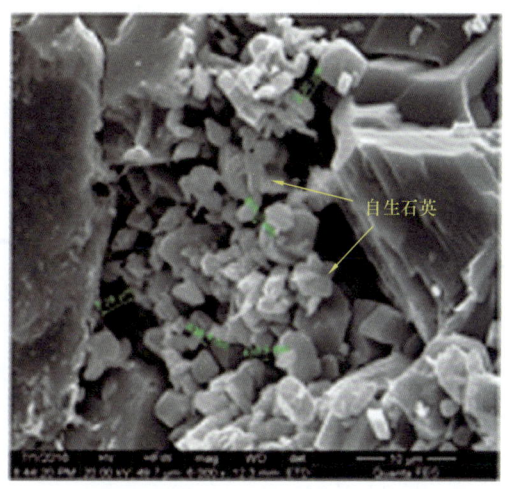

(d) 固8井，1795.6m，自生石英晶间孔隙，SEM

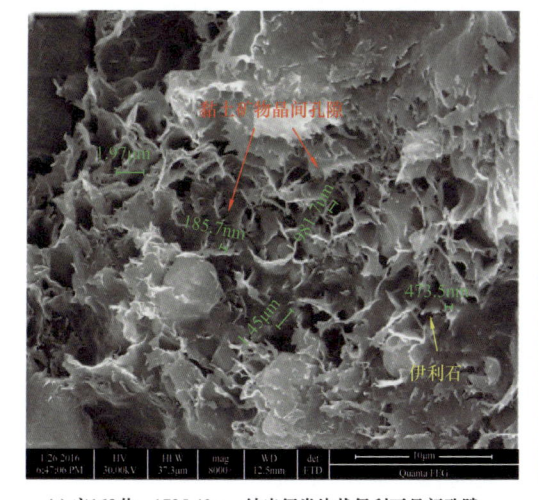

(e) 庄168井，1725.40m，纳米级卷片状伊利石晶间孔隙，SEM

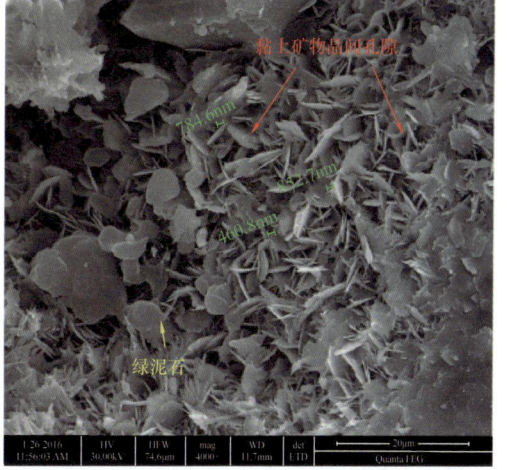

(f) 新257井，1927.10m，纳米级叶片状绿泥石晶间孔隙，SEM

图 5-2-2 鄂尔多斯盆地长 7 段典型砂岩样品薄片和扫描电镜照片

（2）次生溶孔。

次生溶蚀孔隙是长7段储集空间的主要贡献者，受有机酸作用影响，长石、岩屑等化学不稳定物质溶蚀可产生大量的溶蚀孔。次生溶蚀孔隙边缘不规则，孔隙大小一般分布在20～100μm之间［图5-2-2（a）和图5-2-2（b）］。一般来说，溶蚀孔隙具有相对大"孔隙"连通细小"喉道"的特征，这对于流体的渗流不利。但是，当局部溶蚀强烈时，储层可形成连通性良好的孔喉网络，较大程度提高了致密储层的渗流性能。

（3）晶间孔。

晶间孔隙是在储层演化过程中自生石英、黏土矿物及其他矿物等在粒间孔隙、溶蚀孔隙内沉淀形成的。该类孔隙可分布在50nm～2μm的范围内，主要分布在100～400nm之间［图5-2-2（d）至图5-2-2（f）］。晶间孔隙直径较小，往往形成连通大孔隙的喉道，能控制致密储层流体的渗流能力。

（4）微裂缝。

微裂缝较为发育。显微镜下其长度可达到毫米级，宽度可以从纳米级到数个微米变化［图5-2-2（c）］。尽管微裂缝对总的储集空间贡献甚少，但是其能沟通不同的孔隙和喉道形成裂缝—孔喉网络系统，这能显著改善致密储层流体渗流能力，有利于石油的运移和聚集。

2）泥页岩类

孔隙类型的划分多种多样，目前页岩的孔隙划分没有统一的标准。Reed等（2007）首次将氩离子抛光技术应用到页岩样品研究当中，在页岩有机质中识别出大量的纳米级孔隙。Loucks等（2009）通过对Barnett页岩储层的研究，将北美海相页岩储层孔隙划分为微米孔（孔径大于0.75μm）与纳米孔（孔径小于0.75μm）两类。Slatt和O'Brien（2011）基于Barnett与Woodford页岩孔隙类型研究，将其划分为黏土絮体间孔隙、有机质孔隙、粪球粒间孔隙、化石碎屑内孔隙、颗粒内孔隙和微裂缝通道。Loucks等（2012）进一步深化研究，将泥页岩基质孔隙分为粒间孔隙、粒内孔隙及有机质孔隙（图5-2-3）。

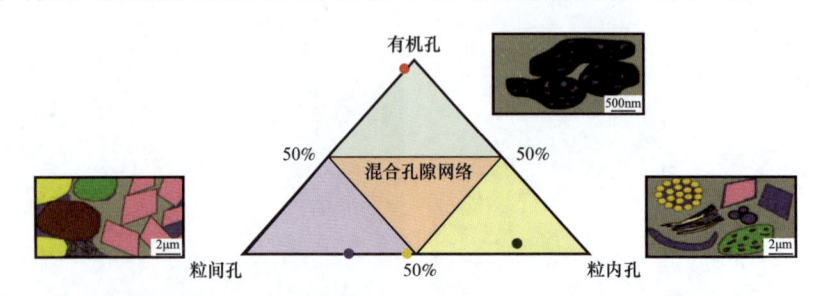

图 5-2-3　泥页岩基质孔隙类型三角图（Loucks et al., 2012）

鄂尔多斯盆地长7段页岩中发育多种孔隙类型，利用扫描电镜（SEM）观察了页岩微观结构构造和矿物组成、孔隙类型。

（1）晶间孔隙。

镜下发现了大量的矿物颗粒间的晶间孔隙，如黏土矿物、自生石英、草莓状黄铁矿之间的晶间孔隙（图5-2-4）。

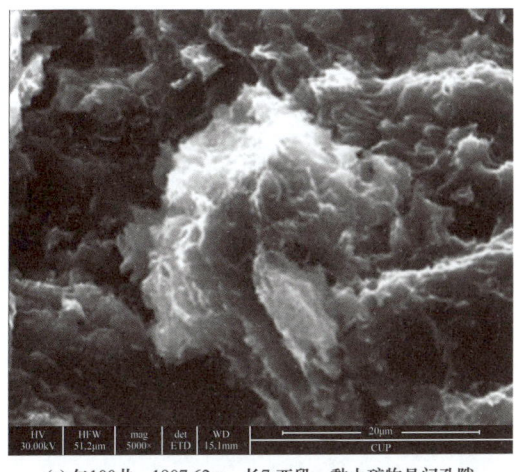

(a) 午100井，1907.62m，长7₃亚段，黏土矿物晶间孔隙 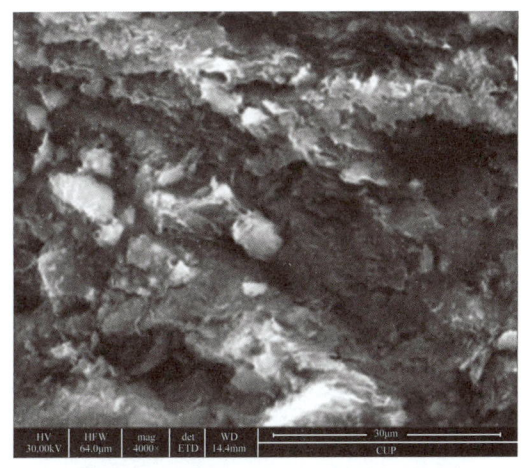　　(b) 庄62井，1943m，长7₃亚段，黏土矿物晶间孔隙

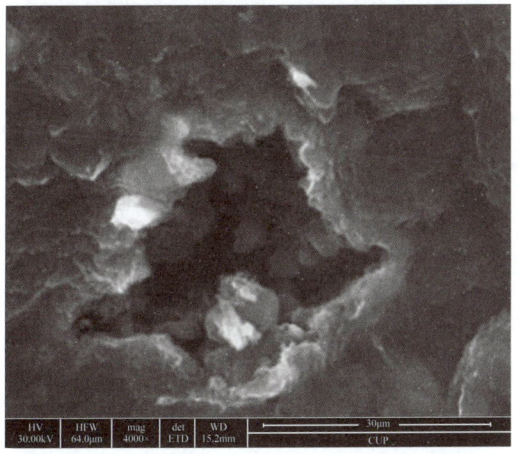

(c) 午100井，2015.2m，长7₃亚段，自生矿物晶间孔隙 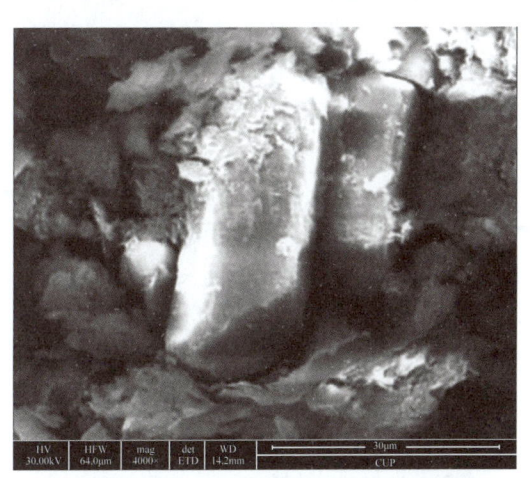　　(d) 庄62井，1943m，长7₃亚段，自生石英间的晶间孔

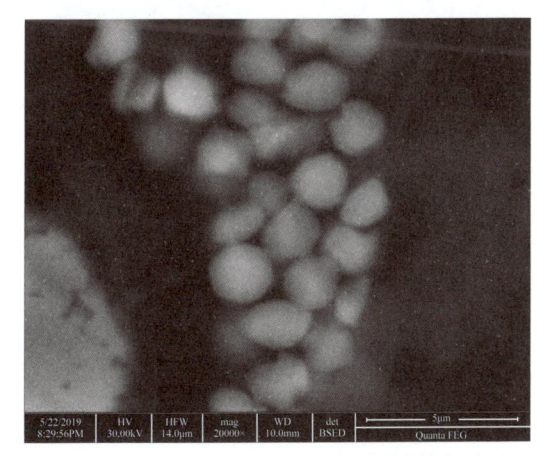

(e) 高135井，1813.15m，长7₃亚段，被压扁的黄铁矿晶间孔 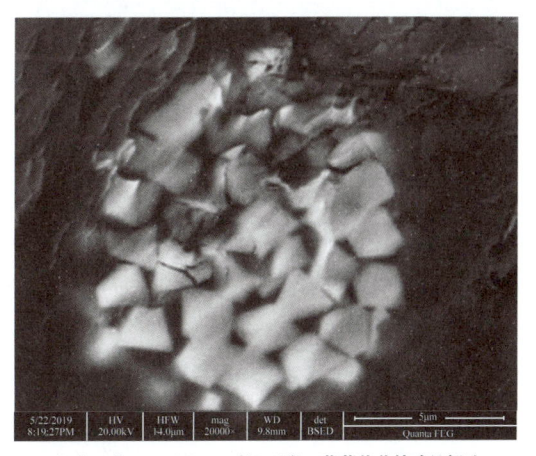　　(f) 白32井，2512.56m，长7₃亚段，草莓状黄铁矿晶间孔

图 5-2-4　鄂尔多斯盆地长 7 段典型泥页岩样品扫描电镜照片

（2）晶间—粒间孔隙。

自生矿物晶体与沉积碎屑颗粒之间的混合孔隙在泥页岩中相当常见（图 5-2-5）。

(a) 新111井，1993.36m，长7_2亚段

(b) 镇142井，2188.70m，长7_2亚段

(c) 白522井，1956.05m，长7_3亚段

(d) 白522井，1956.05，长7_3亚段

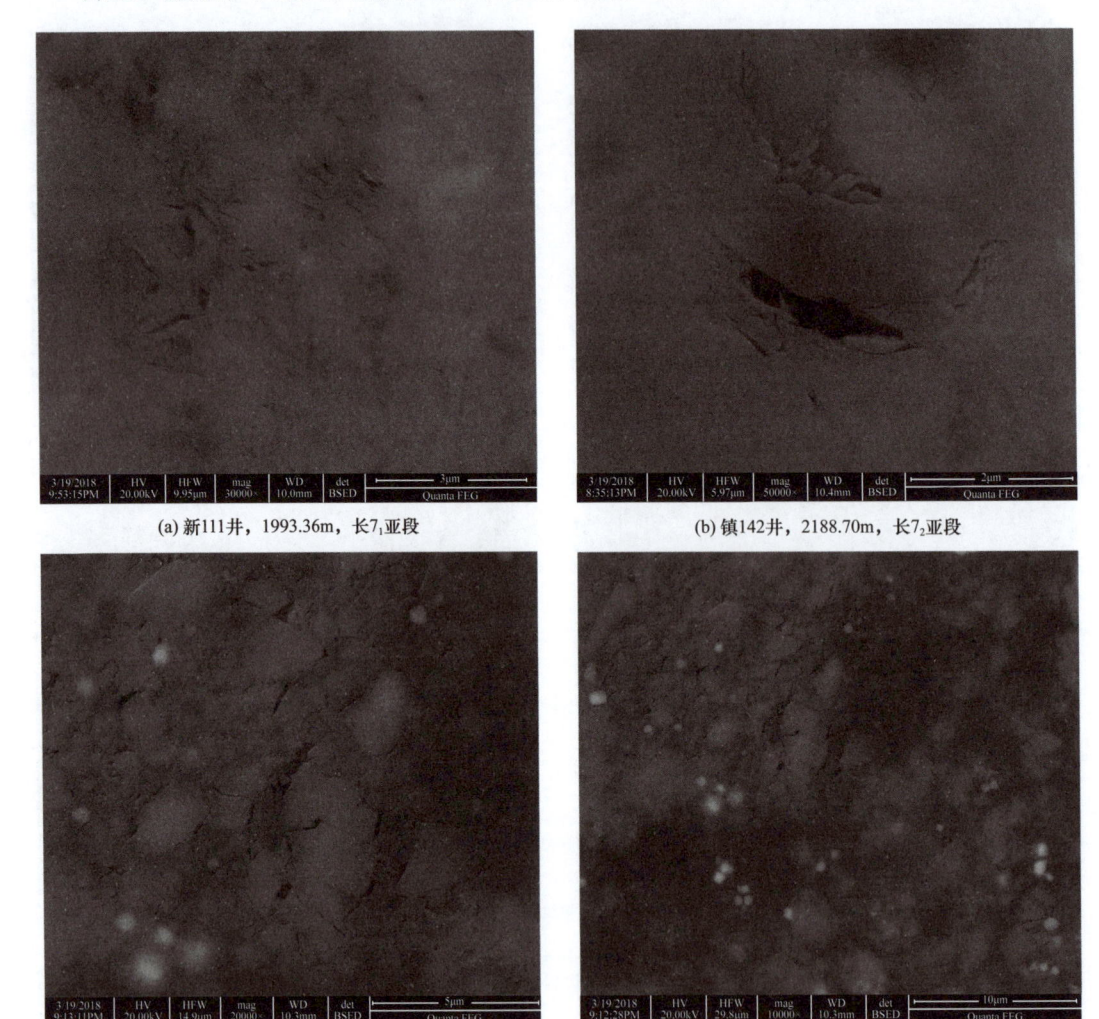

图 5-2-5　鄂尔多斯盆地长 7 段典型泥页岩样品扫描电镜照片

（3）有机质孔。

有机质孔较为少见。扫描电镜下，有机质表面常常表现为光滑的平面。如图 5-2-6 所示的红色方框区，其能谱测试显示，碳质量占比达到 84.73%，为典型的有机质颗粒。但其表面干净光滑，未显示出明显的孔隙。分析原因认为，有机质颗粒中的孔隙多为有机质生烃的产物，常出现在高—过成熟度样品中。如四川的龙马溪页岩的镜质组反射率高达 4%，其有机质孔隙极其发育，呈蜂窝状。但长 7 段泥页岩成熟度不高，处于生油早期—高峰期，因此未表现出明显的有机质孔隙。

（4）有机质收缩缝。

有机质热演化过程中，因失水等原因导致有机质体积缩小，有机质收缩缝也可能是

有机质排烃导致有机质体积发生变化形成的微裂缝（张琴等，2016），可发育于有机质内部或者与矿物结合边缘产生微孔隙（缝），一般呈弯曲状或者长条状分布（图 5-2-7）。

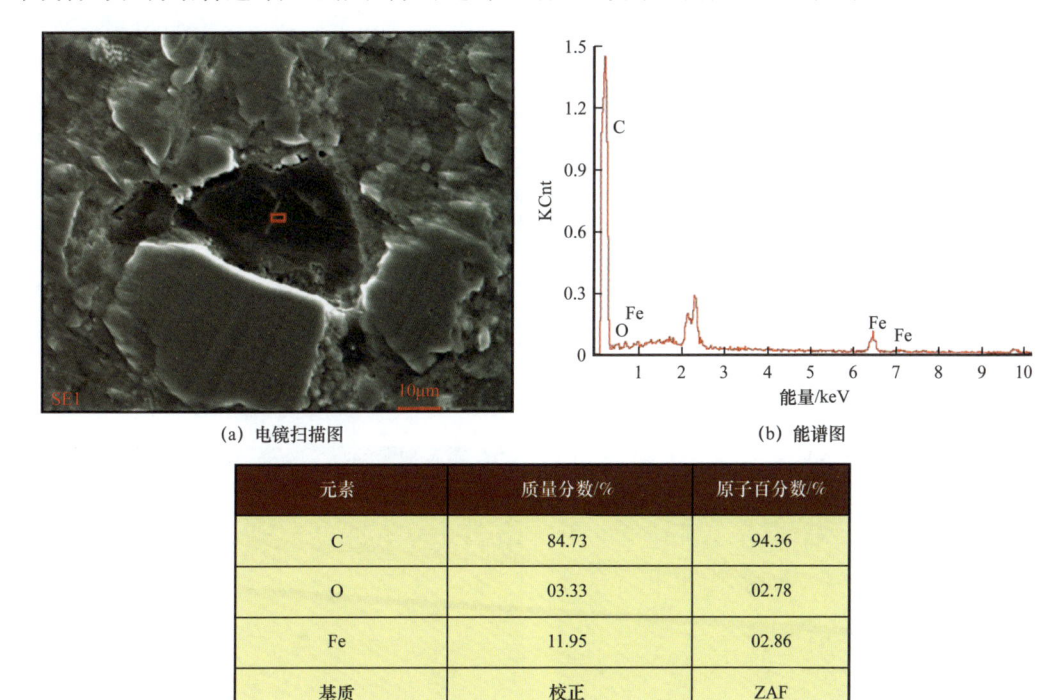

(a) 电镜扫描图

(b) 能谱图

元素	质量分数/%	原子百分数/%
C	84.73	94.36
O	03.33	02.78
Fe	11.95	02.86
基质	校正	ZAF

(c) 元素含量图

图 5-2-6 鄂尔多斯盆地长 7 段泥页岩样品中有机质颗粒照片及能谱图（张 22 井，1624.15m，长 7_3 亚段）

通过大量观察，发现不同有机质含量的样品中孔隙类型存在较大差异，且孔隙与有机质分布空间样式存在明显不同。在有机质含量低的样品中（TOC＜2%），孔隙主要以片状黏土矿物和板状长石颗粒的粒间—晶间孔为主，可见一些黄铁矿等颗粒矿物间的粒间孔；中等有机质含量的样品中（TOC=2%～6%），含有大量板状矿物的粒间孔、黄铁矿颗粒间的晶间孔，以及黏土矿物与石英等颗粒矿物混杂的粒间—晶间孔，一些样品中含有生物格架孔（粒内孔），有机质多呈条带状定向排列，边缘和中心有收缩缝，但圆形和椭圆形的有机质孔不发育；高有机质含量的样品（TOC＞6%）中存在大量的矿物粒间—晶间孔，有机质条带定向排列，边缘有收缩缝，但颗粒中孔隙不发育。

因此，总的来看，粒间孔、溶蚀孔、黏土矿物晶间孔是长 7 段源内油藏储层主要的孔隙类型。细砂岩、粉砂岩储层粒间孔、溶蚀孔发育，还发育大量微纳米级黏土矿物晶间孔［图 5-2-8（a）和图 5-2-8（b）］。

其中，对细砂岩孔隙特征分析较多，以发现的庆城油田 350 余块样品薄片的统计为例，储层孔隙类型中长石溶孔为 0.65%、粒间孔为 0.27%、岩屑溶孔为 0.10%、粒间溶孔为 0.07%、晶间孔为 0.01%、微裂隙为 0.01%，面孔率为 1.11%，以长石溶蚀孔和粒间孔为主；关于粉砂岩孔隙特征的分析较少，通过对 20 余块样品的统计，储层孔隙类型中长石溶孔为 0.64%、粒间孔为 0.14%、岩屑溶孔为 0.06%，面孔率为 0.89%，以长石溶蚀孔

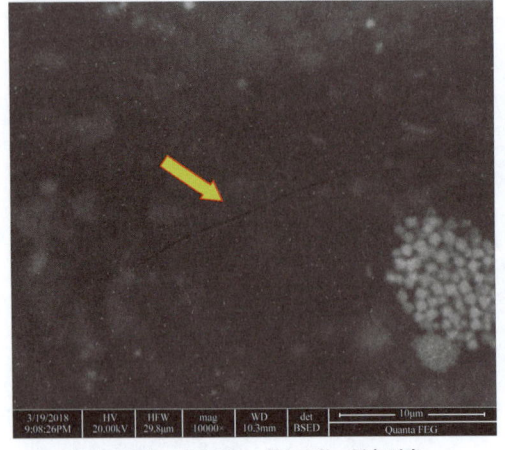

(a) 白522井，1956.05m，长7₃亚段，黑色页岩，TOC (17.21%)

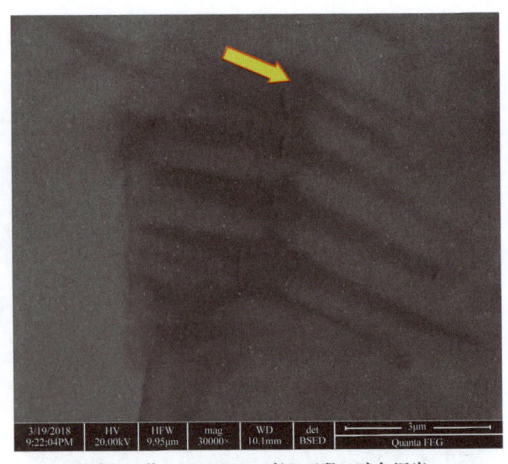

(b) 新111井，1994.20m，长7₁亚段，暗色泥岩，TOC (5.501%)

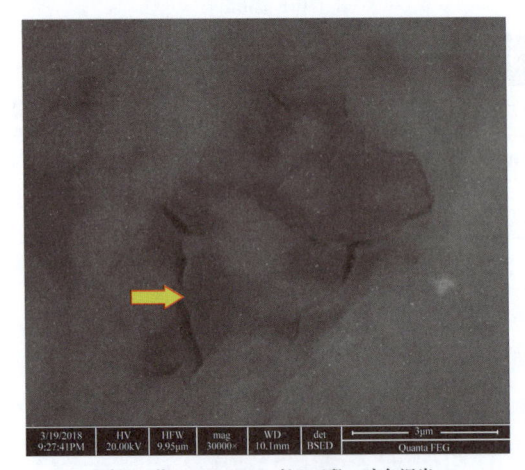

(c) 新111井，1994.20m，长7₁亚段，暗色泥岩，TOC (5.501%)

(d) 张22，1624.15m，长7₃亚段，黑色页岩，TOC (5.757%)

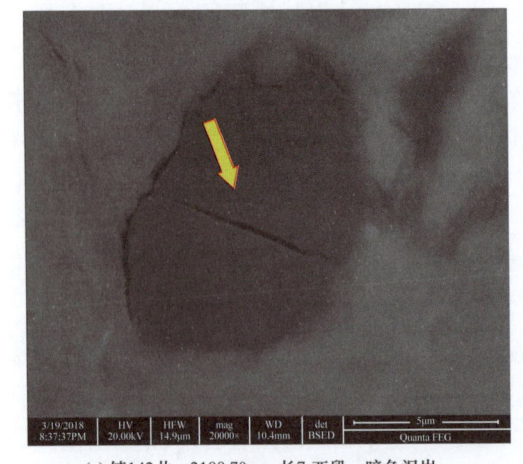

(e) 镇142井，2188.70m，长7₂亚段，暗色泥岩，TOC (5.135%)

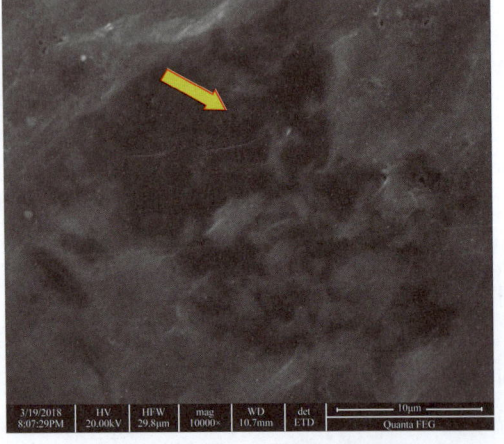

(f) 正70井，1611.81m，长7₂亚段，黑色页岩，TOC (1.662%)

图 5-2-7 鄂尔多斯盆地长 7 段典型泥页岩样品扫描电镜照片

和粒间孔为主；泥页岩孔隙类型分析的样品较少，发育少量粒间孔，以黏土矿物晶间孔为主[图5-2-8（c）和图5-2-8（d）]，孔喉细小，但数量众多的晶间孔在一定程度上弥补了不足，使得泥页岩也具有一定的储集能力，由于长7段热演化程度总体较低，有机质转化产生的有机质孔不发育；凝灰岩储层以溶蚀孔为主[图5-2-8（e）]，非均质性极强，孔隙度、渗透率差别很大（付金华等，2020b）。

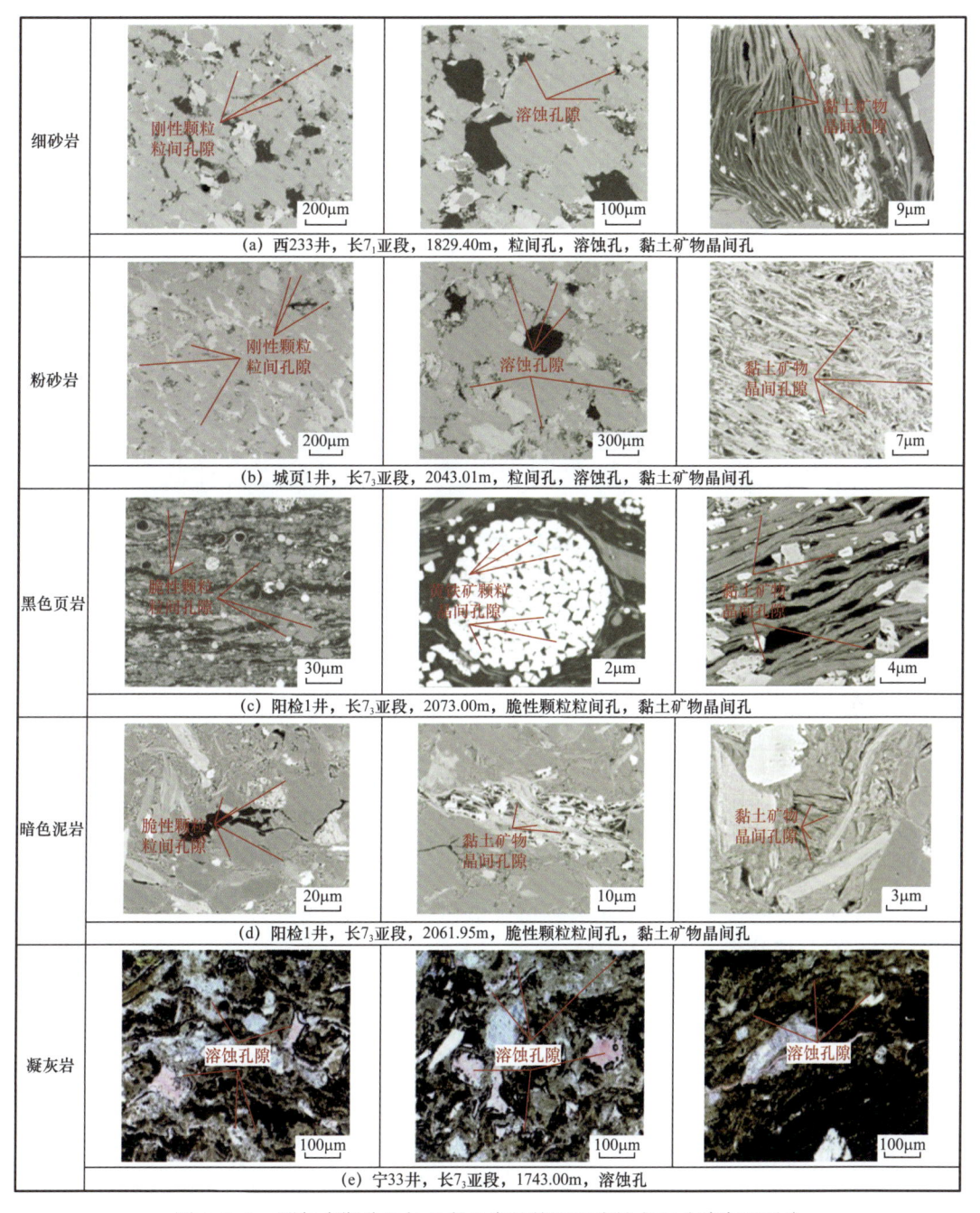

图5-2-8 鄂尔多斯盆地长7段5类细粒沉积岩性主要孔隙类型照片

3. 孔喉结构

1）砂岩类

采用高压压汞对砂岩的孔隙进行了分析。结果显示，长7段砂岩储层排驱压力和中值压力高，孔喉半径小。排驱压力集中分布在1～5MPa之间，少数样品超过7MPa[图5-2-9（a）]；饱和度中值压力主要分布范围在2～30MPa之间，集中分布在2～16MPa之间，但是仍然出现了部分高于20MPa的样品（约占15%），个别样品可高达50MPa以上[图5-2-9（b）]。储层最大孔喉半径主要分布范围在0.1～0.7μm之间，集中分布在0.1～0.4μm之间，但是大于1μm的样品约占15%[图5-2-9（c）]；孔喉中值半径分布比较分散，主要分布在0.01～0.3μm之间，其中0.1～0.2μm出现集中分布峰（约占28%）[图5-2-9（d）]。

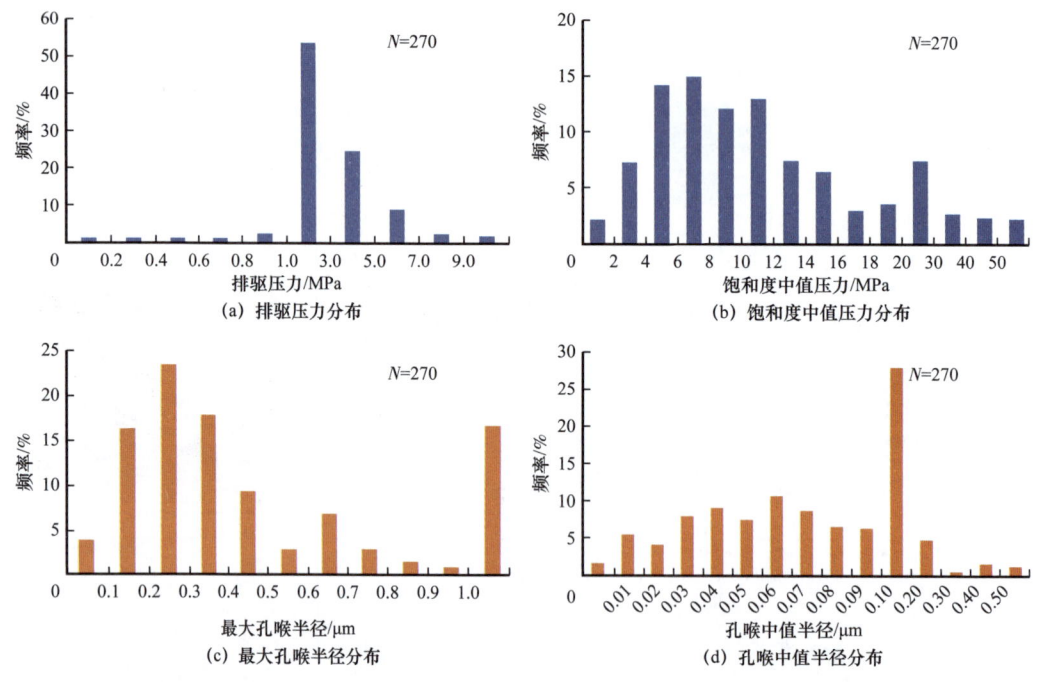

图5-2-9 鄂尔多斯盆地长7段致密砂岩样品排驱压力、饱和度中值压力及孔喉大小分布柱状图

为了研究长7段不同物性级别的致密砂岩储层孔喉分布特征，选取4块物性级别差异的样品进行具体分析（图5-2-10）。

孔喉分布整体上呈现右偏态单峰分布特征，随着物性变差，分布曲线整体往小孔喉方向移动，主峰的集中程度逐渐变差，即孔喉分选程度变差。对于样品a（孔隙度为3.89%，渗透率为0.002mD），孔喉半径分布在小于0.05μm的范围内，主峰分布小于0.02μm，具有高的排驱压力和饱和度中值压力；对于样品b（孔隙度为8.98%，渗透率为0.024mD），孔喉分布呈现明显的左偏态分布特征，相对大孔径的孔喉（0.06～0.2μm）分布较为集中，而中小孔喉（小于0.06μm）分布较为分散；对于样品c（孔隙度为10.78%，渗透率为0.078mD），孔喉分布较为集中，分选较好，主要分布在0.05～0.4μm之间，集中分布在0.1～0.3μm之间，毛细管压力曲线整体呈现斜率较小的直线；对于样品d（孔隙度为13.98%，渗透率为2.982mD），呈现为较为宽泛的主峰分布区，孔喉主要分布在0.4～3μm之间，孔喉半径相对较大，排驱压力和饱和中值压力小。上述论述表明致密砂岩储层宏观物性差异可以反映其微观孔喉分布的差异。对于物性较差的致密砂岩，其孔喉分布偏向小孔喉一侧（样品a），微—细孔喉和细孔喉（一般含量较少）所起的作用是一样的，都是流体渗流的主要孔喉区间，而对于物性较好的致密砂岩，孔喉分布偏向大孔喉一侧（样品b、样品c和样品d），微—细孔喉不再是流体渗流的主要孔喉空间，其对物性贡献较小。

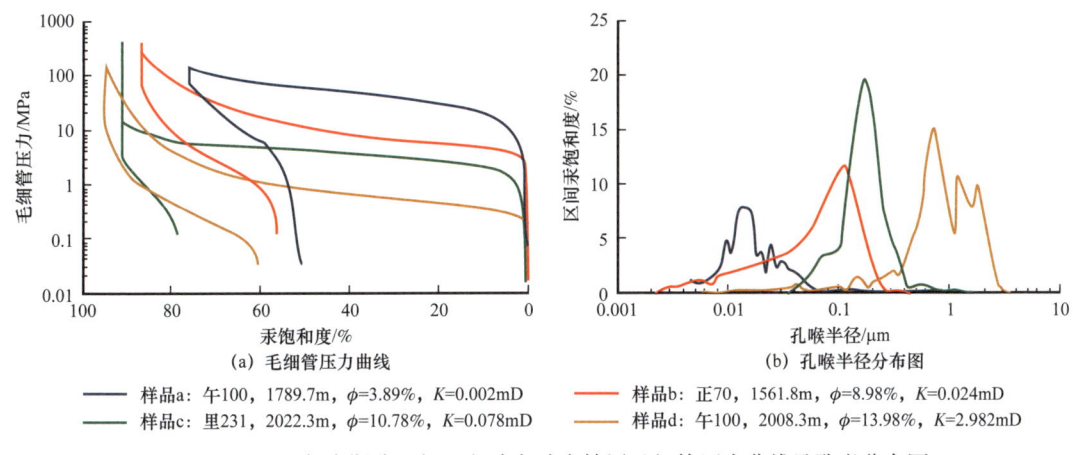

图5-2-10 鄂尔多斯盆地长7段致密砂岩储层毛细管压力曲线及孔喉分布图

储层孔隙结构往往控制着储层物性，并且不同区间分布的孔喉对物性有不同的影响。依据孔喉直径（D）大小，将长7段致密砂岩的孔喉分布划分为3个区间：微孔喉（$D<0.05\mu m$）、微—细孔喉（$0.05\mu m<D<0.2\mu m$）及细孔喉（$D>0.2\mu m$）。对32个致密砂岩样品进行统计分析，微孔喉相对体积分布在8.77%～87.67%之间，平均为34.39%；微—细孔喉相对体积分布在6.23%～47.55%之间，平均为26.23%；细孔喉相对体积分布在2.15%～84.15%之间，平均值为39.39%。

孔喉大小与物性相关性分析表明，长7段砂岩的物性与细孔喉相对体积呈显著的正相关关系，而与微孔喉体积呈显著的负相关关系（图5-2-11），这说明相对孔径更大的细孔喉对储层孔渗贡献较大，相反，如果微孔喉含量明显增加则储层物性明显变差，例如当微孔喉相对体积超过50%时，则孔隙度低于6%，透率低于0.01mD。此外，值得注意的是，微—细孔喉对物性的贡献作用因样品差异而不同，即当样品渗透率大于0.02mD时，微—细孔喉含量增加不利于储层物性，而当小于0.02mD时，微—细孔喉含量增加有利于储层物性[图5-2-11（e）和图5-2-11（f）]。

物性与孔喉中值半径相关性分析表明，孔喉中值半径越大，砂岩储层孔渗越好（图5-2-12），同样反映了孔喉分布对物性的影响作用。

应用场发射扫描电镜、双束电镜、微纳米CT成像等测试技术对砂岩储层进行表征，发现长7段发育丰富的微纳米级多尺度孔隙，孔隙类型多样，形态各异。定量分析发

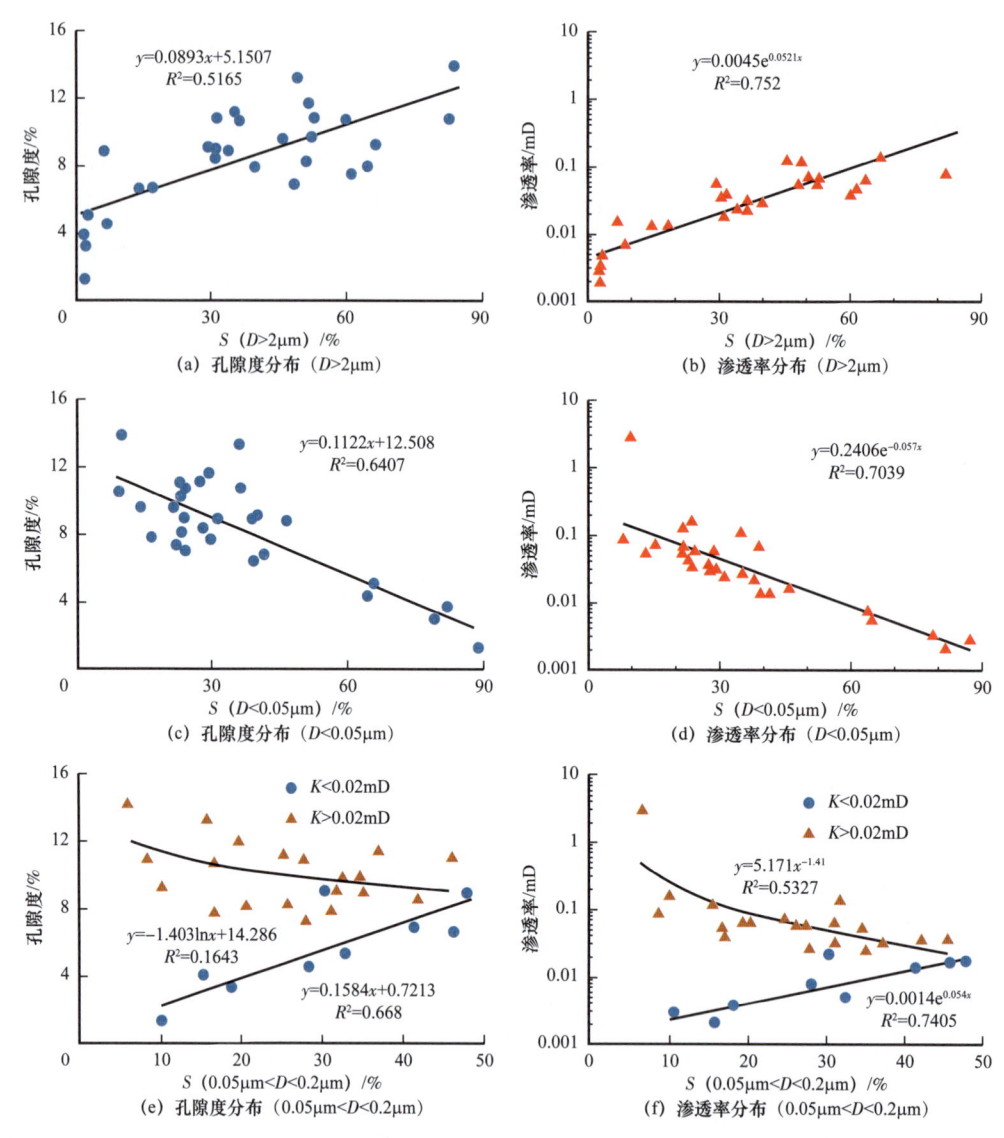

图 5-2-11　鄂尔多斯盆地长 7 段致密砂岩储层孔喉相对体积与物性的关系

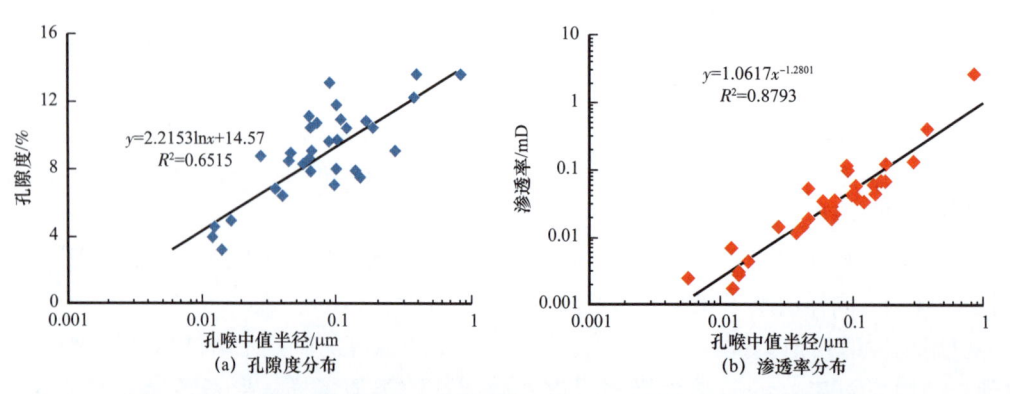

图 5-2-12　鄂尔多斯盆地长 7 段致密砂岩储层物性与孔喉中值半径的关系

现，细粒砂岩储层各尺度孔隙呈连续分布的特征，数量上对比，大孔隙和中孔隙比例不高，小孔隙和微孔隙数量最高［图5-2-13（a）］。采用孔隙体积评价不同尺度孔隙对细粒砂岩储层储集空间的贡献率，发现小孔隙所占的孔隙体积最大，大孔隙所占孔隙体积次之，而微孔隙和纳米孔隙虽然数量较多，但所占有的孔隙体积小，样品的归一化统计得到细粒砂岩储层中2~8μm尺度孔隙体积占总孔隙体积的65%~86%［图5-2-13（b）］。通过CT成像和数字岩心算法结合，实现细砂岩、粉砂岩储层孔喉网络系统的定量表征（图5-2-14），长7段储层孔隙配位数较低，配位数为2~4的占比达83.1%，平均配位数为2.5。长7段细粒砂岩储层孔喉尺度小，孔隙半径主要为2~8μm，喉道半径为20~150nm，但小尺度孔隙数量众多，弥补了单个孔隙体积较小的不足，使长7段储层具有与低渗透储层相当的储集能力（付锁堂等，2020a，2020b）。

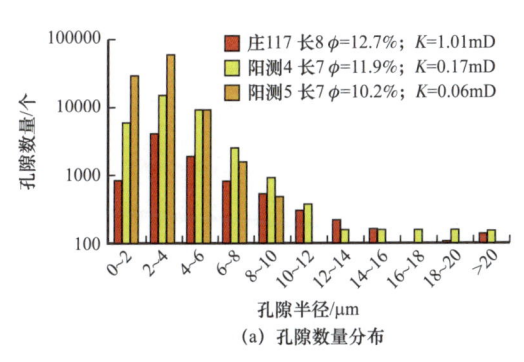

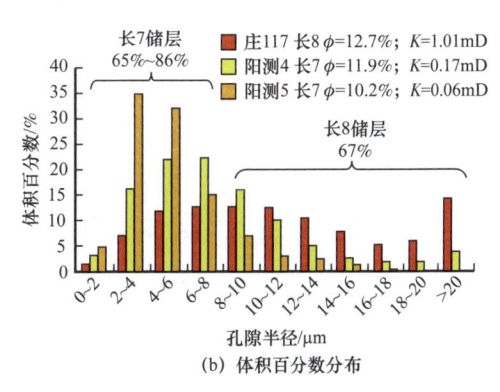

图5-2-13 鄂尔多斯盆地长7段、长8段储层不同孔隙半径区间孔隙体积与孔隙数量对比图

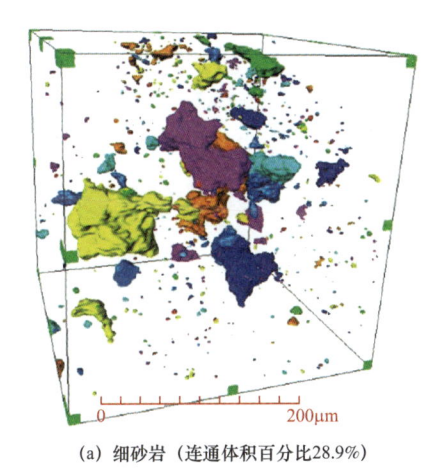

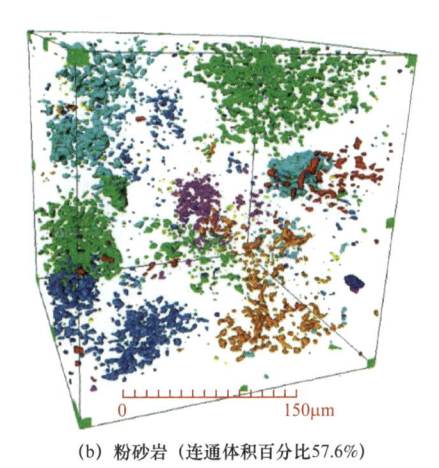

图5-2-14 鄂尔多斯盆地长7段砂岩储层三维孔喉网络特征

2）泥页岩类

根据Rouquerol等（1994）提出的泥页岩的孔隙大小分类方案，将其孔隙分为微孔（小于2nm）、中（介）孔（在2~50nm之间）和大孔（大于50nm）。通过扫描电镜观察和核磁测量发现，从有机质高到有机质低的样品中各种尺度孔隙均发育，泥页岩内主要孔隙尺寸为中—大孔，微孔总量较低（图5-2-15）。

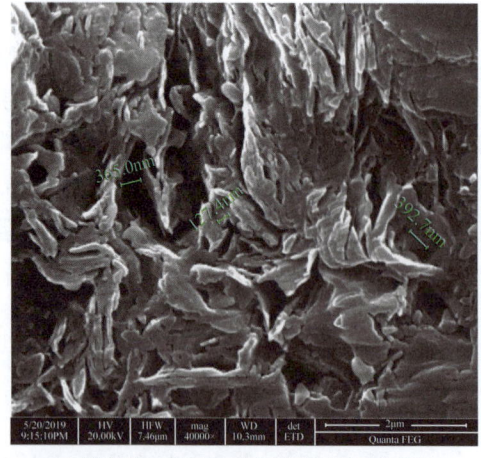

(a) 新257井，1912.5m，长7₃亚段，黑灰色泥岩，TOC (0.2%)

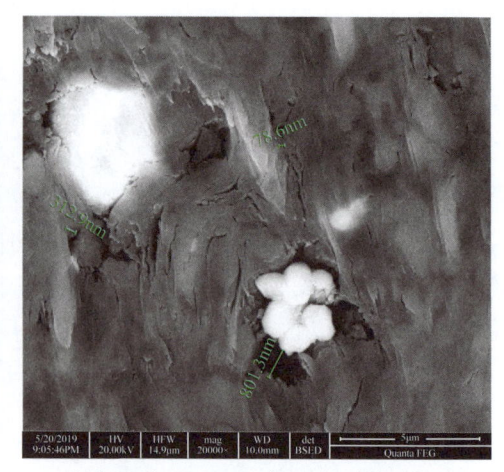

(b) 午100井，2011.06m，长7₃亚段，黑色页岩，TOC (6.456%)

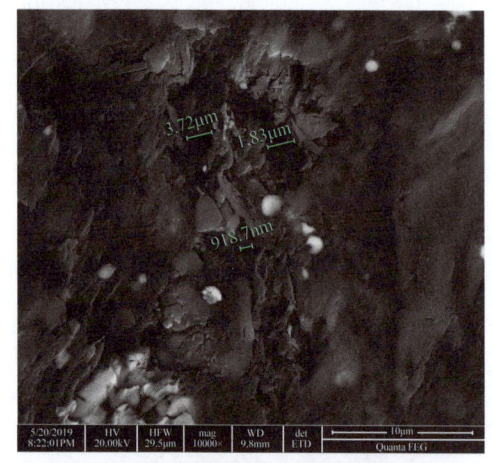

(c) 白32井，2512.56m，长7₃亚段，黑色页岩，TOC (17.88%)

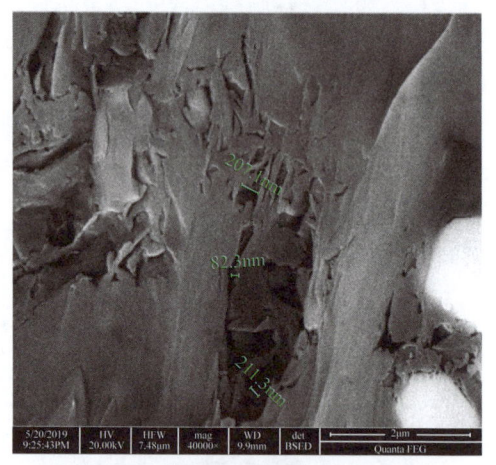

(d) 里68井，1992.5m，长7₃亚段，黑灰色泥岩，TOC (0.6829%)

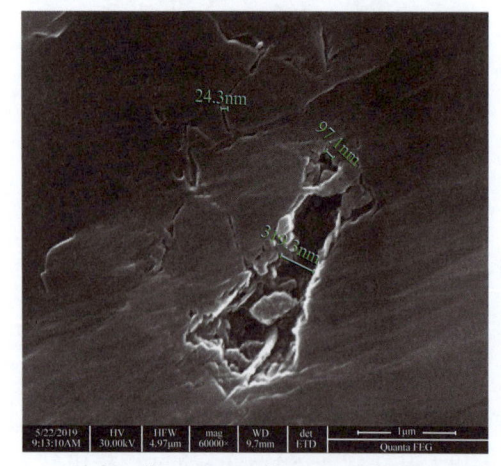

(e) 高135井，1823.33m，长7₃亚段，黑色页岩，TOC (5.4%)

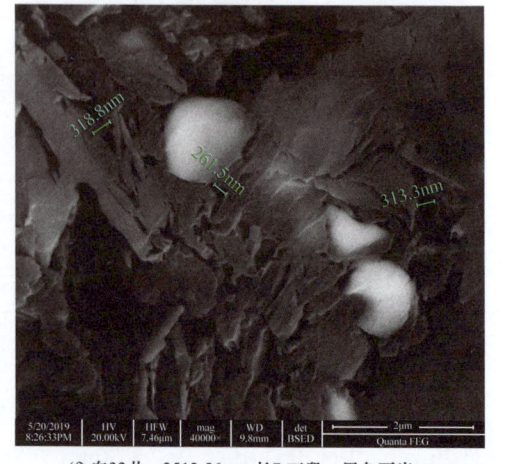

(f) 白32井，2512.56m，长7₃亚段，黑色页岩，TOC (17.88%)

图 5-2-15　鄂尔多斯盆地长 7 段典型泥页岩样品扫描电镜照片

由于泥页岩微观孔隙主要为纳米—微米级,通过氮气吸附方法研究泥页岩中微观孔隙特征并进行定量表征是目前最理想的方法之一。氮气吸附实验可以根据氮气吸附量随相对压力的变化反映出微观孔隙的形态、比表面积、孔径和孔隙体积的分布特征。Sing 等(1985)第一次提出将气体等温线划分为Ⅰ~Ⅵ 6种类型(图5-2-16),其中Ⅰ型等温线又称为 Langmuir 型等温线,当气体在固体表面发生化学吸附或者开放固体表面单分子层物理吸附时符合Ⅰ型等温线特征;Ⅱ型等温线又称 S 形等温线,常表征气体在非多孔性固体表面或大孔材料表面进行单一多层可逆吸附的特征;Ⅲ型等温线呈现随相对压力(p/p_0)增大吸附量上升、吸附曲线向下凹的特点,这种吸附曲线通常出现在吸附质与吸附剂之间作用很弱且小于吸附质分子间的作用力时,相对来说这种吸附曲线很少见;Ⅳ型等温线的吸附机理与Ⅱ型基本相同,吸附曲线形态也基本类似,但是在相对压力较高时发生毛细管凝聚作用,等温脱附曲线与吸附曲线不重合形成滞后环,称为吸附滞后现象,一般迟滞环的起点表示发生凝聚时的最小的毛细孔,终点代表最大的毛细孔被凝聚液充满;Ⅴ型等温线与Ⅲ型等温吸附曲线同样具有弱吸附作用的特点,但相对压力高压区出现了毛细管凝聚现象形成滞后环;Ⅵ型等温线,即阶梯形等温吸附线,为固体均质表面上多层谐式吸附结果。

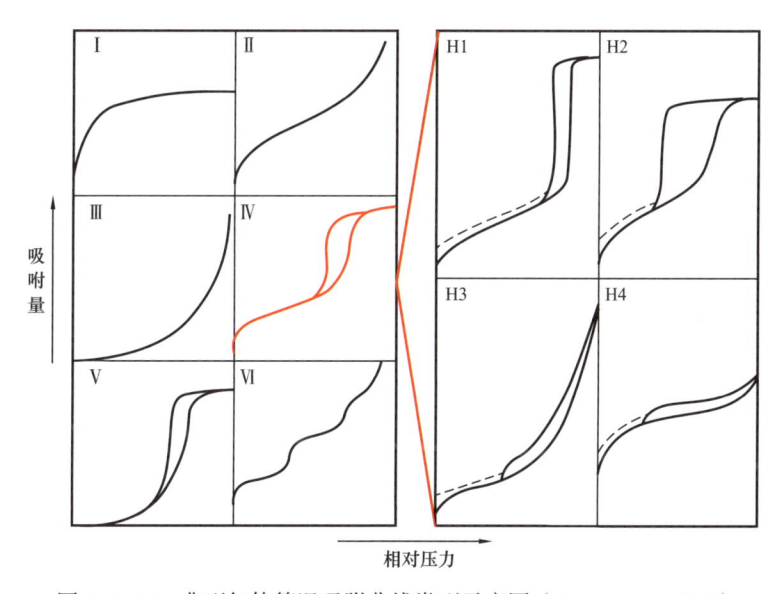

图5-2-16 典型气体等温吸附曲线类型示意图(Sing et al.,1985)

通常,氮气等温吸附实验测得的不同相对压力下的累计孔隙体积数据真实准确,同时经过换算也可以得到不同孔径 D 与其对应区间内孔隙体积变化量 dV 之间的关系图,dV 值越大,说明对应孔径分布越集中。因此,本次研究采取递增孔隙体积—孔径关系图(dV/dD–D)来分别表征氮气吸附测试范围内样品的孔径分布特征。通过对抽提前后的样品进行氮气吸附实验,根据不同有机质丰度样品绘制的氮气吸附等温线,发现 TOC 含量在 0.5%~2%、2%~6% 和 6% 以上 3 个等级的等温线形状和孔隙体积变化存在明显差异。TOC 含量在 0~2% 范围内的样品等温线为 H3 型偏 H2 型,有较大的滞后环,表明孔隙类型主要为片状孔和墨水瓶状孔混合分布，孔隙结构复杂；该 TOC 范围内泥页岩样品氮气吸附量明显高于其他 2 个 TOC 等级样品，孔隙体积明显高于其他 TOC 等级，根据孔隙体积分布变化曲线可以看出此类样品以中—大孔为主、孔隙结构表现为中喉道—中等弯度（图 5-2-17）。TOC 含量在 2%～6% 范围内的泥页岩等温线同样为 H3 型偏 H2 型，孔隙类型同样为片状孔和墨水瓶状孔混合分布，但是片状孔隙明显增加，更加偏向于 H3 型；氮气吸附体积明显减小，孔隙体积相较于 TOC 小于 2% 的样品小得多，此类样品以中—大孔为主、孔隙结构表现为细喉道—高弯度（图 5-2-18）。TOC 含量大于 6% 的泥页岩样品等温线为典型的 H3 型，吸附等温线与脱附等温线都随相对压力增加而缓慢上升，滞后环相对较小，孔隙类型主要为片状孔；氮气吸附体积最小，孔隙体积下降明显，根据孔隙体积分布变化曲线可以看出此类样品以大孔为主、孔隙结构表现为细喉道—高弯度（图 5-2-19）。

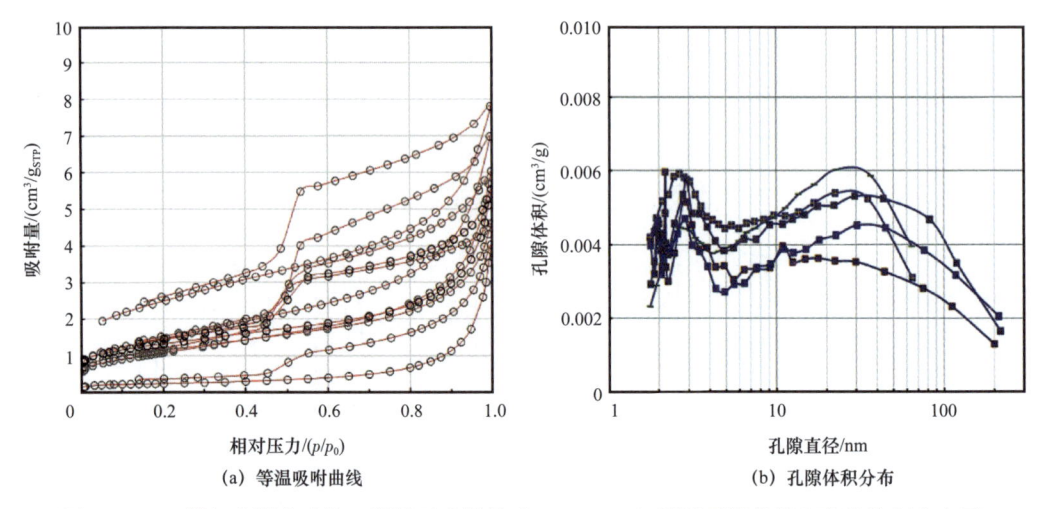

(a) 等温吸附曲线

(b) 孔隙体积分布

图 5-2-17　鄂尔多斯盆地长 7 段泥页岩样品（TOC<2%）等温吸附曲线和孔隙体积分布图

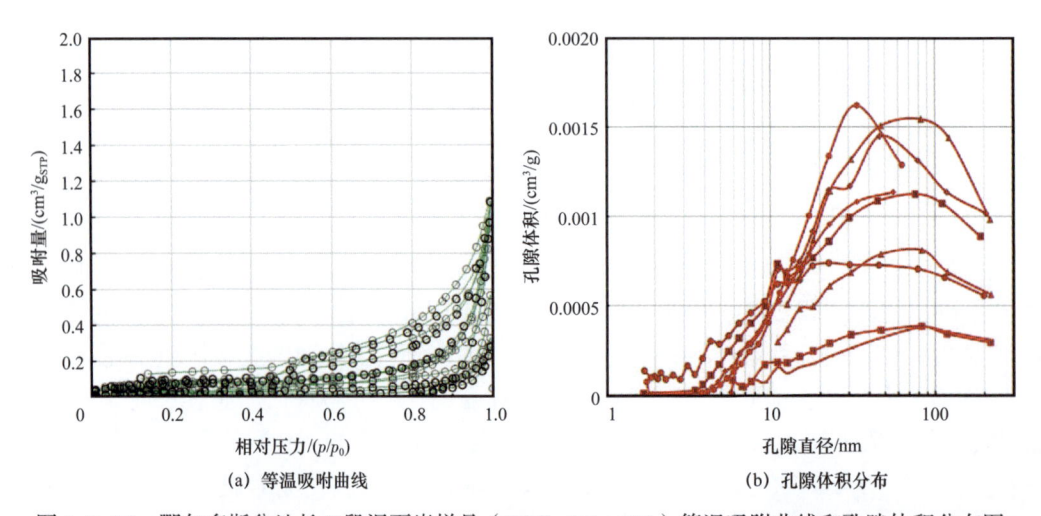

(a) 等温吸附曲线

(b) 孔隙体积分布

图 5-2-18　鄂尔多斯盆地长 7 段泥页岩样品（TOC=2%～6%）等温吸附曲线和孔隙体积分布图

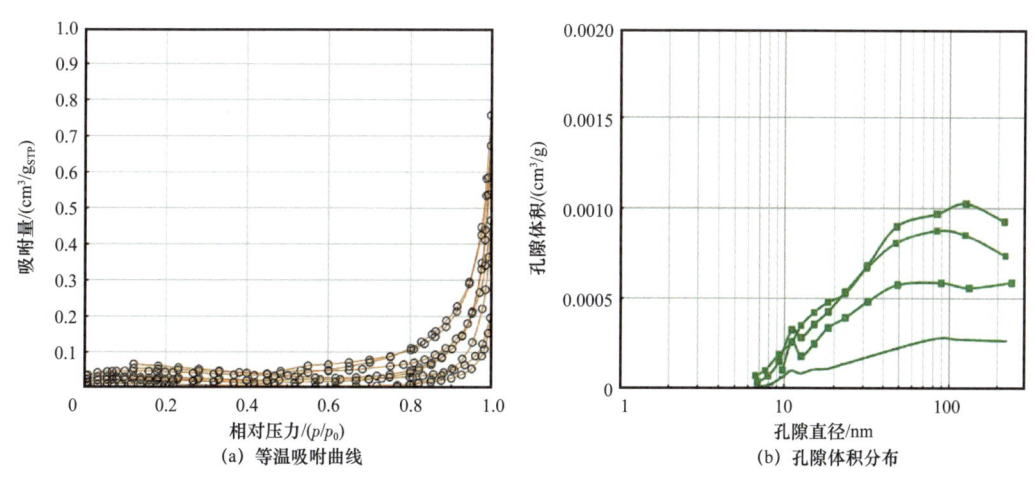

图 5-2-19 鄂尔多斯盆地长 7 段泥页岩样品（TOC＞6%）等温吸附曲线和孔隙体积分布图

因此，单位岩石对 N_2 的吸附量随着 TOC 的增高而降低，即总孔隙量随有机质丰度增大而降低（图 5-2-20）；但是 TOC 与不同尺寸孔隙的关系不明确，总体上以大孔居多，TOC 值小于 6% 的样品孔隙体积明显大于 TOC 值大于 6% 的样品（图 5-2-21）。

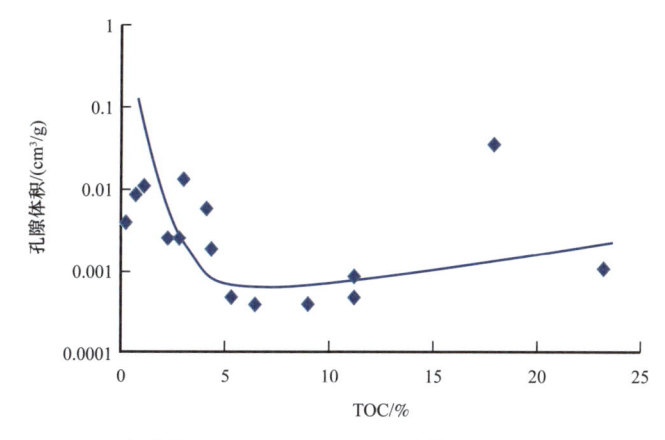

图 5-2-20 鄂尔多斯盆地长 7 段泥页岩孔隙体积随 TOC 含量变化趋势

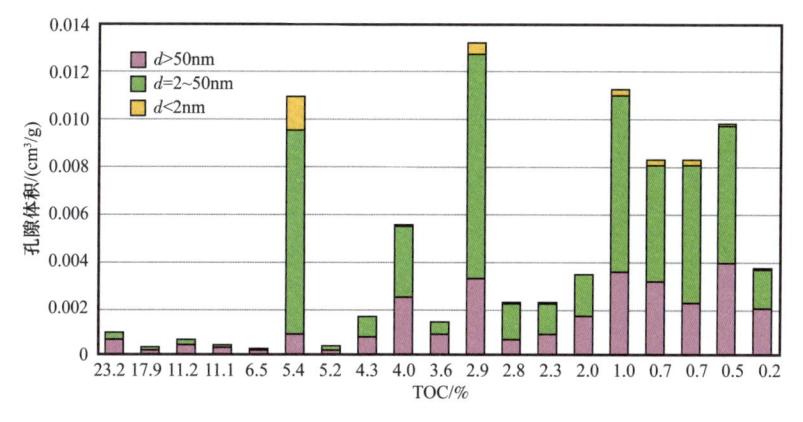

图 5-2-21 鄂尔多斯盆地长 7 段不同 TOC 泥页岩样品孔隙体积分布

总的来看，细砂岩储层的粒间孔相对发育，颗粒表面黏土矿物较少，孔隙半径为 2~8μm，孔隙度为 8%~11%，渗透率小于 0.3mD；粉—细砂岩储层粒间孔颗粒表面绿泥石膜发育，但黏土矿物晶间孔较发育，孔隙半径为 1~5μm，孔隙度为 6%~8%，渗透率为 0.01~0.10mD；泥页岩储层黏土矿物晶间孔发育，暗色泥岩孔隙半径主要为 40~110nm，黑色页岩孔隙半径主要为 30~100nm（图 5-2-22）。不同类型源内油藏储层特征差异较大，如何有效沟通微纳米级孔喉系统形成有效渗流是储层改造的关键（付金华等，2020a）。

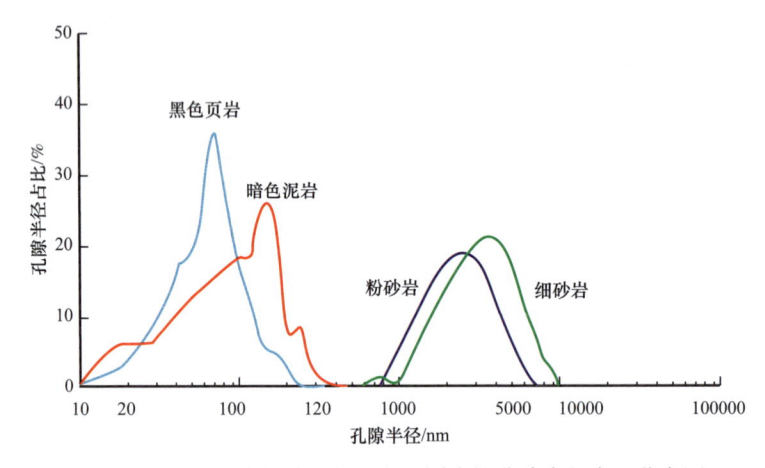

图 5-2-22　鄂尔多斯盆地长 7 段不同岩性孔隙半径占比分布图

4. 含油性特征

近年来，随着页岩油勘探评价工作的陆续开展，已在中国多个盆地（地区）的泥页岩储层中打出了工业油流井，显示了良好的勘探前景（张林晔等，2014；宋国奇等，2015；卢双舫等，2016）。但试采的效果并不理想，页岩油单井产量普遍较低，且产量递减很快，难以形成工业规模。

砂岩中石油的富集状态研究相对成熟，可从镜下直接观察。一般认为，孔隙是石油在砂岩中富集的主要空间。在一些裂缝较为发育的砂岩中，裂缝也可以成为重要的渗流空间。而泥页岩储层较为致密，孔喉微观结构复杂，具有低孔、特低渗特征。因此页岩储层中的原油赋存状态通常采用不同地质因素与含油量的关系间接推测。一般认为，油分子主要以吸附的形式赋存于有机质或矿物表面，部分以游离态形式赋存于孔隙空间中；此外还有少量为溶解态（或互溶态）（贾承造等，2012；钱门辉等，2017）。

1）砂岩中赋存状态

应用荧光薄片和背散射扫描电镜技术定性研究鄂尔多斯盆地长 7 段含油致密砂岩储层中的石油微观赋存特征。光学显微镜观察表明，残余油在普通薄片单偏光下以褐黄色、深褐色、褐黑色的沥青状态分布于粒间孔隙中，附着于孔隙边缘 [图 5-2-23（a）]。致密砂岩储层中石油在 UV 激发下显示黄色、黄绿色荧光，分布在环绕颗粒间缝隙中，亦呈现斑点状分布在颗粒的溶蚀孔隙中 [图 5-2-23（b）]，这说明石油充注发生在颗粒普遍溶蚀之后。此外，部分残余油吸附在黏土矿物或蚀变的颗粒表面。偏光、荧光特征显示出残余油主要为轻质油或稀油沥青，说明致密砂岩储层中石油品质较好。

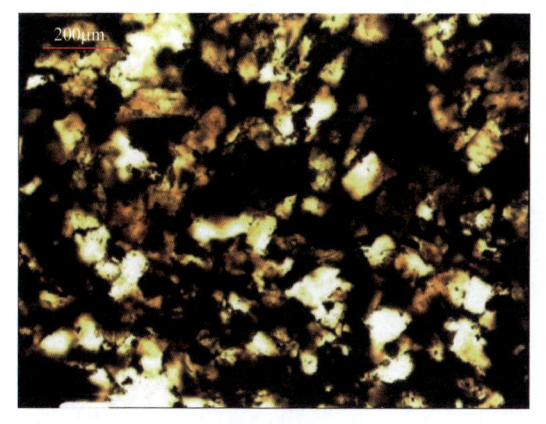

(a) 午100井，2008.3m，致密砂岩粒间、粒内孔隙中普遍饱含轻质油及油质沥青，呈黄褐色、深褐色，单偏光

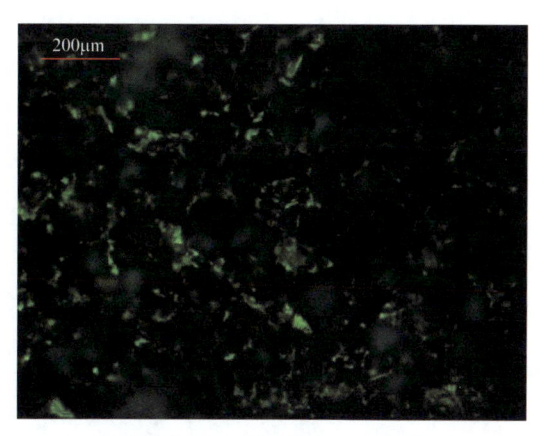

(b) 显示黄绿色、暗褐色荧光，UV激发下荧光

图 5-2-23 鄂尔多斯盆地长 7 段致密砂岩镜下照片

石油充注进入储层孔隙和喉道中，可经过一系列的地质作用而沉淀形成固体沥青，比如黏土矿物吸附造成的自然脱沥青质作用，因此石油可呈沉淀状固体沥青形式存在。背散射扫描电镜观察表明，残余固体沥青区别于较高衬度的矿物基质，呈现低衬度，能谱具有显著高碳组分，赋存于粒间孔隙、溶蚀孔隙及黏土矿物之间的孔隙之中［图 5-2-24（a）和图 5-2-24（b）］，或吸附在矿物表面［图 5-2-24（a）］，或呈运移状赋存于矿物破裂缝中［图 5-2-24（c）］。综合观察表明，致密砂岩中的残余油或者沥青普遍分布于微米级孔隙到纳米级孔隙（可达 50nm）中。现今致密砂岩储层孔喉系统中的固体沥青是地质历史时期石油充注储层的反映，因此致密砂岩储层纳米级孔喉可以赋存固体沥青，这表明石油可以进入纳米级孔喉系统中，并在合适条件下富集乃至成藏。

页岩油主要以游离态和吸附态存在于页岩中，游离态烃类可赋存于页理缝、构造缝以及异常压力缝中，残留在微裂缝中的液态烃主要为游离烃（邹才能等，2013a，2013b），赋存于孔隙较大的重结晶晶间孔、溶蚀孔中的游离态烃类可形成连续的烃类聚集，而较小的纳米级的粒间孔中的烃类由于黏土、石英、长石等矿物颗粒表面束缚水膜的存在，其内的液态烃主要为游离态，部分为吸附态（王文广等，2015），吸附烃则主要存在于有机质孔、黄铁矿晶间孔、絮凝晶间孔中，附着于有机—黏土复合物和金属—有机复合物上，因而残留烃量与有机碳含量、黏土矿物含量以及黄铁矿含量呈正相关关系（朱如凯等，2013；陈小慧，2017），应用分子动力学模型研究 Bakken 页岩纳米孔隙时发现其中 13% 的原位油为吸附烃，但吸附态页岩油在目前技术条件下难以开采，因而页岩油主要指游离态的原油（宋国奇等，2013）。

2）泥页岩中赋存状态

由于难以采用光学显微镜直接观察泥页岩中石油的赋存情况，因此采用对比页岩样品在抽提前后的孔隙变化情况，及其与有机质含量的关系间接分析泥页岩样品中石油的赋存情况。泥页岩中的抽提前后热解 S_2 的差值（ΔS_2）代表了吸附烃含量，抽提后的 S_2 基本上代表了泥页岩样品真实的 S_2 值，而抽提前的 S_2 中还包含有吸附于有机质中的吸附态烃类，根据抽提后 S_2 与抽提前 S_2 的散点图可以发现两者有很强的线性关系，R^2 等于 0.97 且数据点分布较集中，可见有机质吸附作用十分明显，吸附态烃量大约占抽提前热解 S_2 的 43.84%（图 5-2-25）。

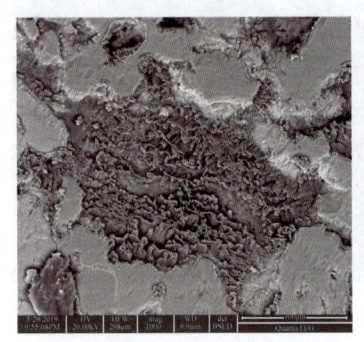

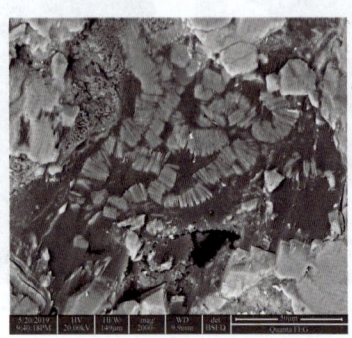

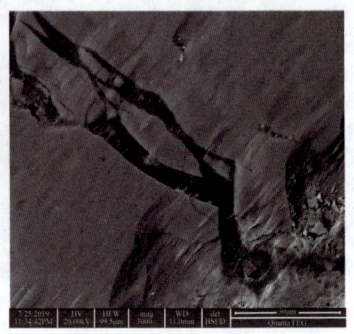

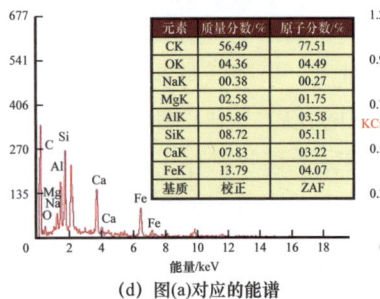

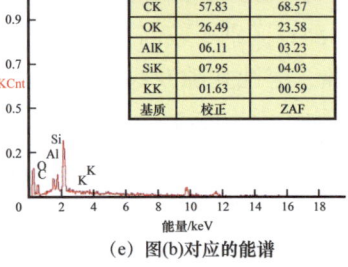

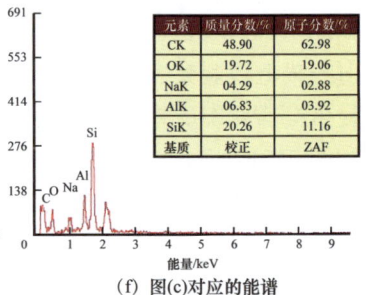

图 5-2-24 鄂尔多斯盆地长 7 段致密砂岩样品扫描电镜照片及能谱图

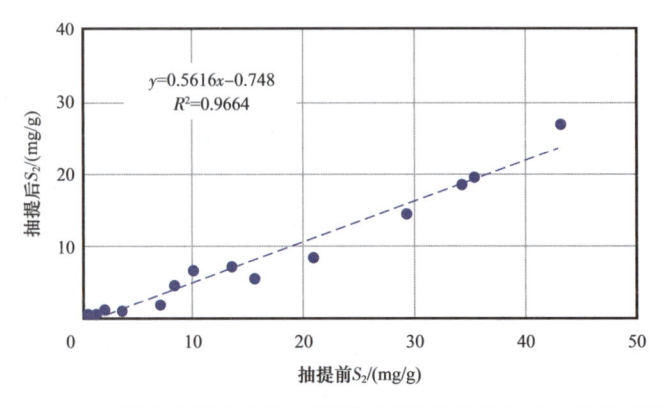

图 5-2-25 鄂尔多斯盆地长 7 段泥页岩样品抽提前后 S_2 的关系图

同时，吸附油量与热解的总含油量（$S_1+\Delta S_2$）的关系同样很明显，R^2 达到 0.99，热解的总含油量中吸附油量约占 86%，说明有机质吸附是页岩油主要的赋存方式（图 5-2-26）。

(a) 含油量与 ΔS_2 关系   (b) 原始 S_2 与 ΔS_2 关系

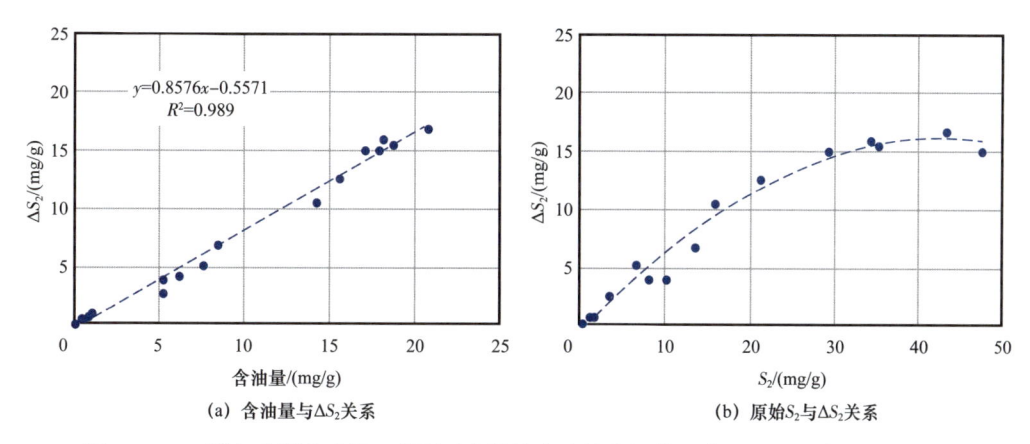

图 5-2-26 鄂尔多斯盆地长 7 段泥页岩样品含油量和原始 S_2 与 ΔS_2（吸附量）关系图

与此相反，将抽提后岩石的孔隙总体积与热解的含烃量进行对比发现（图 5-2-27），二者并没有显著的关系。这从另一个方面说明泥页岩中含油的多少与孔隙大小无关。即泥页岩中石油的赋存状态不是孔隙容留。

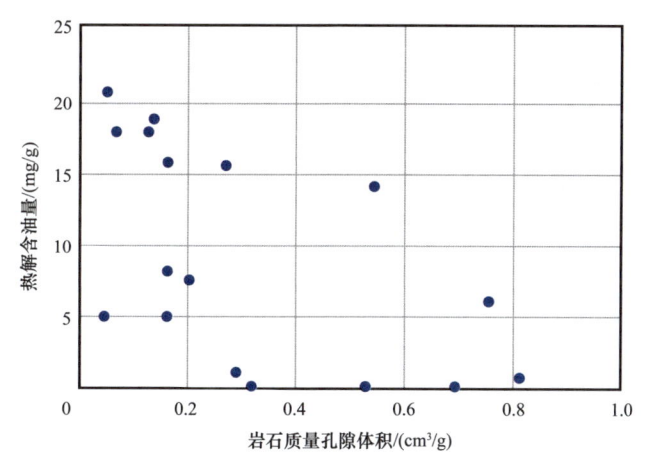

图 5-2-27 鄂尔多斯盆地长 7 段泥页岩样品岩石孔隙体积与总油含量的关系

5. 脆性特征

储层岩石脆性是指其在破裂前未察觉到的塑性变形的性质，亦即岩石在外力作用（如压裂）下容易破碎的性质。储层改造中，岩石脆性是考虑的重要因素之一。

1）岩石力学参数法

通过对陇东地区长 7 段砂岩储层开展岩石力学试验，获取了杨氏模量和泊松比等相关参数，开展了基于岩石力学分析的脆性指数计算。结果显示，长 7 段砂岩储层脆性指数总体在 48%~62% 之间（图 5-2-28 和图 5-2-29），平均值为 52.27%，显示储层脆性指数较高，具有良好的可压性。

泥页岩脆性较砂岩差。泥岩脆性指数在 32.7%~65.2% 之间，平均为 49.5%；页岩脆性指数在 38.1%~72.0% 之间，平均为 54.2%。

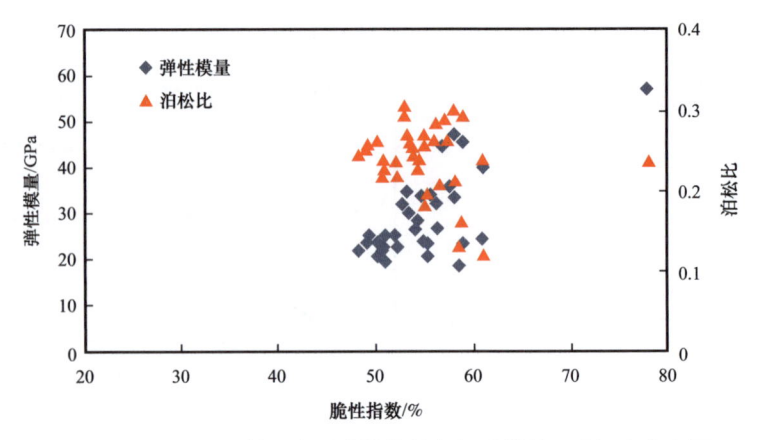

图 5-2-28　长 7 段储层岩石脆性指数与杨氏模量、泊松比分布图

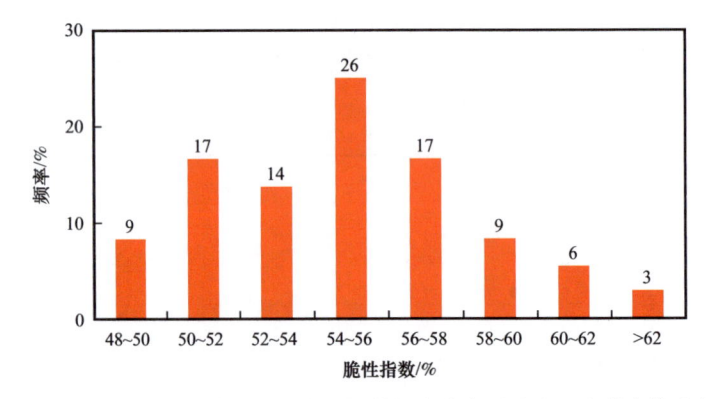

图 5-2-29　长 7 段储层岩石脆性指数频率分布图（岩石力学参数法）

2）岩石矿物分析法

国外学者分析不同矿物岩石力学性质差异后，认为矿物成分及其结构是影响岩石脆性的主要因素，从而建立了通过岩石矿物成分定量计算岩石脆性的方法。用矿物成分计算岩石脆性指数的方法简便实用，但由于不同学者对脆性矿物的认识差异，所建立的脆性计算模型各有不同。

通过对陇东地区长 7 段砂岩储层岩石矿物成分及岩石力学测试结果分析，建立适用于陇东地区长 7 段砂岩储层的岩石脆性指数公式：

$$脆性指数 = （石英 + 碳酸盐矿物）/ 矿物总量 \quad (5-2-1)$$

根据陇东地区长 7 段砂岩储层 1210 块岩石薄片样品分析资料结合 X 射线衍射全岩分析等分析化验数据，表明陇东地区长 7 段脆性矿物含量较高（图 5-2-30），应用式（5-2-1），计算砂岩脆性指数。其结果显示，长 7 段砂岩储层脆性指数在 40%～70% 之间，平均值为 53.12%（图 5-2-31）。说明庆城油田长 7 段储层岩石脆性好，易于工程压裂。

泥岩脆性指数范围为 18.0%～40.7%，平均为 32.9%；页岩脆性指数在 18.4%～55.5% 之间，平均为 37.1%。根据岩石矿物组成和力学特性对比，泥岩、页岩的脆性指数比砂岩低 5%～10%。

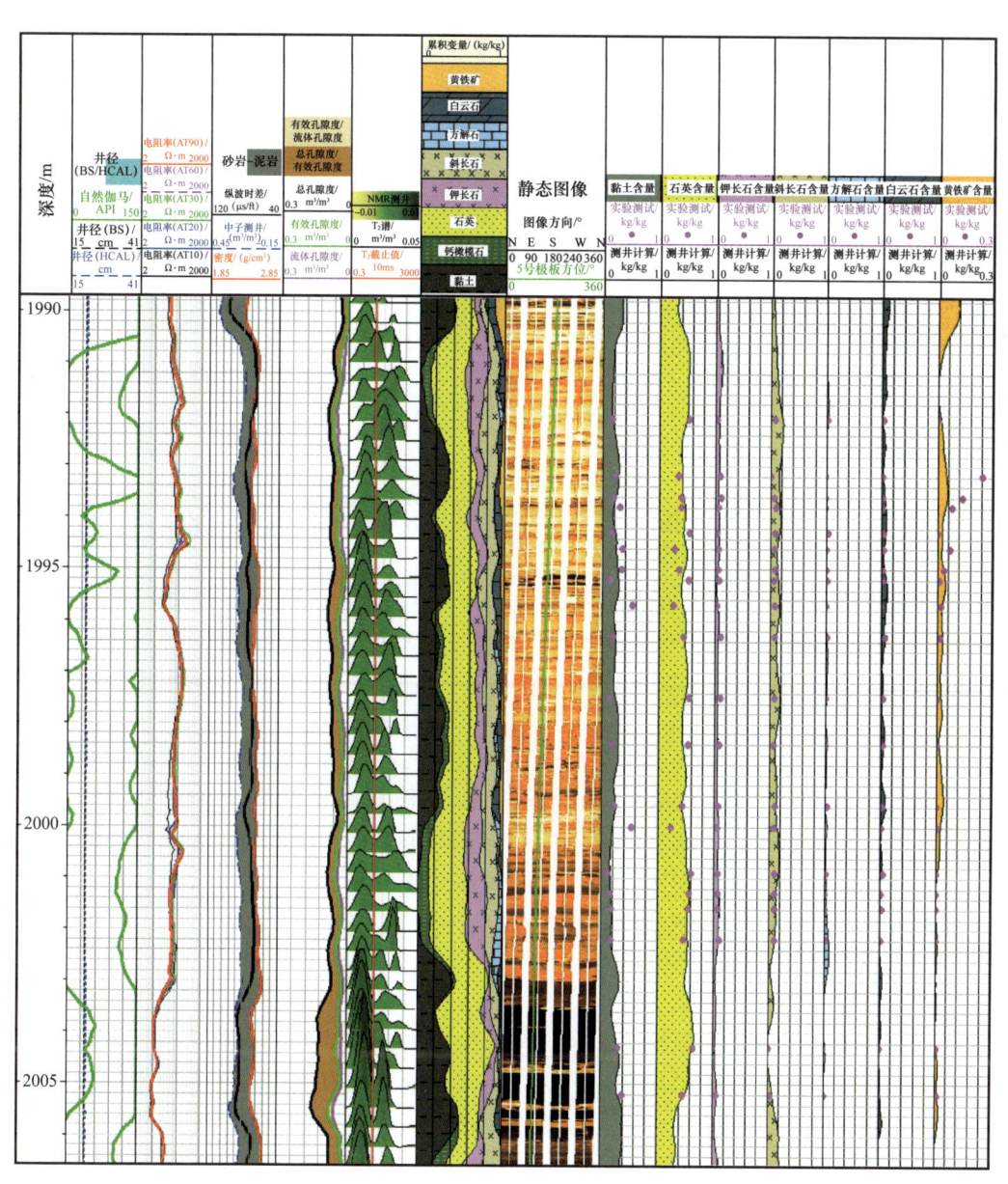

图 5-2-30　板 36 井长 7_3 亚段矿物含量柱状图

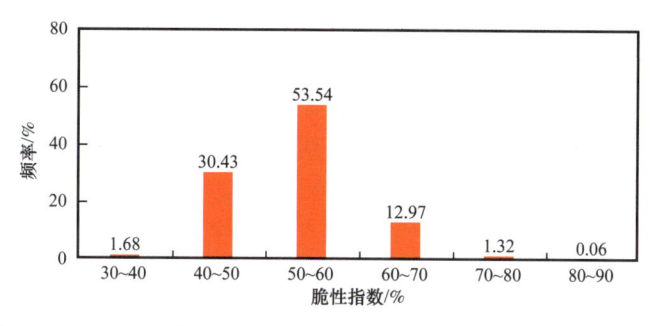

图 5-2-31　长 7 段储层岩石脆性指数频率分布图（岩石矿物分析法）

6. 地应力特征

地应力方位、大小及其各向异性是甜点评价的非常重要的参数。本次研究运用测井解释方法计算最大地应力、最小地应力，得到研究区两向应力差。长 7_1 亚段砂岩水平两向应力差通常在 6.2~8.8MPa 之间，平均值为 7.54MPa；长 7_2 亚段砂岩两向应力差通常在 6.1~9.1MPa 之间，平均值为 7.75MPa。

长 7 段砂岩储层两向应力差较小，平均为 7.64MPa，总体小于 10MPa，反映该套储层在体积压裂条件下更易形成复杂缝网，提高储层压裂效果。

另外，地应力测试表明，泥岩、页岩应力较砂岩高，砂泥页互层地应力纵向和横向的分布变化大，且最小水平地应力高出砂岩 4~8MPa。

第三节 相对高渗透储层形成主控因素

本节分析了细粒沉积岩石储层主要的成岩作用，阐述了相对高渗透储层形成主控因素，为储层评价提供了支撑。

一、主要成岩作用

压实作用、胶结作用和溶蚀作用是引起鄂尔多斯盆地长 7 段储层变化的 3 种成岩作用。一般认为，压实作用与碳酸盐、硅质等胶结作用对储层具有破坏性作用；溶蚀作用和环边绿泥石胶结作用对储层具有建设性作用。鄂尔多斯盆地长 7 段因其特定的沉积作用和成岩特征，建设性成岩作用对储层的改善作用程度小；相反，压实和胶结 2 种破坏性成岩作用对储层的破坏程度大是决定储层致密化的关键因素。

1. 压实作用

压实作用是储集砂岩孔隙减少、渗透率降低的主要因素。其主要受控于储集砂岩中长石和一些抗压实能力差的岩屑含量、绿泥石薄膜胶结及沉积物粒度等因素。庆城油田长 7 段岩性总体偏细，且塑性岩屑含量偏高，在成岩过程中，碎屑的定向排列，岩屑的压实变形现象非常普遍，并有压溶现象 [图 5-3-1（a）和图 5-3-1（b）]。

2. 胶结作用

胶结作用是自生矿物的沉淀堵塞粒间体积的过程。胶结作用总是导致粒间孔隙度降低，但有些情况下又为溶解作用提供物质基础。因此，胶结作用对碎屑岩储层也有建设性的一面。研究区胶结物类型多样，主要包括黏土矿物、碳酸盐胶结物，其次为硅质、长石质胶结物，除此之外还发育少量黄铁矿胶结物等。黏土胶结作用：主要包括绿泥石、伊利石的胶结作用，其中伊利石是长 7 段最为发育的黏土矿物，占到总填隙物含量的 60%，通常充填在粒间孔隙中，堵塞孔隙，降低储层的孔渗性能。

碳酸盐胶结作用：碳酸盐胶结物较为常见，是最为重要的胶结物之一。据铸体薄片、扫描电镜以及阴极发光薄片观察，碳酸盐胶结物主要包括铁白云石、铁方解石和方解石[图 5-3-1（c）和图 5-3-1（d）]。碳酸盐胶结较大程度地降低了储层的储渗性能。

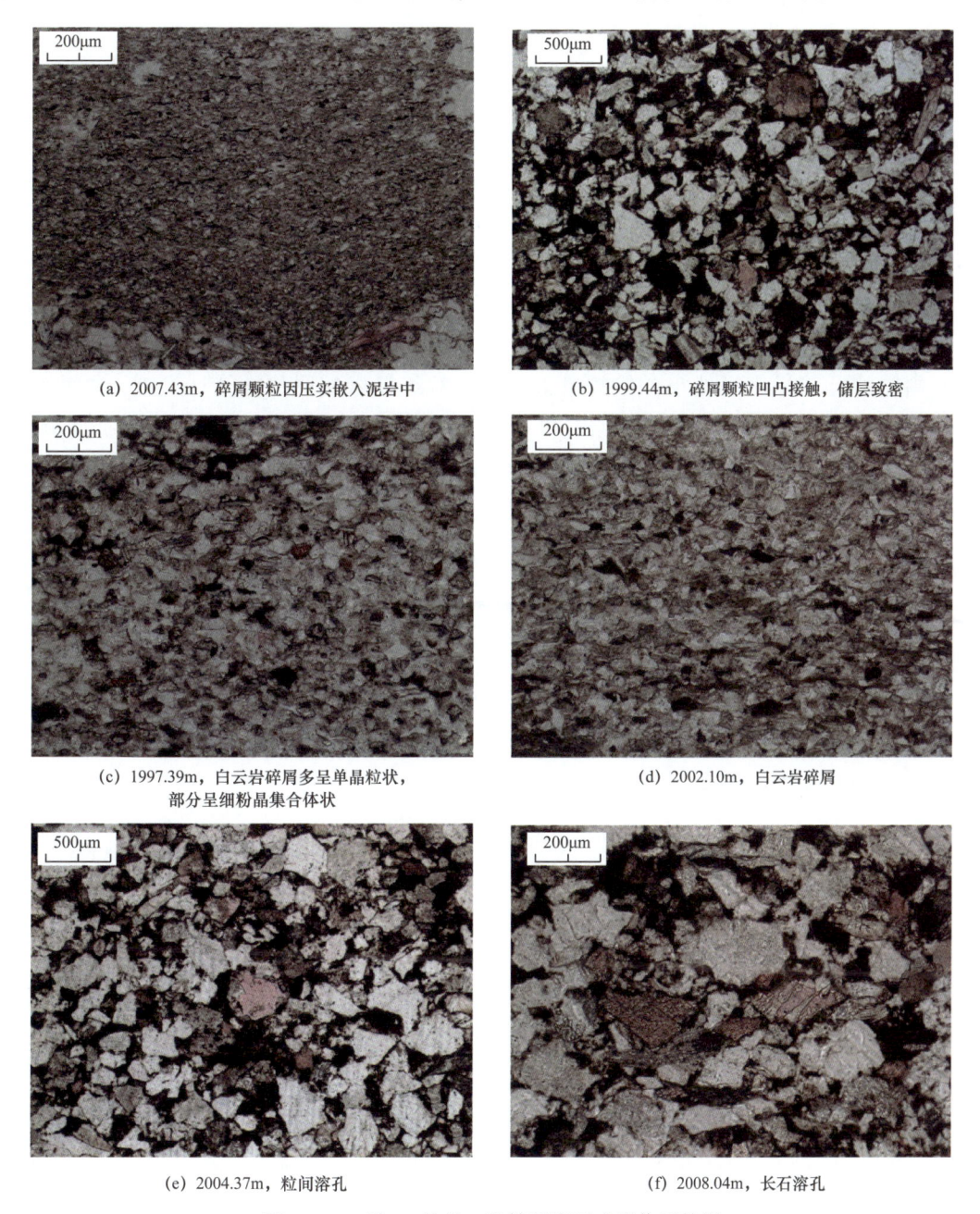

(a) 2007.43m，碎屑颗粒因压实嵌入泥岩中

(b) 1999.44m，碎屑颗粒凹凸接触，储层致密

(c) 1997.39m，白云岩碎屑多呈单晶粒状，部分呈细粉晶集合体状

(d) 2002.10m，白云岩碎屑

(e) 2004.37m，粒间溶孔

(f) 2008.04m，长石溶孔

图 5-3-1　城 96 井长 7 段储层岩石成岩作用特征

3. 溶蚀作用

溶蚀作用是砂岩中最重要的建设性成岩作用。长 7 段长石溶蚀普遍发育，占总面孔率的 55% 以上。溶蚀作用使原始孔隙度增加，最有效地改善储层的储集性能和孔喉连通

性。溶孔发育区喉道中值半径大，储层物性好［图 5-3-1（e）和图 5-3-1（f）］。

二、沉积成岩双重控制形成较好的储集性能

储层品质对于长 7 段页岩油依然是石油能否富集的重要条件，储集空间越大、孔隙度越高，致密储层中潜在的储存的油量越多。对细粒级砂岩样品采用场发射扫描电镜、微（纳）米 CT、微图像拼接（MAPS）等多方法、多手段的综合分析，研究发现，长 7 段细粒级砂岩储层发育多类型孔隙，但主要以残余粒间孔、溶蚀孔和黏土矿物晶间孔为主；孔隙尺度范围变化大，呈大孔（＞20μm）、中孔（10～20μm）、小孔（2～10μm）、微孔（0.5～2μm）、纳米孔（＜0.5μm）多尺度孔隙共存的特征。

通过采用孔隙体积评价不同尺度孔隙对储集空间贡献率的评价方法，发现了 2～8μm 的小孔隙是盆地长 7 段细粒级砂岩储层的主要储集空间。另外，研究发现长 7 段细粒级砂岩储层的孔隙尺度虽然小，但数量大。对细粒级砂岩储层物性统计发现，虽然细粒级砂岩储层渗透率极低，但其孔隙度较高，主要分布于 6.5%～12.0% 之间。据此分析，长 7 段细粒级砂岩正是因其发育多尺度的孔隙，并以小孔隙为主要储集空间的特征，形成了长 7 段细粒级砂岩虽低渗透，然而具有较好的储集性能。

第四节　裂缝发育特征及分布预测

本节表征了裂缝发育特征，描述了裂缝的产状、规模，分析了裂缝对油气运聚作用，预测了裂缝的分布。

一、裂缝发育特征

裂缝是储层重要的储集空间和运移通道。鄂尔多斯盆地延长组长 7 段储层裂缝较为发育，对"甜点"分布及油藏开发具有重要的影响。盆地延长组普遍发育构造裂缝，裂缝具有以下普遍特征：(1) 发育至少 2 期裂缝，裂缝走向以 NW 向和 NE 向为主，分别对应燕山期和喜马拉雅期应力场；(2) 宏观裂缝以剪裂缝为主，微观裂缝以张裂缝为主；(3) 垂直缝及高角度斜交缝是主要的有效裂缝；(4) 盆地特低渗透储层天然裂缝发育程度差异较大。

长 7 段天然裂缝发育，既发育宏观大、中尺度裂缝，同时微—小裂缝也普遍存在，野外露头剖面多见高角度裂缝，裂缝切穿砂岩、泥页岩岩层，在岩层层面共轭节理特征明显。根据野外剖面实测数据统计，长 7_1 亚段—长 7_2 亚段构造裂缝开度小于 1.5mm，约占所有构造裂缝的 79.4%；而裂缝开度超过 1.5mm 的仅占 20.6%，构造裂缝开度较小。根据矿物充填度的差异，构造裂缝一般可分为未充填裂缝、半充填裂缝和充填裂缝 3 种类型。通过裂缝充填分析，长 7_1 亚段—长 7_2 亚段未充填的构造裂缝为 73.2%，半充填、充填构造裂缝分别为 5.8%、21.0%，构造裂缝有效性很好。充填物以方解石为主，约为 97.5%，其他为泥质、碳质充填。由未充填至充填，裂缝有效性由好变差。庆城油田长 7 段

岩心裂缝充填得比较少，有效性很高，为油气的初次运移提供了重要保证（图5-4-1）。

基于成像测井解释，长7段裂缝发育，且呈多方向性，裂缝走向以南西西向和北东东向为主，可见少量东西向裂缝，体积压裂可形成复杂缝网（图5-4-2）。

（a）铜川剖面黑色页岩中裂缝特征　　　　　　（b）白522井长7段黑色页岩多条垂直裂缝

图5-4-1　庆城油田延长组长7段砂岩中未充填宏观裂缝照片及薄片下微裂缝特征

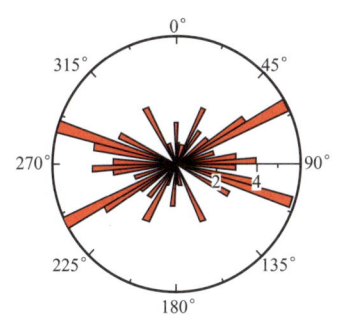

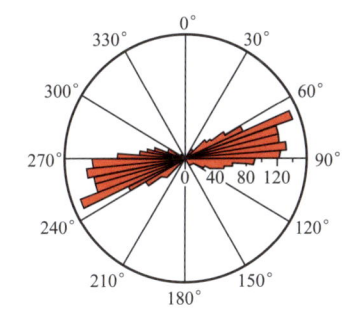

（a）新安边地区（21口井）裂缝方位图　　（b）华庆地区（10口井）裂缝方位图　　（c）西峰—合水（13口井）裂缝方位图

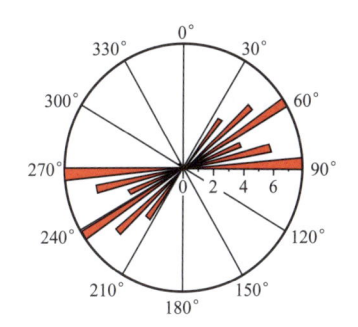

图5-4-2　盆地不同地区长7段构造裂缝玫瑰花图

城页1井长7_3亚段水平段成像测井显示，裂缝走向为北东东—南西西向，倾向为北北西、南南东向，高导缝倾角主要为74°～90°（图5-4-3）。砂岩、泥页岩裂缝均较发育，高角度裂缝主要分布在黏土含量较低、石英含量较高的层段，砂岩段裂缝数量较泥页岩多。由于长7段源内油藏储层天然裂缝发育，且两向应力差适中，通过人工大规模体积压裂，可形成复杂缝网体系，源内油藏储层可得到有效改造。

二、裂缝分布预测

破裂值代表裂缝发育的可能性，应变能值代表裂缝发育能力的大小。单独使用岩石综合破裂值评价指标Fy不能决定岩石破裂之后裂缝的发育程度，同样，只考虑能量值也不能准确地判定裂缝的发育程度。针对上述问题，综合考虑岩石综合破裂值评价指标Fy和岩石应变能值，即组成"二元"，并与已知井岩心的有效构造裂缝面密度组成数据对，利用Matlab软件进行拟合，建立破裂值、应变比能与有效裂缝密度的关联关系式：

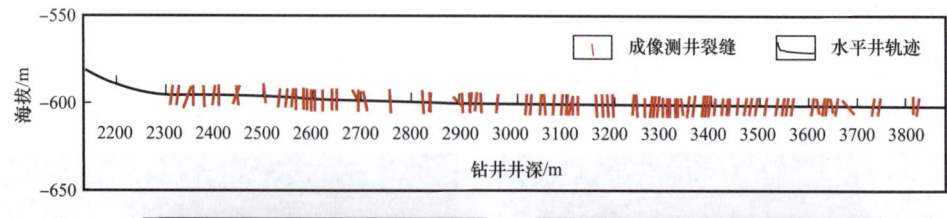

图 5-4-3　城页 1 井长 7₃ 亚段裂缝分布

$$Df = aFx^2 + bFy^2 + cFx + dFy + e \quad (5-4-1)$$

式中　Df——构造裂缝密度；

　　　Fx——岩石形变能量值；

　　　Fy——岩石综合破裂值；

　　　a，b，c，d，e——系数。

通过岩心实测裂缝密度的拟合，建立了鄂尔多斯盆地致密油储层不同构造期的裂缝预测模型。

第五节　储层综合评价

在上述四节分析的基础上，综合定性、定量评价参数分析，初步建立了长 7 段页岩油砂岩储层评价方法。

一、定性评价因素

1. 沉积作用和沉积组构

沉积作用对储层起到先天性的控制作用。沉积作用控制着控制砂体的形态、规模、空间分布及储层非均质性，微观上决定着岩石碎屑颗粒大小、填隙物的含量及岩石组构等特征，从而控制了岩石的原始孔渗性。

储层的原始孔渗性取决于沉积组构，根据不同沉积相砂岩的粒度统计，认为不同的沉积相类型其沉积组构有着较大的区别。辫状河三角洲前缘水下分流河道砂岩，粒度粗、分选好、原始物性高；砂质碎屑流沉积的砂岩，杂基多、粒度细、分选差、原始渗透率较低。

2. 构造作用

构造作用从宏观上控制着沉积环境和成岩过程，从微观上主要表现在使岩石破裂而形成裂缝。其对成岩作用的影响主要表现为3个方面：埋藏史的影响、构造应力的影响、断层和裂缝的影响。

长7段沉积之后，经历过多期的构造抬升，上覆地层也经历过差异剥蚀，现今埋深比最大埋深要浅，其储层经历了快速深埋的过程；长7段处在早期快速深埋环境，最大埋藏深度普遍超过2500m，导致砂岩普遍发生强压实，而后期为缓慢抬升的成岩环境。从平面上看，西北部地区的最大埋深比较大，对应的压实作用也比较强。

由于长7段沉积之后，未受到大规模高强度的构造变形影响，因此，构造应力和断层对本区储层影响较小。

3. 成岩作用

长7段砂岩的成岩作用对物性的影响主要表现为3个方面：压实作用是储层物性变差的最主要因素，直接降低孔隙度和渗透率；水云母胶结和晚期碳酸盐胶结显著降低储层物性；溶蚀作用普遍，有效地改善储层物性。

二、定量评价表征参数

常规储层孔渗之间具有明显的正相关性，而对于致密储层而言，通过孔隙度与渗透率的关系分析，证明致密储层的孔渗之间也存在较好的相关性。因此，分选系数、变异系数、均值系数、粒度中值、中值孔喉半径、最大进汞饱和度、退汞效率和排驱压力等常规参数也可作为评价致密储层的参数。

1. 孔隙度（ϕ）

孔隙度是地质储量计算及储层评价中不可或缺的参数，储层孔隙度越大，油田的储量丰度和单储系数就越大，对于非常规储层而言同样适用。

2. 渗透率（K）

渗透率直接反应储层渗流能力大小，也是影响气井产能的重要参数，且油井控制半径与储层有效渗透率有关。因而，无论从储层流动性，还是从单井控制储量来看，储层渗透率是储层评价的一个基本参数。

3. 分选系数（Sp）

分选系数是样品中孔隙喉道大小标准偏差的量度，它直接反应孔隙喉道分布的集中程度，在总孔隙中，具有某一等级的孔隙喉道占绝对优势时，表明其孔隙分选程度好。通过对研究区长7段的330块样品压汞实验数据的分析，认为分选系数与孔隙度、渗透率呈正相关的关系，可作为储层定量评价的指标。

4. 平均孔喉半径（D）

孔隙喉道半径是以能够通过孔隙喉道的最大球体半径来衡量的。孔喉半径的大小受孔隙结构影响极大。若孔喉半径大、孔隙空间的连通性好，液体在孔隙系统中的渗流能力就强。平均孔喉半径是岩石样品中所有孔隙喉道半径的平均值。通过对研究区长7段的65块样品压汞实验数据分析，认为平均孔喉半径与孔隙度、渗透率呈正相关的关系，可作为储层定量评价的指标。

5. 粒度中值（M）

M值是粒度分析资料累积曲线上颗粒含量50%处对应的粒径，代表了水动力的平均能量。通过对研究区长7段的260块样品图像粒度实验数据分析，认为M值与孔隙度、渗透率呈正相关的关系，可作为储层定量评价的指标。

6. 中值孔喉半径（Rc_{50}）

中值孔喉半径是指含水饱和度50%时所对应的孔隙喉道半径值，在正态分布中为频率曲线的对称点。通过对研究区长7段的313块样品压汞实验数据分析，认为中值孔喉半径与孔隙度、渗透率呈正相关的关系，可作为储层定量评价的指标。

7. 最大进汞饱和度（S_{max}）

最大进汞饱和度为压汞法毛细管压力曲线中的最大汞饱和度。通过对研究区长7_2亚段的337块样品压汞实验数据的分析，认为最大进汞饱和度与孔隙度、渗透率呈正相关的关系，可作为储层定量评价的指标。

8. 退汞效率（W_e）

退汞效率为测定压力由最大值降低到最小值时，从岩样中退出汞的总体积与在同一压力范围内压入岩样的汞总体积的比值。退汞效率反映孔隙喉道分布的均匀程度，反映孔隙结构非均质性对采收率的影响；退汞效率越大，则岩心中孔隙与喉道的尺寸大小越均匀。通过对研究区长7_2亚段的337块样品压汞实验数据分析，认为退汞效率与孔隙度、渗透率呈正相关的关系，可作为储层定量评价的指标。

三、储层综合评价标准

通过沉积特征、物性特征、孔隙特征和渗流特征等相关参数及其之间的相关性分析，利用聚类分析方法，对盆地长7段页岩油储层评价参数进行了标定，初步建立了盆地长7段砂岩储层的综合评价标准，总体上划分为3大类、4小类储层（表5-5-1），其中Ⅰ类、Ⅱ₁类为有利储层区，Ⅱ₂类是次有利储层区，Ⅲ类为潜力区。

表 5-5-1　鄂尔多斯盆地长 7 段页岩油储层综合评价标准

分类参数		I	II₁	II₂	III
沉积特征	沉积类型	水下分流河道砂质碎屑流	厚砂、薄泥互层型	砂质碎屑流+浊积岩	砂质碎屑流、水下分流河道、浊积岩
	砂体结构	多期叠置厚层型	厚砂、薄泥互层型	厚砂与薄砂、泥互层型	单期沉积型，薄砂、泥互层型
	砂体厚度 /m	>15	10~15		4~10
物性特征	ϕ/%	>12	10~12	8~11	6~9
	K/mD	>0.12	0.08~0.12	0.05~0.09	0.03~0.07
非均质性		弱		中等	强
填隙物含量 /%		<13	11~15	14~16	>15
孔隙类型	面孔率 /%	>2.5	0.5~2.5		<0.5
	平均孔径 /μm	>10	2~20		<2
	孔隙组合类型	中孔	小孔—中孔		纳米孔—微孔
孔隙结构	平均孔喉半径 /nm	>200	100~200		45~100
	中值半径 /nm	>150	60~150		<60
	可流动饱和度 /%	>50	30~50		25~40
裂缝密度 /（条/m）		>0.10	0.05~0.10		<0.05
脆性特征（定性）		高脆性			低脆性
储层评价		好	较好	一般	差
实例		安 83 井、庄 230 井、西 233 井	庄 31 井、庄 183 井	宁 33 井	城 80 井

第六章 源储共生成藏机理及富集规律

鄂尔多斯盆地页岩油具有诸多有利的成藏条件。最大湖侵期广泛发育的深湖暗色泥岩和黑色页岩提供了充足的油源；重力流和三角洲沉积砂体复合叠加形成了"满盆砂"的有利储集条件；富含有机质泥页岩与砂岩互层共生，形成了近源成藏的有利配置关系；成藏期生烃增压为页岩油形成提供了运移动力。本章重点从页岩油特征、页岩油充注动力、成藏机理和成藏主控因素以及成藏模式等方面详细阐述鄂尔多斯盆地页岩油成藏特征和富集规律。

第一节 页岩油藏基本特征

鄂尔多斯盆地延长组页岩油主要发育于半深湖—深湖相区，湖盆西北部的姬塬地区油层主要分布在长 7_2 亚段，湖盆西南部陇东地区油层在长 7_1 亚段和长 7_2 亚段均较发育，页岩油具有油层厚度大、分布范围广、烃源岩条件优越、砂岩储层致密、孔喉结构复杂、含油饱和度高、原油性质好、天然裂缝发育、油藏压力系数低的特点。

相较于美国的海相页岩油，中国陆相湖盆页岩油岩石类型、矿物组成复杂，形成了极具特色、类型多样的储层"甜点"。从含油页岩层系的烃源岩、储层以及源储组合特征的角度，可划分为夹层型页岩油、混积型页岩油和页岩型页岩油 3 类。

前文所述也已说明鄂尔多斯盆地长 7 段页岩油主要发育夹层型页岩油和页岩型页岩油。夹层型页岩油又分为重力流型页岩油和三角洲前缘型页岩油，重力流型页岩油主要发育半深湖—深湖泥页岩夹薄层砂岩，砂地比一般介于 20%～30% 之间，单砂体厚度小于 5m，以庆城油田为代表区块，该类型页岩油的砂岩储层具有高石英（30%～45%）、低长石（小于 25%）含量的特征；主要发育溶蚀孔、粒间孔，孔隙半径为 2～8μm，喉道为 20～150nm，孔隙度为 8%～11%；渗透率为 0.05～0.3mD；含油饱和度 70% 左右；原始气油比为 70～120m³/t（生产气油比为 300m³/t）；三角洲前缘型页岩油主要发育三角洲前缘泥岩夹厚层砂岩，砂地比一般小于 30%，单砂体厚度为 5～10m，以新安边油田和志靖—安塞地区为代表区块，该类型页岩油的砂岩储层具有高长石（40%～45%）、低石英（25%～30%）含量的特征；发育溶蚀孔、粒间孔等，孔隙度为 8%；渗透率为 0.12mD。纹层型页岩油主要发育半深湖—深湖厚层泥页岩夹薄层砂岩，砂地比一般为 5%～20%，单砂体厚度为 2～4m，以湖盆中部城页井组为代表区块，纹层型页岩油中薄层粉细砂岩的碎屑颗粒粒度一般小于 0.0625mm，主要为粉砂岩；具高长石、低石英的特征；发育粒间孔、晶间孔等，孔隙半径为 1～5μm，孔隙度为 6%～8%，渗透率为 0.01～0.1mD；页理型页岩油主要发育半深湖—深湖黑色页岩，砂地比一般小于 5%，单砂体厚度小于2m，以做原位转化试验的正75井区和张22井区为代表区块，页理型页岩油储层主要发育深湖相黑色页岩，有机质纹层发育；脆性矿物含量高（约45%），以长英质为主，有利于压裂；页岩水平渗透率为0.09～0.6mD，平均为0.28mD；滞留油总量约18kg/t$_{Rock}$。

此外，长7段天然裂缝发育，既发育宏观大、中尺度裂缝，同时微—小裂缝也普遍存在，野外露头剖面多见高角度裂缝，裂缝切穿砂岩、泥页岩岩层，在岩层层面共轭节理特征明显。钻井岩心裂缝也发育，砂岩、泥页岩中均有分布，以高导缝为主，部分裂缝充填或半充填。生产实践发现，储层中天然裂缝的存在是长7段页岩油"甜点"富集的重要因素，天然裂缝发育有利于通过体积压裂形成复杂的缝网体系，实现页岩油工业规模开发。

第二节　页岩油成藏富集机理

基于鄂尔多斯盆地延长组长7段页岩油源储组合类型可知，页岩油成藏具备得天独厚的优势，烃源岩质量好、生排烃作用强弥补了页岩油致密储层储集空间有限的不足，烃源岩的强生排烃作用在提供丰富油气来源的同时，也提供了强大的成藏动力。源储共生条件下，烃类在生烃增压的动力下，不受水动力效应的影响，就近持续充注，形成了无明显圈闭和油水界面的大面积广泛分布的页岩油。

一、生烃增压作用强大

第四章研究结果表明鄂尔多斯盆地长7段优质烃源岩生排烃作用强大，能够产生丰富的优质流体，为盆地中生界含油气系统奠定重要物质基础。利用这些热模拟数据可进行生烃体积膨胀力的理论计算。有2个假设条件：（1）假设烃源岩生排烃过程处于封闭体系中，来计算其体积膨胀幅度；（2）不计干酪根热降解过程中体积收缩产生的空间，得到最大体积膨胀率。体积膨胀率为1m³油源岩累计生成的原油体积百分比，在计算过程中，取干酪根密度为1.2g/cm³，岩石密度为2.5g/cm³，地层状态下的原油密度为0.75g/cm³，且有机质含量为有机碳含量（TOC）的1.22～1.33倍（平均1.27），干酪根含量则为有机质含量的80%～90%（平均85%）。由此，建立计算体积膨胀率的计算公式为：

$$体积膨胀率 = \frac{1.27 \times 85\% \times \rho_{岩石} \times 产油率}{\rho_{油}} \times 100\% \qquad (6-2-1)$$

另外，在模拟实验的基础上，建立了热解产油率与镜质组反射率R_o（$R_o<1.1\%$）之间的关系，两者关系如下：

$$y = 1510R_o^4 + 6403R_o^3 - 10353R_o^2 + 7803R_o - 2061 \qquad (6-2-2)$$

式中　y——产油率，kg/t$_{TOC}$；

R_o——镜质组反射率，%。

通过式（6-2-1）和式（6-2-2），可以计算出不同热演化程度下，生烃作用产生的体积膨胀率。结果显示，随着烃源岩有机质丰度（TOC）的增高，有机质热演化程度（R_o）的增强，有机质生烃作用所引起的体积膨胀率就越大。当长7段优质烃源岩有机质丰度为10%时，R_o为0.8%~1.0%时，生烃作用引起的体积膨胀率为11%~15%。可见，长7段优质烃源岩在达到成熟阶段以后，其生烃作用所产生的体积膨胀幅度十分可观（图6-2-1）。

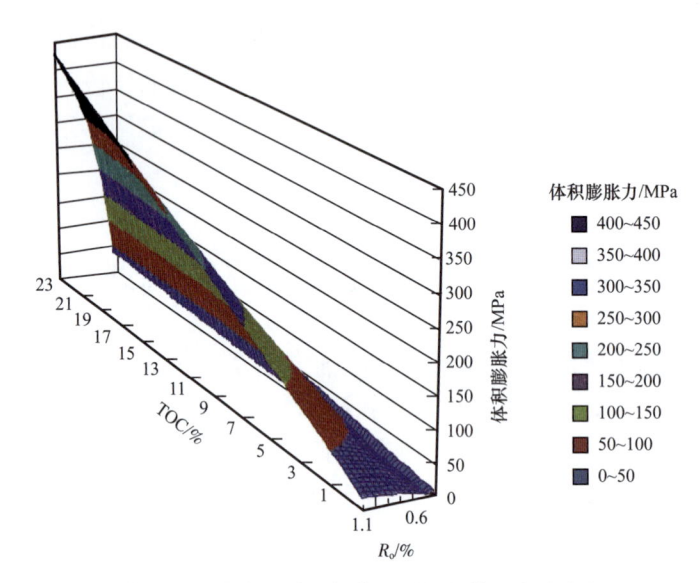

图6-2-1　长7段优质烃源岩有机质生烃作用引起的体积膨胀力与TOC、R_o关系图

与生烃作用产生的体积膨胀率相对应，随着烃源岩有机质丰度（TOC）的增高，热演化程度（R_o）的增大，有机质生烃作用所产生的体积膨胀力就越大。当长7段烃源岩有机质丰度为10%，R_o值为0.8%~1.0%时，生烃作用所引起的体积膨胀力高达119~156MPa。虽然该计算方法比较粗略，把整个生烃过程看作是封闭系统且不计干酪根热降解过程中体积收缩产生的空间，但足以说明优质烃源岩的生烃作用可以产生强大的体积膨胀力，完全可以作为石油排烃的动力，并且对于页岩油的充注成藏乃至整个中生界含油气系统的油气聚集有着重要影响。

二、源内共生，持续充注成藏

由于常规油藏储层孔渗性较好，易形成连续油柱，产生上浮力，故常规储层中石油存在明显的上浮过程，石油往往聚集于运载层的顶面，且石油可沿储层顶面进行侧向运移，导致常规石油聚集出现源—灶分离的现象。而盆地中生界低孔低渗透储层的油气成藏主要包括2个过程：（1）石油在烃源岩内剩余压力的驱动下被排驱至运载层中，由于喉道狭窄，进入运载层中的石油很难聚集形成连续油柱，因此所受浮力作用有限，浮力无法克服毛细管阻力将石油运移至运载层顶部，石油只能聚集于运载层底部；（2）后期进入运载层的石油将以"取代"的形式将先期聚集于运载层底部的石油向上驱替，形成"活塞式"整体的向上推进，在经过多次类似的过程之后，石油运移至运载层顶部。

与常规储层、低渗透油气藏均不同，页岩油储层位于长7段烃源岩层内，油气滞留、直接充注成藏或经历短距离运移形成不同类型的页岩油。结合热模拟实验结果，加入地质条件，通过盆地模拟可知，在距今100Ma左右的早白垩世末期，延长组长7段烃源岩的生油速率最大，达到最大生烃期，对应于陇东地区延长组最大埋藏时期（图6-2-2和图6-2-3）。据此，推断陇东地区延长组油藏形成的最早时间为晚侏罗世末期，油藏聚集成藏的主要时期为早白垩世末期。整个过程表现为优质流体高强度持续充注成藏的鲜明特征。

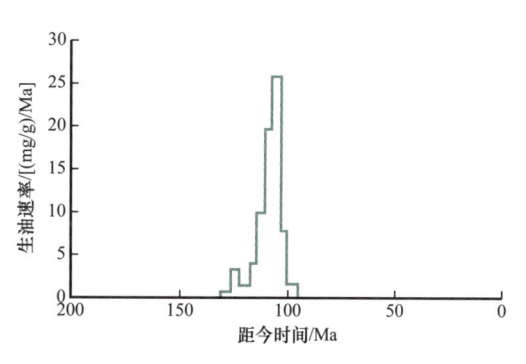

图6-2-2 长7段优质烃源岩底部生烃速度图

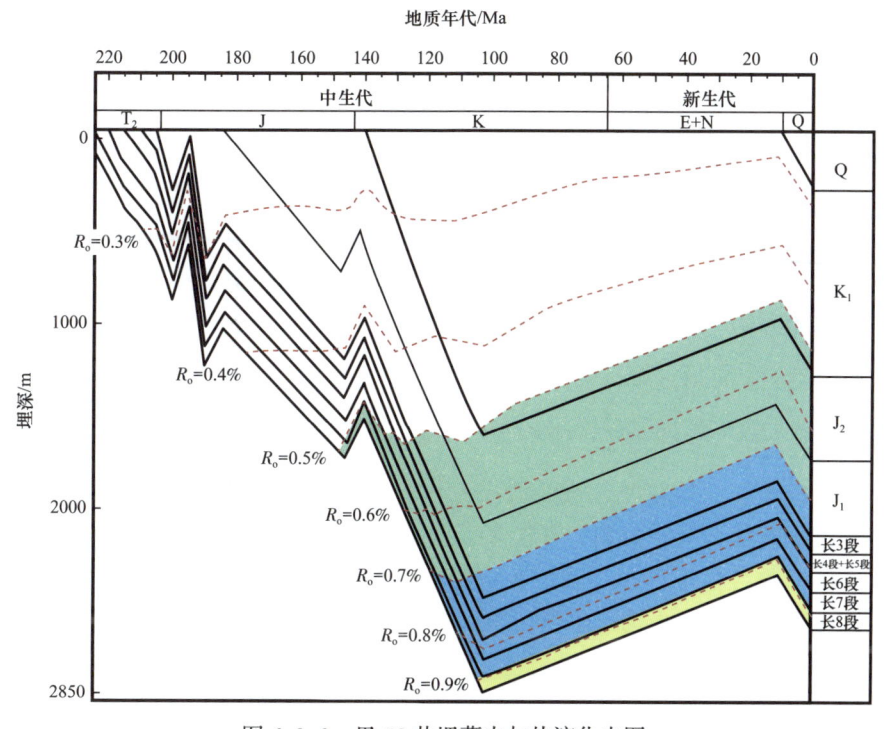

图6-2-3 里55井埋藏史与热演化史图

中晚侏罗世—早白垩世早期，烃源岩处于成熟阶段的早期，其镜质组反射率为0.6%左右，此时烃源岩的生排烃量较少。该时期，北西—南东向裂缝已形成，但是裂缝密度较小。该时期砂岩储层物性较好，尚未低孔低渗透，储层孔隙度为17%左右，毛细管阻力较小。早期生成的成熟度较低的石油可充注进入烃源岩内及其附近的砂体，为后期大规模石油充注减小阻力。需要注意的是现今所开采出的石油中并不存在此类成熟度较低的原油，说明由于该时期烃源岩排出的烃类较少，石油仅仅发生了小规模的充注，并未聚集成藏。

早白垩世末期，延长组各层处于最大埋深期，且由于构造热事件的发生，使烃源岩进入生排烃高峰期，其镜质组反射率达到0.8%~1.0%。由于页岩油储层经历了快速埋藏过程，且粒度较细，压实作用使得储层孔隙大量损失，同时胶结作用发育，造成储层低孔低渗透，毛细管阻力较大。不过由于陇东地区延长组烃源岩有机质丰富，尤其是长7段油页岩有机质丰度可高达20%以上，生烃膨胀可产生较强的动力，从而克服储层毛细管阻力，驱动石油聚集成藏。该时期构造平缓，储层低渗透，长7段页岩油储层成藏条件优越，可经过长时间持续充注形成高饱和度油藏，同时伴随着油气的大量生成及云霁，部分油气可沿裂缝—砂体垂向、侧向运移至陕北长7段、上至长6段—延安组，下至长8段—长10段等层位中，形成现今油气极为富集的中生界含油系统。

第三节 "甜点"评价主控因素

从页岩油的富集机理与过程可以看出，页岩油的形成与烃源岩的分布、持续充注动力的大小、有效储集体的分布关系紧密。在半深湖—深湖区有效烃源岩控制范围内，盆地东北部三角洲前缘牵引流成因、湖盆中部和南部重力流成因广泛分布的厚层有效储集体与油页岩、黑色泥岩互层共生，大量烃类在生烃增压的驱动下，源源不断地沿裂缝和叠置砂体运移，在微—纳米级孔隙中聚集成藏，形成连续型分布的大规模致密油。因此，页岩油"甜点"富集主要受优质烃源岩、储层物性和裂缝控制，优质烃源岩生排烃强度控制了"甜点"区的平面分布与纵向富集段，烃源岩成熟度控制了烃类属性与流动性质；储层物性受沉积和成岩双重控制，物性相对较好的储层控制了"甜点"的资源规模及产能；此外，裂缝的发育极大地提高了储层的渗流能力。

一、优质烃源岩展布控制页岩油成藏规模

随着油气成藏理论的发展，石油地质工作者普遍认识到盆地中优质烃源岩的发育对油气藏的富集程度具有重要影响。鄂尔多斯盆地是一个长期继承性发育的大型叠合盆地，为克拉通—前陆叠合盆地，中—晚三叠世鄂尔多斯盆地为一个富烃坳陷。此时，气候温暖潮湿，长8段沉积末期受构造事件影响，湖盆迅速沉降，导致长7段沉积期水深加大，湖盆迅速扩张，浅湖、深湖区面积超过了$10 \times 10^4 km^2$。沉积了一套有机质丰富的暗色泥岩、黑色页岩，夹多个凝灰岩或凝灰质泥岩薄层（杨华等，2007；邓秀芹等，2008）。其有机质丰度、生排烃能力及规模明显优于其他岩性和层段的生烃岩，该套烃源岩在单位地质时间内生成的石油量多，可形成明显的生烃膨胀力，为石油的充注与运移提供强大的动力。

1. 优质烃源岩厚度

优质烃源岩具有高电阻率、高自然伽马、高声波时差、低电位的测井响应特征，为鄂尔多斯盆地中生界油藏的主力烃源岩（杨华等，2013）。长7段页岩主要发育在深湖—半深湖相，均呈北西—南东相以姬源—马岭—正宁为中心带展布，优质烃源岩展布范围为$5 \times 10^4 km^2$（图6-3-1），黑色页岩平均厚度为16m，最厚可达60m，黑色泥岩平均厚

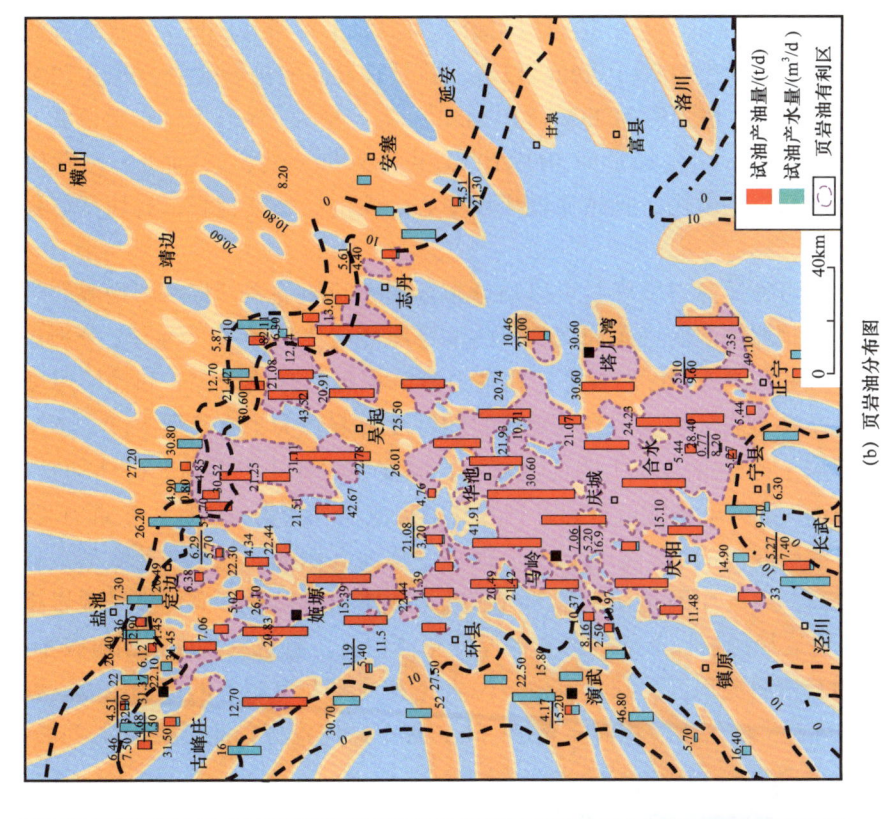

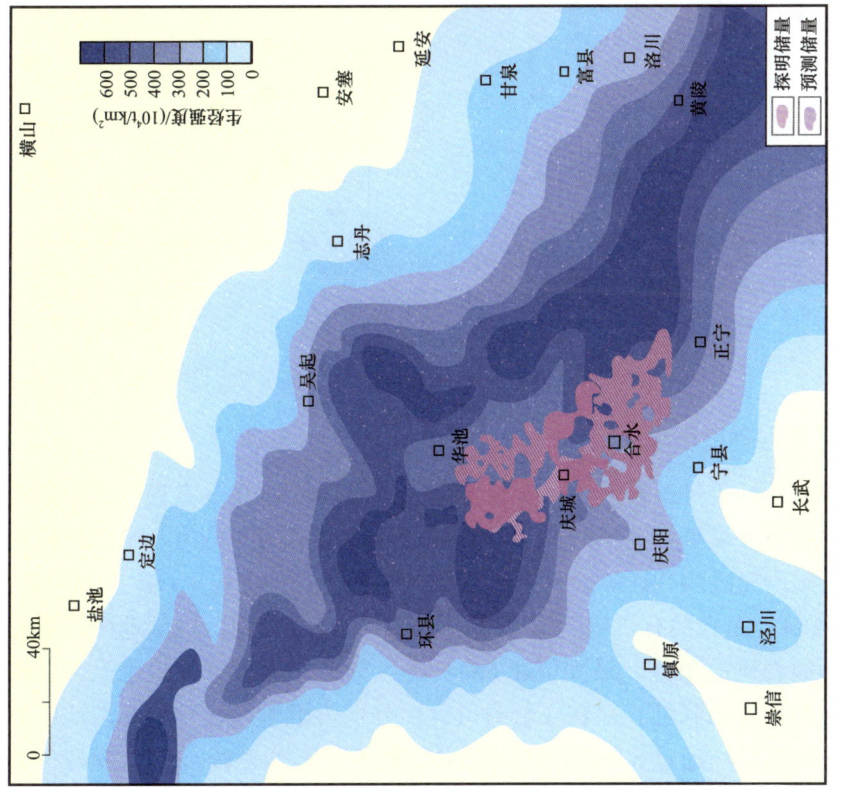

图 6-3-1 鄂尔多斯盆地延长组长 7 段油层组生烃强度和页岩油的分布

(a) 生烃强度图　(b) 页岩油分布图

度为17m，最厚可达124m。生烃热模拟实验表明，鄂尔多斯盆地长7段优质烃源岩生烃能力强，平均生烃强度达 $500×10^4t/km^2$ 以上，并具有较高的排烃效率，可达70%~80%。其中，黑色页岩平均生烃强度为 $235.4×10^4t/km^2$，生烃量为 $1500×10^8t$；暗色泥岩平均生烃强度为 $44.8×10^4t/km^2$，生烃量为 $500×10^8t$，共计 $2000×10^8t$。平面上，已发现油藏主要分布于优质烃源岩范围内，且越靠近生烃中心，即生烃强度越高，石油富集程度越高（图6-3-1）。

为了进一步明确烃源岩厚度与页岩油分布范围之间的关系，将南部物源的陇东地区重力流沉积区和北部物源的三角洲沉积区的油层厚度与优质烃源岩的厚度分别作交会图（图6-3-2）。从图6-3-2中可以看出，在重力流沉积区，有效烃源岩和油层厚度的相关性不高，认为在重力流沉积区，有效烃源岩的厚度普遍较大，有机质丰度、类型和成熟度均较好，都属于好烃源岩。无论有效烃源岩厚度或大或小的部位，砂体均较为发育。只要有砂岩分布，油气就可能就近运移进入其中形成油气聚集，因此，在重力流沉积区，有效烃源岩对油层厚度的影响相对较小。而在三角洲沉积区即三角洲前缘型页岩油，两者的相关性较高。主要原因是在三角洲沉积区，砂体相对发育，而优质烃源岩相对不发育，缺乏黑色页岩烃源岩，有效烃源岩的厚度整体偏低，有机质丰度也相对较小，因此，在北部物源的三角洲沉积区，缺乏有效烃源岩是其油藏发育较差的主要原因。有效烃源岩厚度较大的部位，油气供应相对要充足一下，加上砂体发育，油层就相对发育。

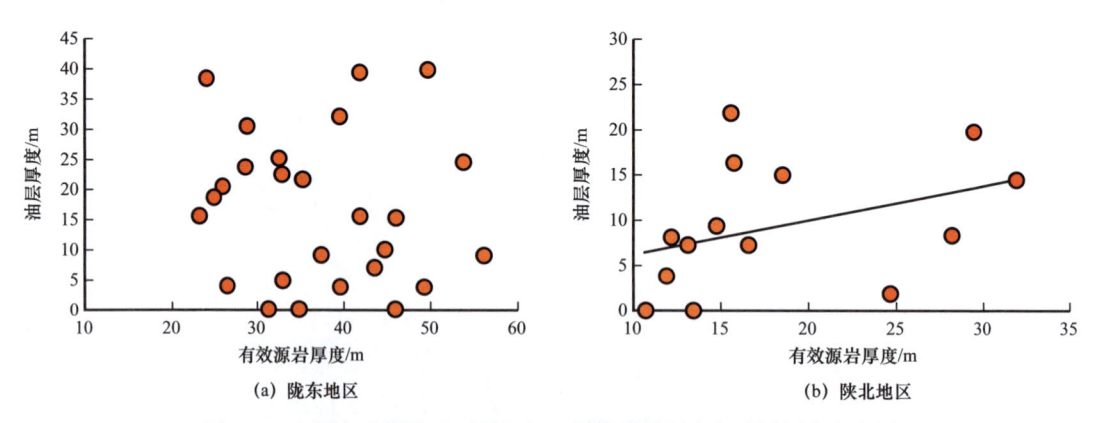

(a) 陇东地区

(b) 陕北地区

图6-3-2 鄂尔多斯盆地延长组长7段优质烃源岩与油层厚度交会图

2. 优质烃源岩有机质丰度

有机质丰度是评价烃源岩质量的重要参数，其平面展布在一定程度上控制着油气的分布作用。通过测井模型计算得到两类烃源岩各层的有机碳平均值，结合烃源岩厚度及沉积相，勾绘出研究区两类烃源岩长7段油层组3个层的有机碳（TOC）分布等值线图。长 7_1 亚段有效暗色泥岩的有机碳含量分布在2.0%~6.0%之间，姬源地区、塔儿湾地区及环县地区为有机碳高值区，最高值在6.0%以上。长 7_2 亚段有效暗色泥岩有机碳含量高，自东北向西南逐渐降低，存在3个高值区，分别为姬源地区、塔儿湾地区和环县地区一带，有机碳含量均超过8.0%，整体的TOC值高于长 7_1 亚段。长 7_3 亚段的有效暗色泥岩分布范围变大，TOC 值主要集中在 2.0%～6.0% 之间，其中姬源地区的有机碳最高值超过 8.0%。长 7_3 亚段的黑色页岩平均 TOC 值很高，大部分地区的平均 TOC 值超过 8.0%，其中上里源地区和固城地区有机碳含量超过 14.0%。

长 7 段的试油产量与长 7_3 段优质烃源岩有机碳含量分布图的相关性较好，主要产油井均集中在优质烃源岩有机质含量相对较高的地区（图 6-3-3），其中高产油井分布在有机碳含量超过 10% 的上里源地区。在优质烃源岩不发育的安塞地区，产油井主要集中在暗色泥岩有机碳含量超过 4% 的地区，反映了长 7 段的单井试油产量与有机碳丰度具有较好的相关性，有机碳丰度的分布对油气起到了一定的控制作用。

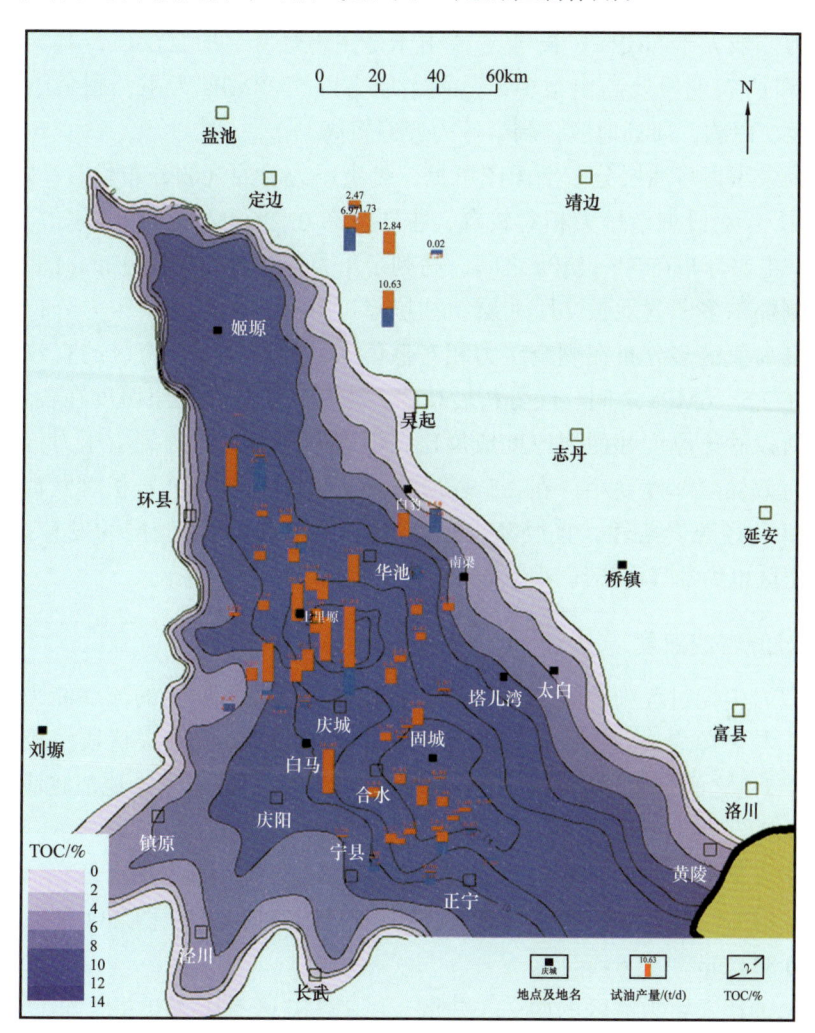

图 6-3-3　鄂尔多斯盆地延长组长 7_{1+2} 亚段试油数据与长 7_3 亚段页岩 TOC 等值线叠合图

前文所述已表明优质烃源岩尤其是黑色页岩的生烃能力强，产生的排烃动力大，可以将生成的油气向上运移至长 7_1 亚段和长 7_2 亚段的储层，之后进行短距离的侧向运移。暗色泥岩的有机质丰度较低，生成的烃类少，排烃动力相对较弱，生成的油气在原地或者就近成藏，受生烃中心的控制作用更为明显。

另外，优质烃源岩生烃作用造成的异常地层压力控制了以临源为特征的重力流夹层型页岩油的分布，异常高地层压力是粉—细砂岩中石油的充注动力。在源储紧密接触的夹层型页岩油类型中，富有机质页岩中强大的剩余压力将决定该类型储层中石油的富集程度。

通过计算单井的剩余压力值，绘制剩余压力平面分布图。剩余压力在陇东地区长 7_1 亚段普遍较低，一般小于 6MPa，以 2~3MPa 为主，剩余压力高值区分布在白豹、华池以及庆城地区；长 7_2 亚段一般也小于 6MPa，以 3~5MPa 的剩余压力为主，相比长 7_1 亚段剩余压力有增大的趋势，其剩余压力高值区一般分布在白豹、华池以及环县地区，剩余压力一般大于 5MPa；长 7_3 亚段由于是主力烃源岩所在层段，其剩余压力相比于长 7_1 亚段和长 7_2 亚段要高出很多，其剩余压力以 5~8MPa 为主，剩余压力高值区一般分布在华池、白豹、环县地区，剩余压力普遍较高。

由地层剩余压力与油层分布剖面图可见，剩余压力对油气的分布具有一定控制作用。长 7_1 亚段与长 7_2 亚段剩余压力相对较弱，主要分布在 2~4MPa 之间，长 7_3 亚段剩余压力明显较高，主要分布在 3~6MPa 之间，高剩余压力控制着油气的分布（图 6-3-4）。

通过绘制鄂尔多斯盆地长 7 段油层组油层厚度分布图，与剩余压力分布图对比后发现，油层厚度高值区多分布在剩余压力相对低值区，油层厚度发育区的有效泥页岩剩余压力多分布在 2.5~6MPa 之间。经分析后认为，由于长 7 段油层组厚度在各地区较稳定、变化不大，所以砂体厚度和泥岩厚度成反比，泥岩厚度大对应的剩余压力就高，剩余压力高对应的有效储层厚度变小。在 2.5~6MPa 压力区间有效泥页岩相对发育，为油气成藏提供了良好的烃源岩条件，且烃源岩厚度不是很大，这就为储层的发育提供了条件，而且相对低压区也为油气由高压区运移到低压区提供了有利条件。

3. 优质烃源岩成熟度

优质烃源岩生烃过程中产生的高气油比有效地提高了页岩油的流动能力，原油性质在一定程度上与烃源岩成熟度、运移和保存条件有关。盆地长 7 段优质烃源岩成熟度基本在 0.6%~1.2% 之间，成熟度越高的优质烃源岩产生的石油中气油比值越高，越有利于页岩油的流动。

从原油密度来看，不同试验区的原油类型有一定差别，而原油密度总体一致，均属于轻质原油。宁 89 井区的原油密度最大，平均可达 0.85g/cm³；西 233 井区原油密度最小，平均为 0.83g/cm³（表 6-3-1）。

油气藏气油比在重力流区的西 233 井区、庄 183 井区、庄 230 井区和宁 89 井区优质烃源岩成熟度较高，气油比值相对高一些，主要在 85.4~126.9m³/t 之间，均值为分别为 118.0m³/t、111.8m³/t、103.9m³/t、98.7m³/t；而位于三角洲前缘的安 83 井区气油比较低，主要在 34~81m³/t 之间，平均为 67m³/t（表 6-3-1）。当然这一比值不仅受控于烃源岩成熟度，与运移保存条件也有一定关系，重力流区的保存条件要好于三角洲前缘区。

对比发现，不同试验区的长 7_1 亚段和长 7_2 亚段均有有效暗色泥岩烃源岩发育，重力

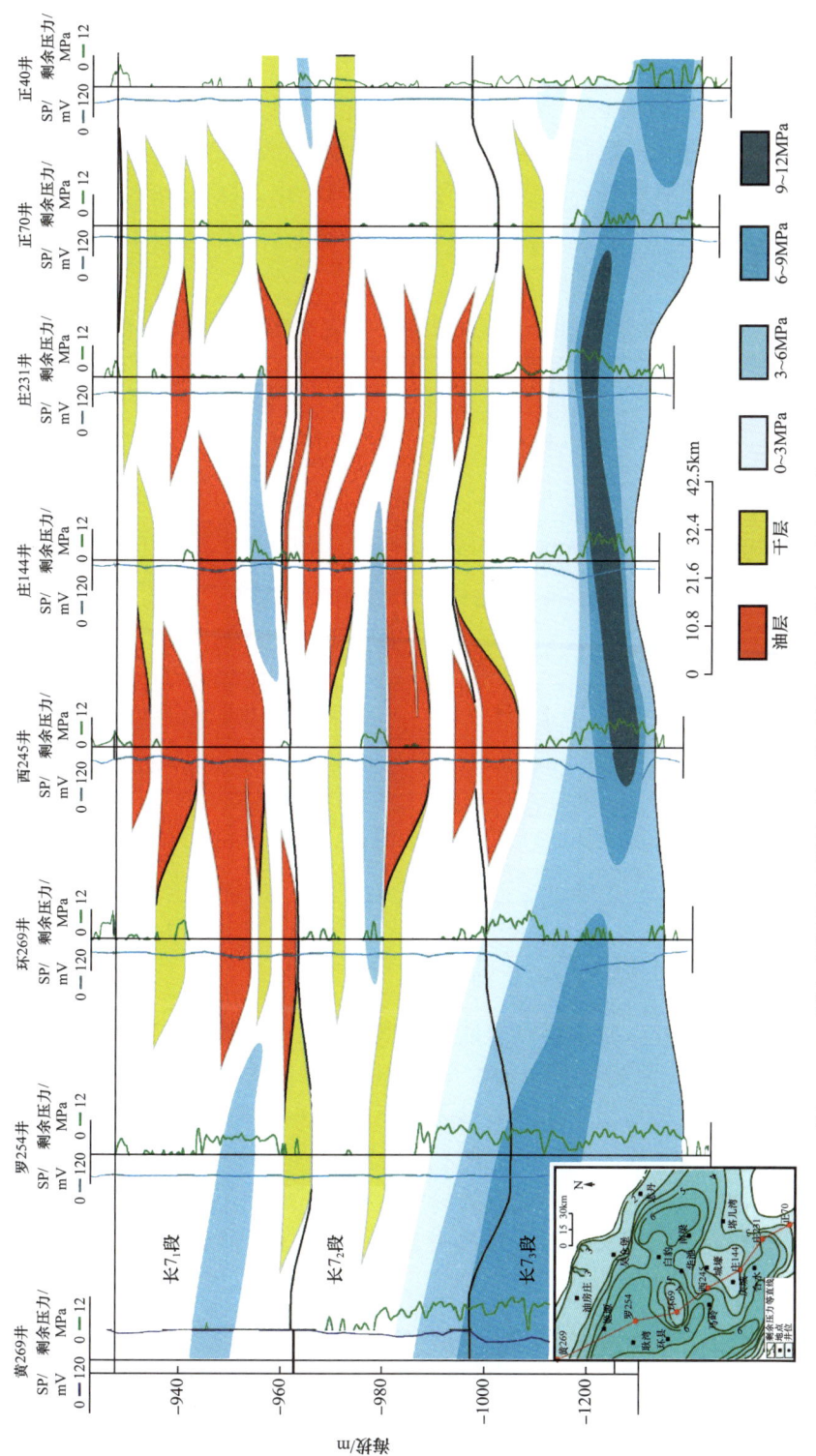

图 6-3-4 鄂尔多斯盆地延长组长7段油层组泥岩剩余压力与油藏分布剖面图

流区暗色泥岩有效烃源岩比三角洲区厚度大，同时发育较厚的黑色页岩，三角洲区无黑色页岩。不同试验区暗色泥岩均有较高的有机碳含量，其中西 233 井区和庄 183 井区暗色泥岩有机碳含量最高，其次为宁 89 井区，再次为庄 183 井区和庄 230 井区。西 233 井区烃源岩发育最好，安 83 井区有效烃源岩发育最差。因此，优质烃源岩对于不同类型页岩油成藏的控制作用存在一定程度差异，因为夹层型页岩油主要以砂岩为主，储集空间主要是砂岩孔隙，需要有效烃源岩供烃才有机会成藏，正如以上分析三角洲沉积的区域相较于盆地内的重力流沉积明显受与有效烃源岩的距离和厚度的影响，故受优质烃源岩的控制作用十分明显。

表 6-3-1 鄂尔多斯盆地延长组长 7 段油层组各井区原油类型与烃源岩发育特征对比表

参数	安 83 井区	西 233 井区	庄 183 井区	庄 230 井区	宁 89 井区
密度 /（g/cm^3）	0.814~0.866	0.812~0.864	0.833~0.851	0.821~0.863	0.838~0.867
	0.84	0.83	0.84	0.84	0.85
气油比 /（m^3/t）	34.0~81.0	102.7~126.9	98.3~126.5	87.3~115.4	85.4~112.3
	67.0	118.0	111.8	103.9	98.7
暗色泥页岩厚度 /m	5.2~15.7	13.6~17.8	10.7~16.4	9.6~23.8	21.3~24.9
	10.6	14.7	12.3	23.3	17.5
黑色页岩厚度 /m	—	18.7~27.6	9.1~17.9	16.3~22.5	21.6~26.8
		23.3	16.2	18.9	21.4
暗色泥页岩 TOC/%	2.9~4.13	5.93~6.74	4.12~4.63	2.14~3.65	2.78~4.23
	3.9	6.1	4.1	2.6	3.7

注：每个参数下，第一行为取值范围，第二行为平均值。

与夹层型页岩油相比，页岩型页岩油储层以泥页岩为主体，其中的砂岩夹层厚度单层厚度低于 2m。因此，页岩型页岩油根据其烃类的赋存空间可分为两类，砂岩夹层的孔隙以及泥页岩的孔隙与有机质本体。砂岩夹层的储集机理（纹层型页岩油）与夹层型页岩油储层类似。但由于砂体厚度小，故无法成为上述两种页岩油富集的关键控制因素。总而言之，页岩油储层中含油性均受有效烃源岩控制，只是不同类型页岩油的控制条件有所差异。优质烃源岩对于夹层型页岩油主要表现为强充注控制作用，而对于页岩型页岩油则表现为强滞留控制。

二、沉积相与储集性能控制"甜点"产能

优质烃源岩对页岩油富集控制的作用显而易见，但相同烃源岩发育条件下，沉积砂体与储集性能越好，页岩油含油性则越好，经相应的压裂改造后才会成为真正的"甜点"，从而实现资源量—储量—产量的转变。

1. 沉积相带

鄂尔多斯盆地长 7 段沉积期湖盆水体迅速加深，湖面不断增大，半深湖—深湖相广泛分布，湖盆形成了由西南和东北两大物源体系控制的不同沉积砂体。西南沉积体系坡度较陡，在环县—庆城—合水—正宁一带沉积了平行于湖盆轴线的滑塌岩、浊积岩、砂质碎屑流等多种成因的重力流储集体。东北沉积体系经湖盆多级缓坡坡折带的控制，在盆地北东的定边—安边—周家湾—安塞地区连续沉积了多支条带状的三角洲前缘水下分流河道和河口坝砂体。盆地中部华池—吴起地区受重力流和牵引流双重作用明显，两种类型的沉积砂体交互叠置。三角洲—重力流形成的砂体构成了盆地主要储集体，分布面积达 $(2.5\sim3)\times10^4 km^2$（图 6-3-5 和图 6-3-6）。

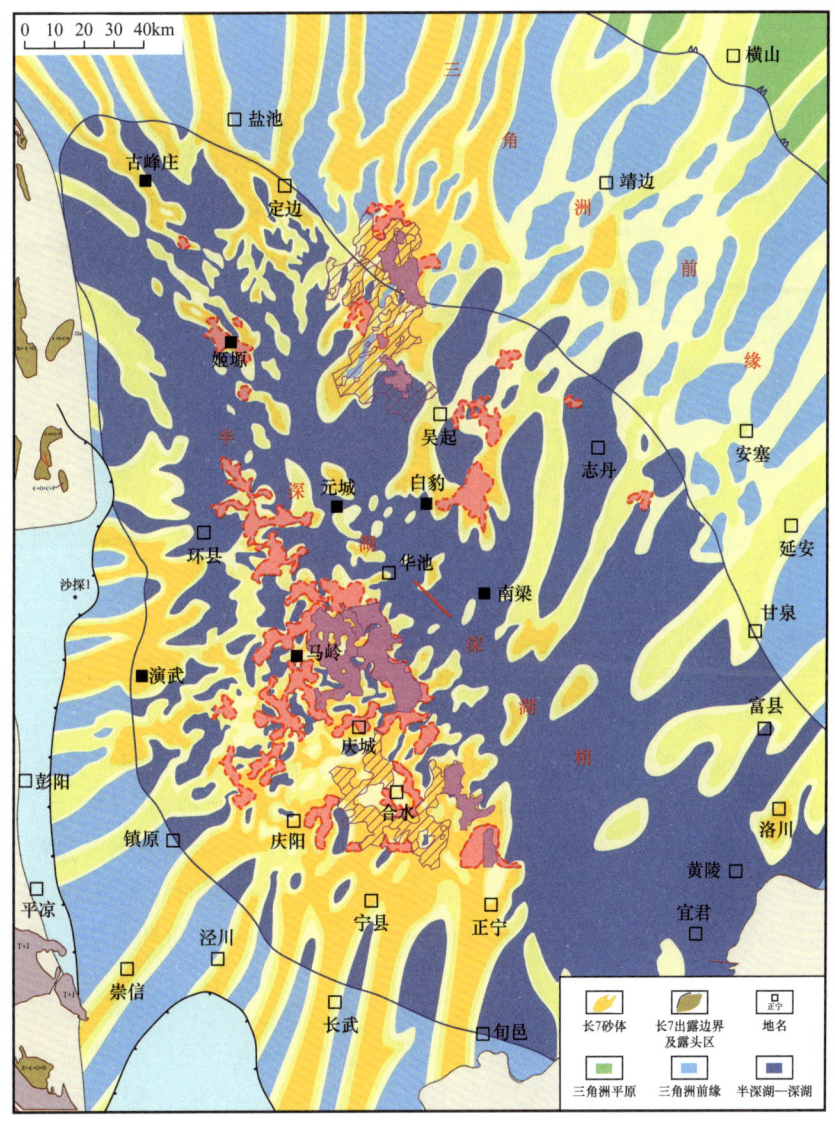

图 6-3-5 鄂尔多斯盆地长 7_2 亚段油藏富集规律图

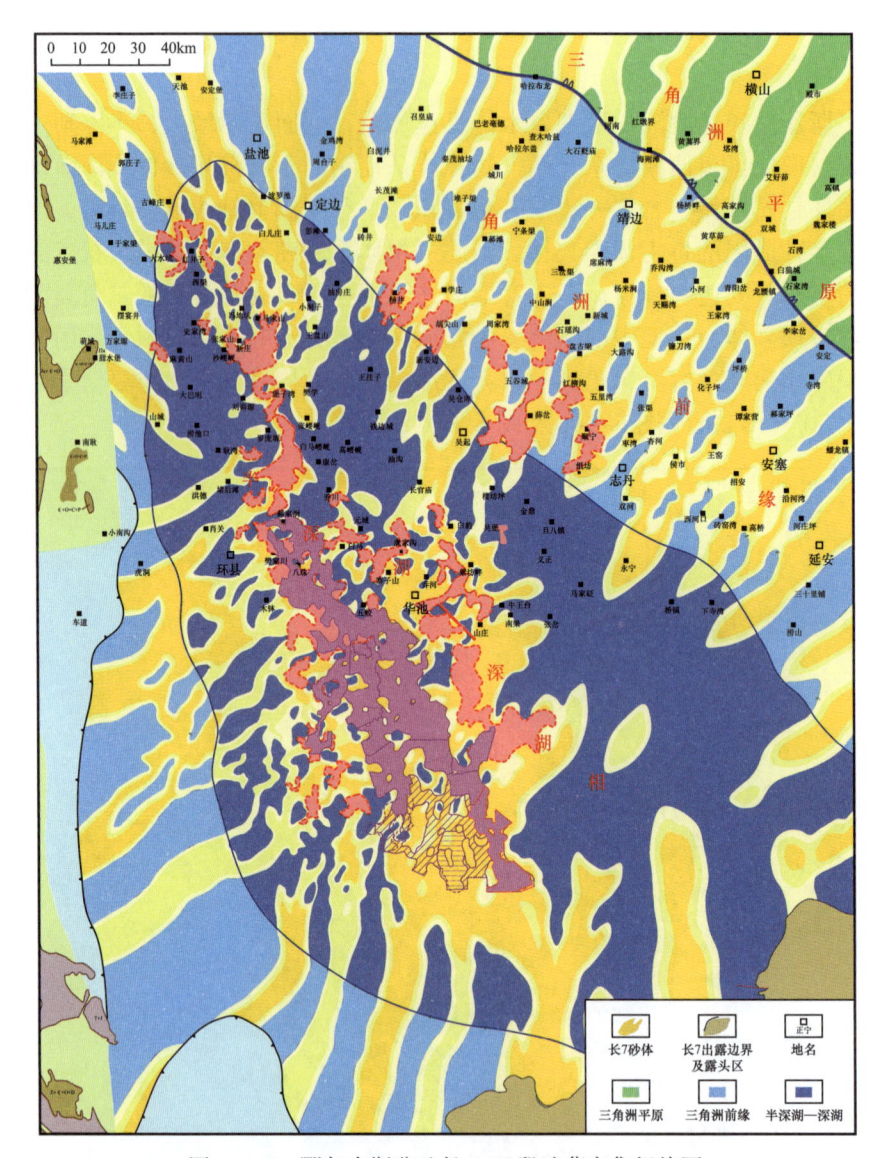

图 6-3-6　鄂尔多斯盆地长 7_1 亚段油藏富集规律图

受不同沉积环境影响，不同沉积微相砂岩储集性能之间存在明显的差异。长 7_2 亚段出油井点一部分位于环县—华池—庆阳—合水一带的深湖区砂质碎屑流带内（图 6-3-5），一部分位于定边新安边的三角洲前缘相带内；长 7_1 亚段的出油井最多，分布范围广，主要位于红井子—姬塬—耿湾—华池—庆城—合水—正宁一带的深湖区砂质碎屑流带内（图 6-3-6），以及陕北地区的学庄—五谷城—薛岔—顺宁一带三角洲前缘相带。

2. 砂体展布

鄂尔多斯盆地中生界三叠系延长组是一套大型内陆坳陷沉积，其物源方向主要是西南向和东北向两大方向。庆城地区长 7 段沉积期受西南物源控制，深水区发育浊积砂体，为页岩油富集提供良好的场所，砂体分布越大，页岩油富集程度越高（图 6-3-7）。

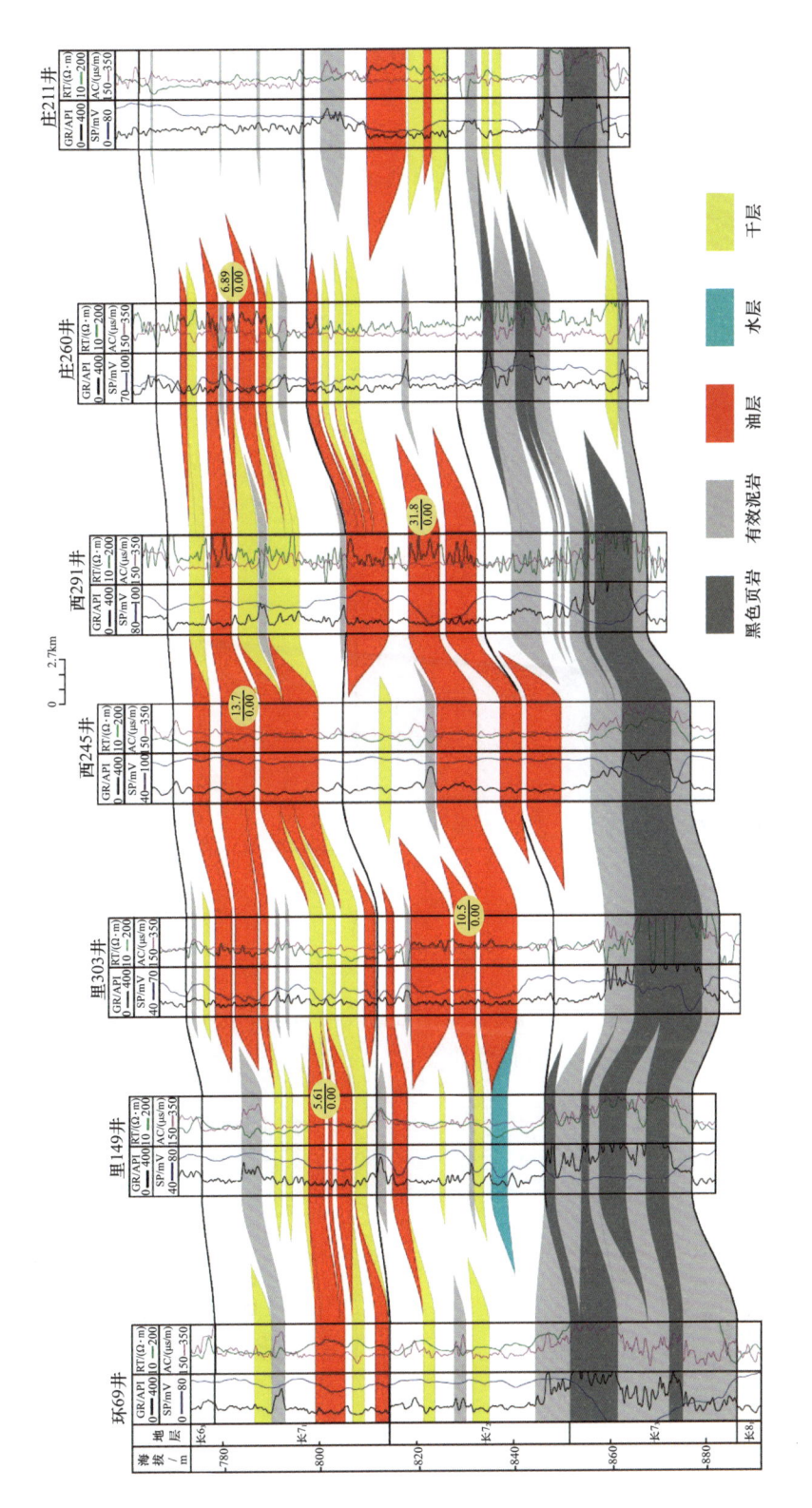

图 6-3-7 鄂尔多斯盆地环 69 井—庄 211 井延长组长 7 段油层组油藏剖面

以环 69 井和庄 260 井为代表的地区处于黑色页岩厚度中心，黑色页岩厚度和有效暗色泥岩砂体厚度大、连续性强、生烃潜力高，但是该地区长 7_1 亚段和长 7_2 亚段的砂体厚度小，多为薄层砂体，含油层主要是以孤立的薄干层为主，含油性差，砂体是制约该地区页岩油富集的关键因素；研究区的中部地区，以里 303 井和西 245 井为代表，为多期叠置的厚层砂体，砂体厚度大，试油产量高，含油性好。重力流沉积砂体发育区，在砂体较厚地区的重力流区单井试油产量高，这是因为该地区黑色页岩发育，多期砂体垂向叠置，砂体厚度大且大面积展布，为油气的运移和聚集提供了良好的条件，此外，储层的孔隙度和渗透率对其储集和渗流具有决定性的作用。

将重力流沉积区和三角洲沉积区的油层厚度与有效烃源岩的厚度分别作交会图（图 6-3-8），从图中可以看出，在重力流沉积区，砂体厚度和油层厚度的相关性不高，认为在重力流沉积区，砂体相对不发育，而有效烃源岩整体发育良好。因此，在重力流沉积区，砂体厚度对油层厚度的影响相对较大。而在三角洲沉积区，砂体普遍发育良好，而有效烃源岩相对不发育，有效烃源岩的厚度整体偏低，因此，在三角洲沉积区，砂体厚度对油层厚度的影响相对不大。

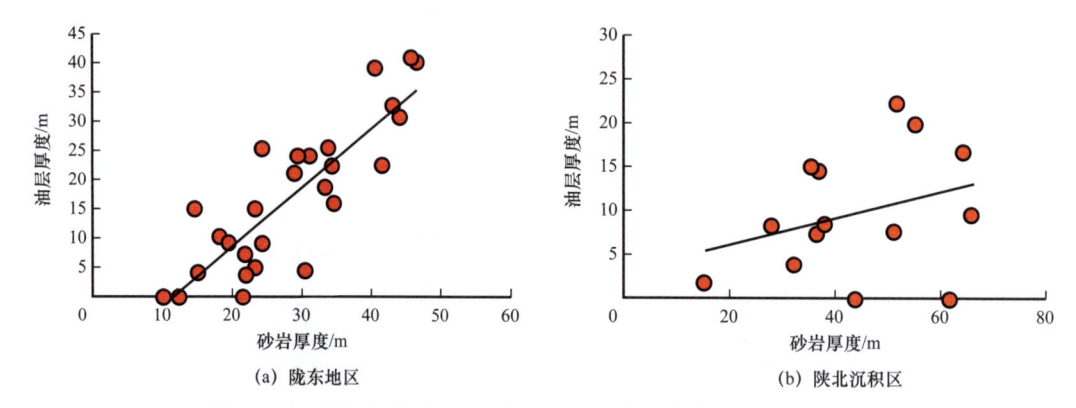

图 6-3-8　鄂尔多斯盆地长 7 段油层组砂体厚度与油层厚度交会图

从单井试油日产量和油层厚度的关系来看（图 6-3-9），试油产量和油层厚度相关性较强，试油产量随着油层厚度的增加而增加。

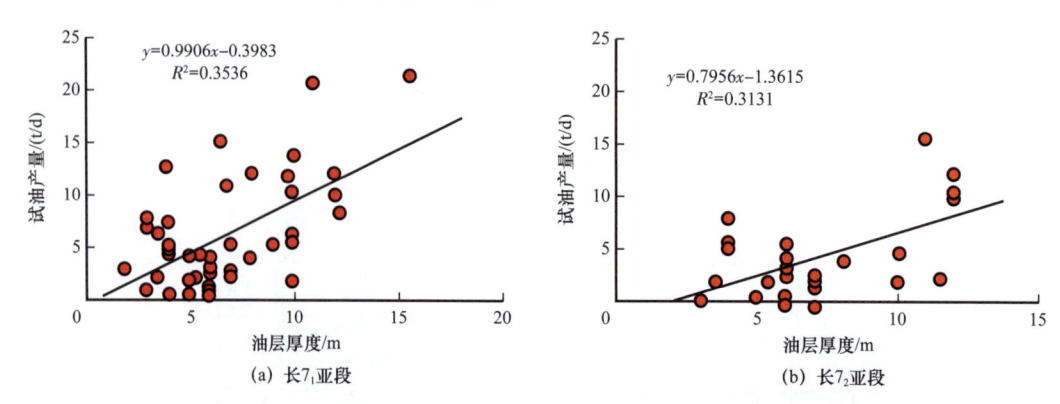

图 6-3-9　鄂尔多斯盆地延长组长 7_1 亚段与长 7_2 亚段试油产量与油层厚度交会图

3. 储集物性

储层品质对于长 7 段油藏依然是石油能否富集的重要条件，储集空间越大、孔隙度越高，致密储层中潜在的储存的油量越多。通过对长 7 段细粒级砂岩样品采用场发射扫描电镜、微（纳）米 CT、微图像拼接（MAPS）等多方法、多手段的综合分析，研究发现，长 7 段细粒级砂岩储层发育多类型孔隙，但主要以残余粒间孔、溶蚀孔和黏土矿物晶间孔为主；孔隙尺度范围变化大，呈大孔（>20μm）、中孔（10～20μm）、小孔（2～10μm）、微孔（0.5～2μm）、纳米孔（<0.5μm）多尺度孔隙共存的特征。

通过采用孔隙体积评价不同尺度孔隙对储集空间贡献率的评价方法，发现了 2～8μm 的小孔隙是盆地长 7 段细粒级砂岩储层的主要储集空间。另外，研究发现长 7 段细粒级砂岩储层的孔隙尺度虽然小，但数量大。对细粒级砂岩储层物性统计发现，虽然细粒级砂岩储层渗透率极低，但其孔隙度较高，主要分布于 6.5%～12.0% 之间。据此分析，长 7 段细粒级砂岩正是因其发育多尺度的孔隙，并以小孔隙为主要储集空间的特征，形成了长 7 段细粒级砂岩虽低渗透，然而具有较好的储集性能。

长 7 段油层组夹层型页岩油中砂岩储层含油性普遍较好，油层段一般为油斑—油浸级。前人运用多种方法分析长 7 段油层组致密砂岩，其含油饱和度可达 70%。长 7 段油层组高丰度烃源岩广泛分布且处于成熟阶段，油源充足且广泛发育超压，烃源岩排烃能力强，因此石油普遍充注于与烃源岩大面积、近距离接触的夹层型页岩油中砂岩储层。然而，在岩心尺度及油层尺度上均存在明显的含油性差异，这表明夹层型页岩油中砂岩储层中石油富集程度仍然具有明显的差异性。这一差异性在宏观上表现为物性差异性，微观上表现为孔隙结构差异性。

在研究区物性与孔喉中值半径之间的定量关系模型的基础上，求取以上密闭取心数据对应的孔喉中值半径，然后再分析孔喉中值半径与含油饱和度之间的关系。图 6-3-10 表明含油饱和度与孔隙度呈现较弱的正相关关系，而与渗透率及孔喉中值半径呈现较强的正相关关系。宏观尺度上，石油充注往往沿着储层阻力小的方向，因此物性好的储层充注程度更高，其含油饱和度高；而微观尺度上，在一定的地质条件下致密砂岩储层石油富集程度受控于孔喉系统的非均质性，储层孔喉半径大，石油充注储层的阻力小，石油更容易在该类储层中富集，这决定了孔隙结构好的储层具有更好的含油性。上述分析说明含油饱和度受控于储层的物性和孔隙结构。此外，对于不同地区，石油充注动力往往存在差异，也会导致含油饱和度的差异。

为了进一步探讨 I 类页岩油中砂岩储层含油性问题，明确影响含油性的因素，基于氯仿抽提实验，以氯仿沥青"A"为 I 类页岩油中砂岩含油性评价参数，分析物性和孔喉大小对储层含油性的影响作用。砂岩岩心分析得到氯仿沥青"A"是轻烃组分散失后残留在岩心中的烃类，其在一定程度上反映了原始地层含油性。研究表明氯仿沥青"A"与孔隙度、渗透率及孔喉中值半径呈正相关关系（图 6-3-11），这说明长 7 段油层组 I 类页岩油中砂岩含油性受控于储层物性和孔隙结构，也就是说储层的孔喉分布非均质性是决定 I 类页岩油中砂岩含油非均质性的重要因素。这与上述原始含油饱和度的影响因素具有很好的一致性。对于长 7 段油层组 Ⅰ 类页岩油中砂岩来说，石油在成藏驱动压力下充注储层，储集空间（孔隙度）提供了 Ⅰ 类页岩油存储的场所，孔喉大小（孔隙结构）控制着油气充注难易程度，二者的非均质性反映了储层含油非均质性。

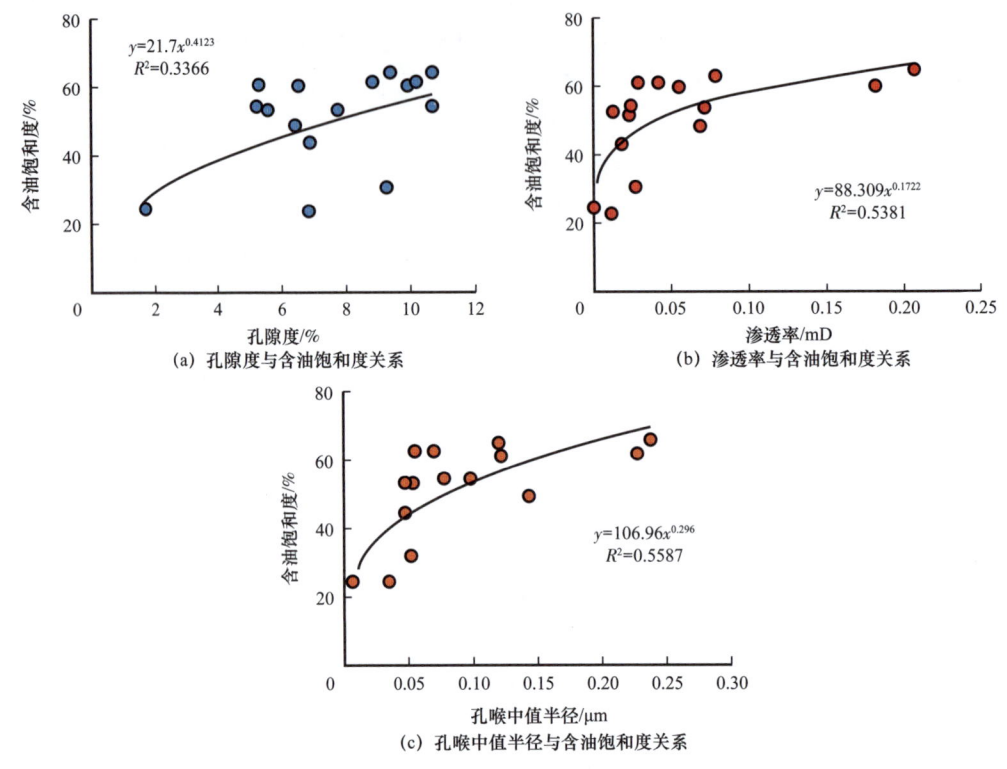

图 6-3-10　鄂尔多斯盆地延长组长 7 段油层组致密砂岩孔隙度、渗透率及孔喉中值半径与含油饱和度关系图

三、岩相类型决定"甜点"评价参数

通过对长 7 段全取心井系统测试分析，盆地长 7 段 4 类页岩油主要发育细砂岩、粉砂岩、暗色泥岩、黑色页岩、凝灰岩 5 种岩相，不同类型页岩油特征具有明显差异，"甜点"评价参数与开采方式也有本质的区别。

重力流夹层型页岩油主要分布在湖盆中部，以半深湖—深湖沉积为主，富有机质泥页岩夹多薄层重力流叠置砂体，单砂体厚度一般小于 5m，砂地比大于 20%（一般小于 30%）。源储共生，成藏条件十分有利。砂岩储层具有高石英、低长石的特征，储集性能相对较好，"甜点"评价主要参数有烃源岩丰度、类型、成熟度、储层物性、连通性、气油比等参数。

三角洲前缘型页岩油主要分布在湖盆周边，发育水下分流河道、席状砂等砂质储集体，单砂体厚度为 5~10m，叠置厚度较大，横向连续性好。砂岩储层物性好，但由于发生了一定距离的运移，气油比参数较低。对于此类页岩油的"甜点"评价，还要重点考虑砂体—裂缝的沟通性、运移距离等参数，与致密油较为类似。

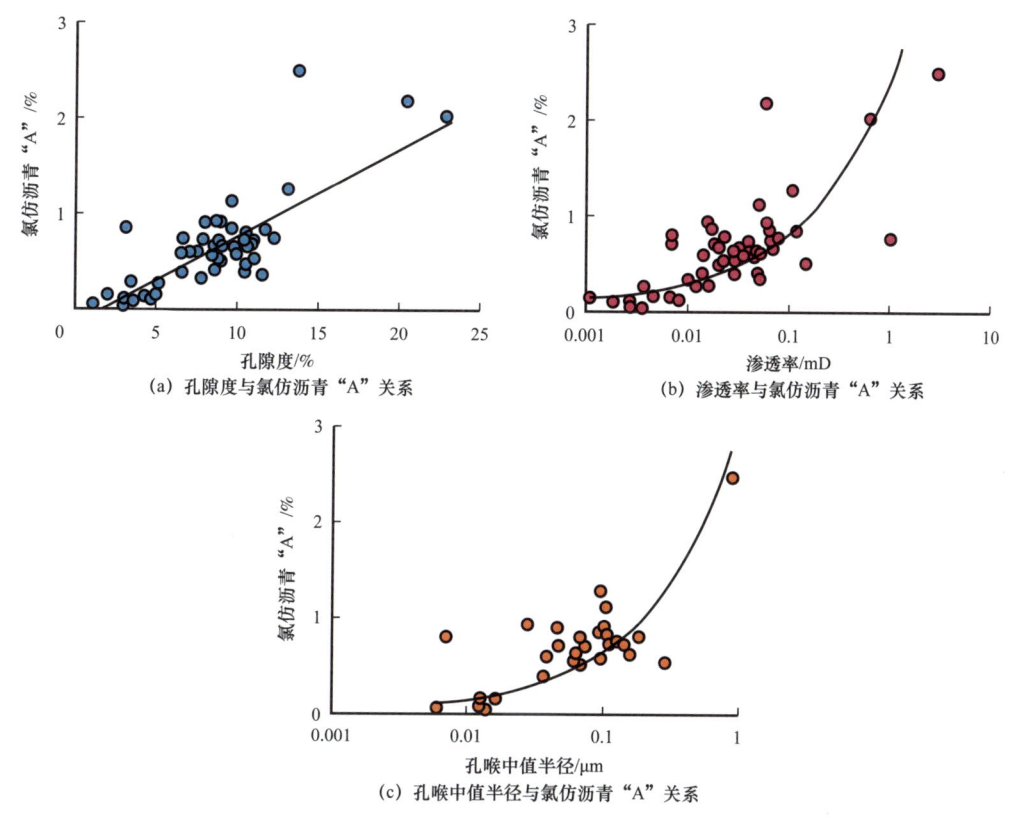

图 6-3-11 鄂尔多斯盆地延长组长 7 段油层组致密砂岩孔隙度、渗透率及孔喉中值半径与氯仿沥青 "A" 关系

纹层型页岩油发育厚层泥页岩夹薄层粉细砂岩，砂岩粒度一般小于 0.0625mm，主要为粉砂岩；单砂体厚度为 2~4m，叠置砂体复合连片，具有一定规模。粉砂岩具高长石、低石英的特征，发育粒间孔、晶间孔等，孔隙半径为 1~5μm，孔隙度为 6%~8%，渗透率为 0.01~0.1mD。原始气油比普遍大于 90m³/t。目前虽试油获得一定的产量，但试采效果不够理想，为长期实现规模效益开发，应考虑砂岩—页岩薄互层一体化评价体系与开发手段。

页理型页岩油发育深湖相黑色页岩，有机质纹层发育，脆性矿物含量高（约为45%），以长英质为主，有利于压裂。实验测试结果表明，页岩水平渗透率为 0.09~0.6mD，平均为 0.28mD；页岩油滞留油总量约为 18kg/t$_{Rock}$，以游离烃、吸附烃为主，两者含量相近，约为 9kg/t$_{Rock}$。该类页岩油资源量规模巨大，但"甜点"评价参数中烃源岩类型与成熟度为重中之重，低成熟度区可考虑为未来的原位转化区，而中高成熟度区可开展试验攻关，实现规模效益开采。

第七章 页岩油勘探潜力及勘探成效

本章以页岩油资源类型为切入点,分别阐述了砂岩类、泥岩类的资源潜力,同时对近年来页岩油的勘探开发成果进行了详细描述,并提出了下一步的攻关方向。

第一节 页岩油的资源潜力

本节从页岩油资源分类、分布入手,探讨不同估算方法的优劣性,从而选择适合鄂尔多斯盆地的资源潜力估算方法,从而在各类参数的基础上,计算资源潜力。

一、页岩油的资源分类

中国陆相页岩油分为夹层型、混积型和页岩型3大类(焦方正等,2020),鄂尔多斯盆地长7段页岩油主要发育夹层型和页岩型,其中夹层型主要以重力流、三角洲前缘砂体为主要储集单元,而页岩型主要以纹层型和页理型泥岩类为主(表7-1-1)。

表7-1-1 鄂尔多斯盆地长7段页岩油分类

"甜点"类型		岩性示意图	岩性组合	砂地比/%	单砂体厚度/m	代表区块
夹层型	重力流型		半深湖—深湖泥页岩夹薄层砂岩	>20(一般为20~30)	<5	庆城油田
夹层型	三角洲前缘型		三角洲前缘泥岩夹厚层砂岩	一般小于30	5~10	新安边油田志靖—安塞地区
页岩型	纹层型		半深湖—深湖厚层泥页岩夹薄层砂岩	5~20	2~4	城页井组
页岩型	页理型		半深湖—深湖黑色页岩为主	<5	<2	正75井区张22井区

二、夹层型页岩油资源潜力

夹层型页岩油以盆地长 7 段上、中段为主，该时期湖盆面积相对较小，三角洲平原、前缘分流河道砂体，半深湖—深湖浊积砂体多平行于湖岸线展布，分布面积较大，目前已发现的夹层型油藏多分布在此类储层中。

1. 资源潜力的估算方法

目前，资源估算有多种方法，其中体积法、成因法、资源丰度类比法等应用相对普遍，常用的体积法有 S_1 产量法、氯仿沥青"A"法和 PhiK 法等。PhiK 法是一种较新的模型，该模型认为页岩油主要存储于有机孔中（矿物基质孔偏向于水润湿），有机孔中含油饱和度接近 100%。通过模拟实验和动力学模型建立起有机孔预测模型，并绘制有机孔与 R_o 的关系曲线（图 7-1-1），根据有机孔和岩石体积估算出页岩油资源量，见式（7-1-1）：

$$\mathrm{PhiK} = \left[(\mathrm{iTOC} \times \mathrm{Cc})k\right] \mathrm{TR} \left(\frac{\mathrm{RhoB}}{\mathrm{RhoK}}\right) \qquad (7\text{-}1\text{-}1)$$

式中　PhiK——有机质孔隙度，%；
　　　iTOC——原始有机碳含量，%；
　　　Cc——可转化有机碳含量，%；
　　　TR——转化率，%；
　　　k——换算系数；
　　　Rhob/Rhok——质量百分比到体积百分比的密度转换，可从测井资料获得。

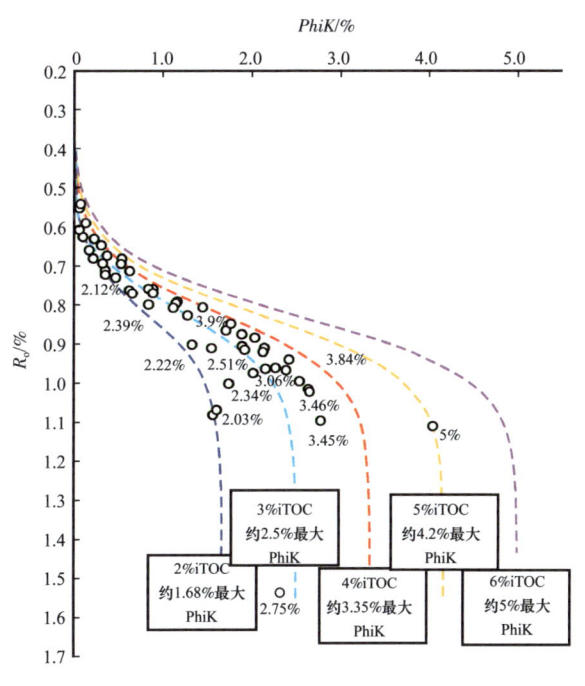

图 7-1-1　有机质孔隙度随成熟度和原始有机碳含量变化图（Modica et al., 2012）

Modica 和 Lapierre（2012）应用 PhiK 法和 S_1 产量法对 Wyoming 盆地 Mowry 页岩油原地资源量进行了估算，当 R_o 小于 0.75% 时，两种方法计算结果接近；当 R_o 大于 0.75% 时，PhiK 法计算结果是 S_1 产量法的 2 倍多。虽然体积法操作方便，能对盆地资源量进行快速评价，但是基于常规储层体积法的页岩油资源评价方法受制于单一基质孔隙结构模型，无法依油气在储层中的赋存状态分类评价，不能为资源开发决策提供与油气流动性相关的信息（湛卓恒等，2019）。

成因法主要强调页岩油气组成成分和赋存机理，根据不同相态的烃类含量和流动性对页岩油资源量进行分级别评判，提供不同级别资源勘探开发的储集信息和风险程度。根据 Jarvie 等（2012a）对页岩油资源组成的看法，地下总石油产量（TOY，mg/g）是指热解前样品中已存在的石油量，在热解实验中由 FID 检测。热解前样品中已存在的石油量包括了岩心保存、处理过程中损失的部分（S_1^{loss}）和实验室检测到的 S_1 以及以吸附状态存在于 S_2 中的吸附烃，见式（7-1-2）。

$$TOY = S_1^{loss} + (S_1 - S_1^{ex}) + (S_2 - S_2^{ex}) \quad (7\text{-}1\text{-}2)$$

式中　TOY——总石油产量，mg/g；

S_1^{loss}——岩石损失烃量，mg/g；

S_1，S_2——样品抽提前 S_1 和 S_2 热解仪检测值，mg/g；

S_1^{ex}，S_2^{ex}——样品抽提后 S_1 和 S_2 热解仪检测值，mg/g。

S_1 代表热解仪检测到的游离态烃量，关于是否应该减去 S_1^{ex}，Jarvie 等（2012a）认为抽提后热解的游离烃（S_1^{ex}）被溶剂污染，不应该计算在吸附油之内；钱门辉等（2017）认为这部分很可能是隔离在纳米孔中的游离组分，应该计算在吸附油之内。通过同一样品抽提前后 S_2 的差值（$S_2 - S_2^{ex}$ 或 ΔS_2），可将吸附态烃量从 S_2 中提取出来，对 S_1 进行吸附烃补偿。对于 S_1^{loss} 问题的探讨是目前的热点，因为 S_1^{loss} 是岩心当中最可动的部分，常温常压下即可从岩心中散失掉。通过统计烃流体密度来估算 S_1^{loss}；采用平均中质原油损失率 15% 用于校正所有样品的 S_1^{loss}；Jiang 等（2016）认为放置样品比新鲜样品评估值 S_1 下降了 38%；湛卓恒等（2019）提出了物质平衡法，采用原油的地层体积系数来计算热解数据中样品采集过程中的轻烃损失。

成因法还考虑了页岩油的可动性，如上面提到的 Jarvie 等（2012a）定义的含油饱和度指数 OSI 值（OSI=100×S_1/TOC），他认为 OSI 大于 100mg/g 时为有利的页岩油流动下限，岩石热解中的 S_1 峰都可以被视为流动油，可动油是 S_1 中游离烃的一部分（蒸发损失校正后超过其样品 TOC 值的部分）。关于页岩油可动性的评价目前还存在很多盲点，看法观点层出不穷。

油气资源丰度类比法基本计算公式为：

$$Q = \sum_{i=1}^{n}(S_i K_i \alpha_i) \quad (7\text{-}1\text{-}3)$$

$$\alpha_i = \frac{\text{评价区地质评价系数}}{\text{标准区地质评价系数}} \quad (7\text{-}1\text{-}4)$$

式中　Q——评价区的油气总资源量，10^8t；

　　　i——评价区第 i 个子区；

　　　S_i——评价区类比单元的面积，km²；

　　　K_i——标准区油气资源丰度，由标准区给出，10^4t/km²；

　　　α_i——预测区类比单元与标准区的类比相似系数，由式（7-1-4）计算得到。

应用地质类比法需满足的条件是：首先，必须明确评价区的石油地质特征和成藏条件；其次，是标准区已发现油气田或油气藏；最后，标准区已进行了系统的油气资源评价研究。

资源丰度类比法评价结果的准确性主要取决于地质参数和类比对象的正确选取，主要用于中、低勘探阶段的油气资源评价，对于探井基础数据少、地质研究相对薄弱的低勘探区，应用类比法比较简单有效。不足是在评价参数的获取上存在较大难度，估算的精度不高。

2. 夹层型资源量计算关键参数求取

对于页岩层系中夹层型资源量的计算，采用蒙特卡洛法，蒙特卡洛法实质上是随机现象的一种数学模拟；以往对夹层型油气资源量的估算方法，仅是平均概念下估算的一个值；事实上，它却包含着各种复杂的随机因素（林俊雄，1982）。因此，可以认为夹层型石油资源量 Q_{sa} 是各种随机变量参数（或因素）的随机函数。夹层型体积计算法公式见式（7-1-5）：

$$Q_{sa}=SH\rho\phi S_o/B_o \qquad (7-1-5)$$

式中　Q_{sa}——夹层型资源量，10^8t；

　　　H——夹层型厚度，m；

　　　ρ——原油密度，t/m³，本节计算采用 0.84g/cm³（胡素云等，2018）；

　　　ϕ——夹层型孔隙度，%；

　　　S_o——夹层型的含油饱和度，%；

　　　B_o——原油体积系数，本节计算采用 1.15（杨智等，2017）。

这里由于夹层型的含油饱和度（S_o）和孔隙度（ϕ）不同区域、沉积环境差异变化很大，可将两者视为随机变量处理，求取它们的概率分布函数。统计长 7_1 亚段夹层型岩心物性数据 1453 个，长 7_2 亚段夹层型岩心物性数据 1899 个，由夹层型的含油饱和度（S_o）和孔隙度（ϕ）交会图发现两者并没有明显相关性（图 7-1-2），可认为是相互独立变量，可以按照蒙特卡洛运算的思想获得夹层型资源量的概率分布。

1）夹层型厚度和体积（SH）

"SH"为夹层型的体积，求取方法与泥页岩类似，都是先统计单井各层中夹层型的厚度，用 Geomap 软件绘制厚度平面展布图，再用 Surfer 软件计算各层夹层型体积。值得注意，烃源岩范围内和超过孔隙度下限（7%）的砂体才具有成藏的可能性，所以计算夹层型体积时应该只统计烃源岩范围内并且孔隙度在 7% 以上的有效砂体。

(a) 长7₁亚段

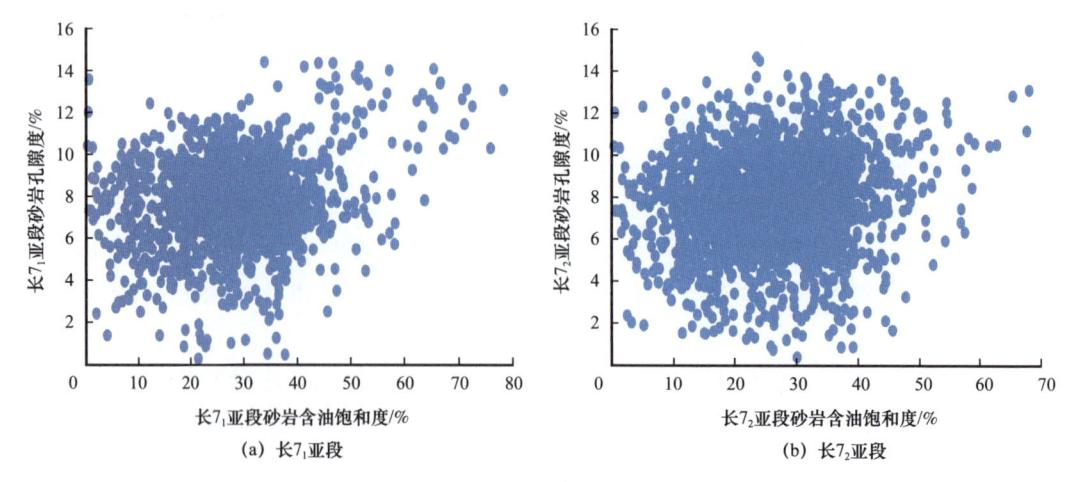

(b) 长7₂亚段

图 7-1-2　鄂尔多斯盆地长 7 段各夹层型含油饱和度（S_o）和孔隙度（ϕ）交会图

2）夹层型含油饱和度（S_o）

根据长 7₁ 亚段夹层型岩心物性数据 1453 个，长 7₂ 亚段夹层型岩心物性数据 1899 个，得出长 7₁ 亚段和长 7₂ 亚段夹层型岩心含油饱和度频率分布直方图。其中，长 7₁ 亚段和长 7₂ 亚段夹层型含油饱和度符合正态分布（图 7-1-3）。

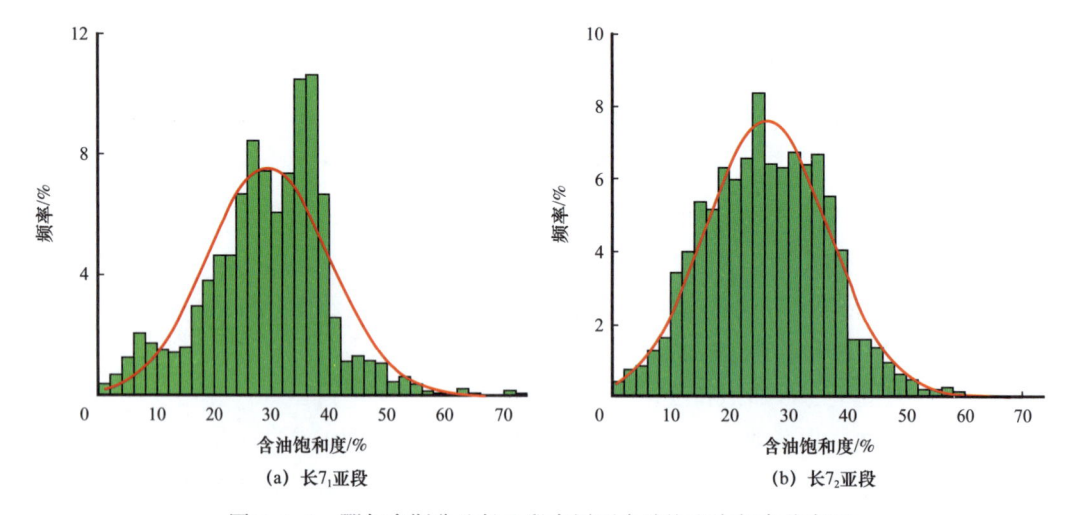

(a) 长7₁亚段

(b) 长7₂亚段

图 7-1-3　鄂尔多斯盆地长 7 段夹层型含油饱和度频率分布图

3）夹层型孔隙度（ϕ）

按照同样的方法统计了长 7₁ 亚段和长 7₂ 亚段夹层型孔隙度的频率分布直方图，发现长 7₁ 亚段和长 7₂ 亚段夹层型孔隙度都符合正态分布（图 7-1-4）。

3. 资源量计算结果

获取计算夹层型地质资源量的关键参数后，应用蒙特卡洛法页岩油资源评价系统分别对长 7₁ 亚段和长 7₂ 亚段层内有效砂体的含油量进行蒙特卡洛运算 2 万次。

表 7-1-2 列出了概率 10%（P_{10}）、50%（P_{50}）和 90%（P_{90}）对应的长 7 段油层组

夹层型总含油量分别为 $62.39×10^8t$、$35.20×10^8t$ 和 $14.90×10^8t$。概率为 50% 时，长 7_1 亚段内夹层型的含油量为 $20.17×10^8t$，长 7_2 亚段内夹层型的含油量为 $15.03×10^8t$，总共 $35.20×10^8t$。

(a) 长 7_1 亚段

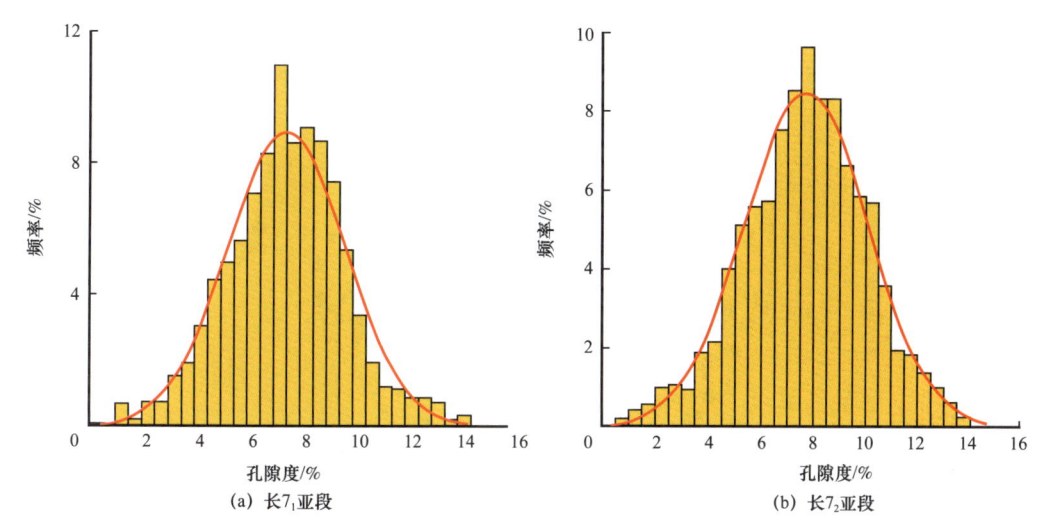

(b) 长 7_2 亚段

图 7-1-4 鄂尔多斯盆地长 7 段夹层型孔隙度频率分布图

表 7-1-2 鄂尔多斯盆地延长组长 7 段油层组夹层型含油量汇总表

岩性	层位	体积 /10^8m^3	$P_{10}/10^8t$	$P_{50}/10^8t$	$P_{90}/10^8t$
夹层型	长 7_1 亚段	1378.66	35.48	20.17	8.67
	长 7_2 亚段	1077.12	26.91	15.03	6.23
总和		2455.78	62.39	35.20	14.90

其中长 7_1 亚段约为 $20×10^8t$，具体划分到 4 个区带内，姬塬地区为 $3.2×10^8t$，志靖—安塞地区为 $3.8×10^8t$，陇东地区为 $12.9×10^8t$，盆地东南地区为 $0.1×10^8t$；长 7_2 亚段约为 $15×10^8t$，具体划分到 4 个区带内，姬塬地区为 $2.3×10^8t$，志靖—安塞地区为 $2.7×10^8t$，陇东地区为 $9.8×10^8t$，盆地东南地区为 $0.2×10^8t$。

三、纹层型页岩油资源潜力

1. 纹层型关键参数求取

这里采取的计算方法类似夹层型，统计长 7_3 亚段岩心物性数据 340 个，由纹层型的含油饱和度（S_o）和孔隙度（ϕ）交会图发现两者并没有明显相关性（图 7-1-5），可认为是相互独立变量，可以按照蒙特卡洛运算的思想获得夹层型资源量的概率分布。

1）纹层型厚度和体积（SH）

这种方法类似夹层型，即先统计单井各层中纹层型的厚度，用软件绘制厚度平面展布图，再用 Surfer 软件计算体积。

2）纹层型含油饱和度（S_o）

根据长 7_3 亚段纹层型岩心物性数据 340 个，得出长 7_3 亚段岩心含油饱和度频率分布直方图，含油饱和度符合对数正态分布（图 7-1-6）。

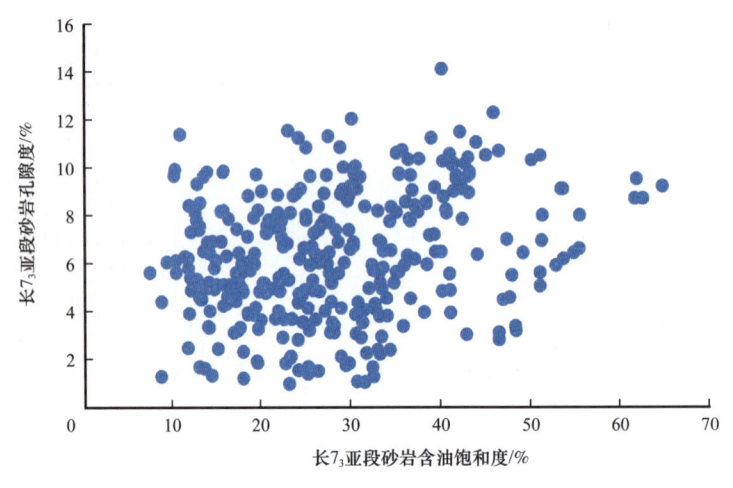

图 7-1-5　鄂尔多斯盆地延长组长 7_3 亚段纹层型含油饱和度（S_o）和孔隙度（ϕ）交会图

3）纹层型孔隙度（ϕ）

按照同样的方法统计了长 7_3 亚段纹层型孔隙度的频率分布直方图，发现长 7_3 亚段孔隙度符合正态分布（图 7-1-7）。

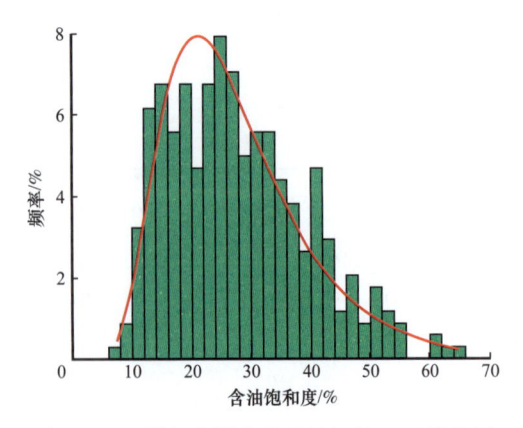

图 7-1-6　鄂尔多斯盆地延长组长 7_3 亚段纹层型含油饱和度频率分布图

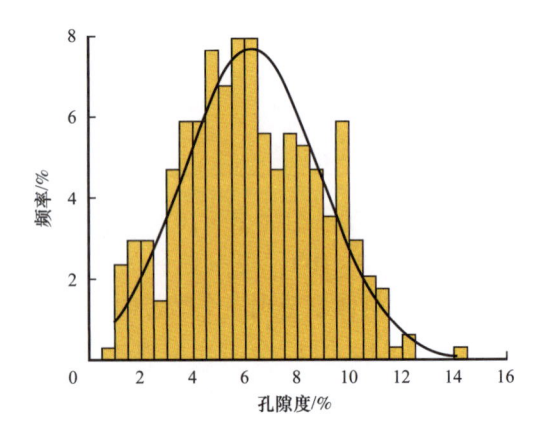

图 7-1-7　鄂尔多斯盆地延长组长 7 段油层组夹层型孔隙度频率分布图

2. 纹层型资源潜力结果

获取计算纹层型地质资源量的关键参数后，应用蒙特卡洛法页岩油资源评价对长 7_3 亚段内有效砂体的含油量进行蒙特卡洛运算 2 万次，其中概率为 10%（P_{10}）、50%（P_{50}）和 90%（P_{90}）时对应的长 7_3 亚段纹层型总含油量分别为 11.03×10^8t、5.5×10^8t 和 2.17×10^8t。概率为 50% 时，长 7_3 亚段内纹层型的含油量为 5.5×10^8t。

四、页理型页岩油资源潜力

页理型主要是纯页岩,具有有效孔隙空间和一定渗流能力,既是生油层也是含油层,鄂尔多斯盆地延长组长 7_3 亚段页岩相对较厚,分布范围较广,具有先天条件。

由于长 7_3 亚段沉积期到长 7_1 亚段沉积期盆地水体变浅,沉积物在空间分布上存在明显迁移变化,认为应该把可抽提的部分(氯仿沥青"A")当成页岩油资源量的主体部分,在氯仿沥青"A"含量的基础上恢复损失的气态烃和轻烃量:

$$Q = Q_g + Q_v + Q_A \qquad (7-1-6)$$

$$Q_A = \rho_r S H_{s/m} \gamma_A \times 10^{-11} \qquad (7-1-7)$$

$$Q_v = k_v Q_A \times 10^{-11} \qquad (7-1-8)$$

$$Q_g = k_g Q_A \times 10^{-11} \qquad (7-1-9)$$

式中　Q——页岩型总含油量,10^8t;

Q_g——气态烃含量,10^8t;

Q_v——挥发轻烃含量,10^8t;

Q_A——残烃(氯仿沥青"A")含量,10^8t;

ρ_r——岩石密度,g/cm³;

S——对应岩性面积,m²;

$H_{s/m}$——对应岩性厚度,m;

γ_A——对应岩性氯仿沥青"A"产率,kg/t;

k_v——轻烃恢复系数(与岩性和成熟度有关);

k_g——气态烃恢复系数(与岩性和成熟度有关)。

1. 页岩型关键参数求取

1)页岩型体积($SH_{s/m}$)

通过统计长 7_3 亚段页岩和泥岩的厚度,将单井页岩和泥岩厚度数据导入 Geomap 软件,应用 Kriging 法外推至研究区全平面得到岩性厚度,利用岩性厚度在 Surfer 软件计算对应层的岩性体积。

2)有机质丰度(TOC)

应用多元回归预测法建立的 TOC 测井预测模型计算出单井 TOC 分布(图 7-1-8),根据统计的计算结果和实际结果对比,发现效果较好,与页岩型厚度统计类似,先统计出各层中页岩和泥岩的 TOC 平均值,再利用软件计算长 7 段油层组各层的 TOC。

3)氯仿沥青"A"($H_{s/m}\gamma_A$)

根据 TOC 与氯仿沥青"A"的关系,计算出单井氯仿沥青"A"分布(图 7-1-8 和图 7-1-9),先求取单井氯仿沥青"A"的平均值再外推至研究区平面上,乘以对应岩性的厚度值才能代表区域页岩油的生产潜能。

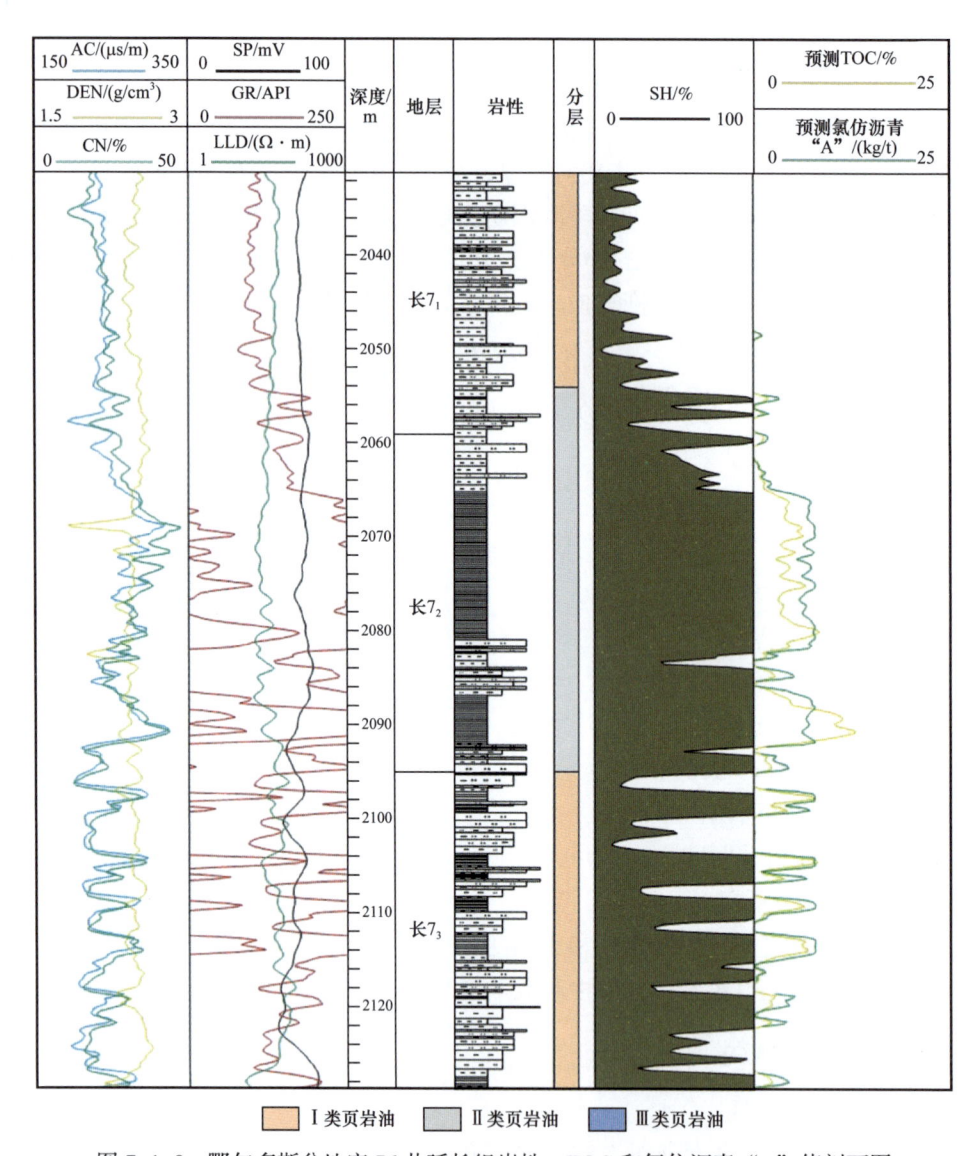

图 7-1-8 鄂尔多斯盆地庄 76 井延长组岩性、TOC 和氯仿沥青 "A" 值剖面图

4)气态烃恢复系数（k_g）

由于气态烃恢复系数与岩性和成熟度有关，根据气态烃恢复实验结论，页岩气油比随 R_o 增加会不断增加，生油窗内气油比为 50m³/t 左右；泥岩气油比随 R_o 增加有降低的趋势，由于早期液态烃产率低，气油比高，生油高峰期后稳定在 50m³/t 左右；页岩和泥岩气油比（GOR）与 R_o 的关系式为：

$$GOR_s = 15.222 R_o^{3.4159} \tag{7-1-10}$$

$$GOR_m = 128.12 R_o^{-1.761} \tag{7-1-11}$$

式中　GOR_s——页岩气油比，m³/t；
　　　GOR_m——泥岩气油比，m³/t。

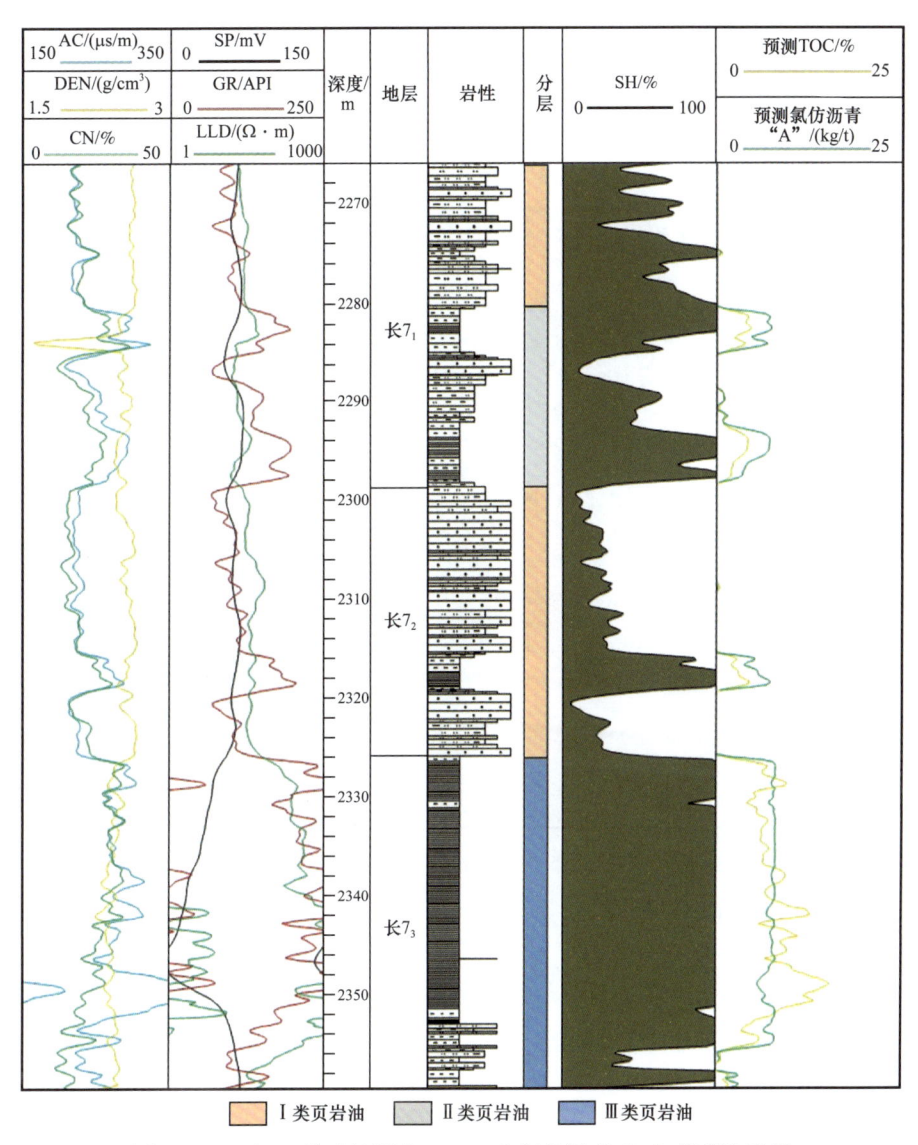

图 7-1-9　木 18 井岩性厚度、TOC 和氯仿沥青 "A" 值求取示例

由于空间上不同区域页岩型镜质组反射率（R_o）存在明显差别，所以需要根据平面 R_o 值（图 7-1-10）和公式换算出页岩和泥岩气油比（GOR）平面分布，为了统一单位可以将气态烃体积单位换算为质量单位，即气态烃恢复系数（k_g）。

5）轻烃恢复系数（k_v）

根据抽提分离和饱和烃色谱实验得出页岩和泥岩轻烃恢复系数（k_v）：

$$k_{vs}=-53.12\ln(R_o)+22.301 \qquad (7-1-12)$$

$$k_{vm}=-30.45\ln(R_o)+10.235 \qquad (7-1-13)$$

式中　k_{vs}——页岩轻烃恢复系数；

k_{vm}——泥岩轻烃恢复系数。

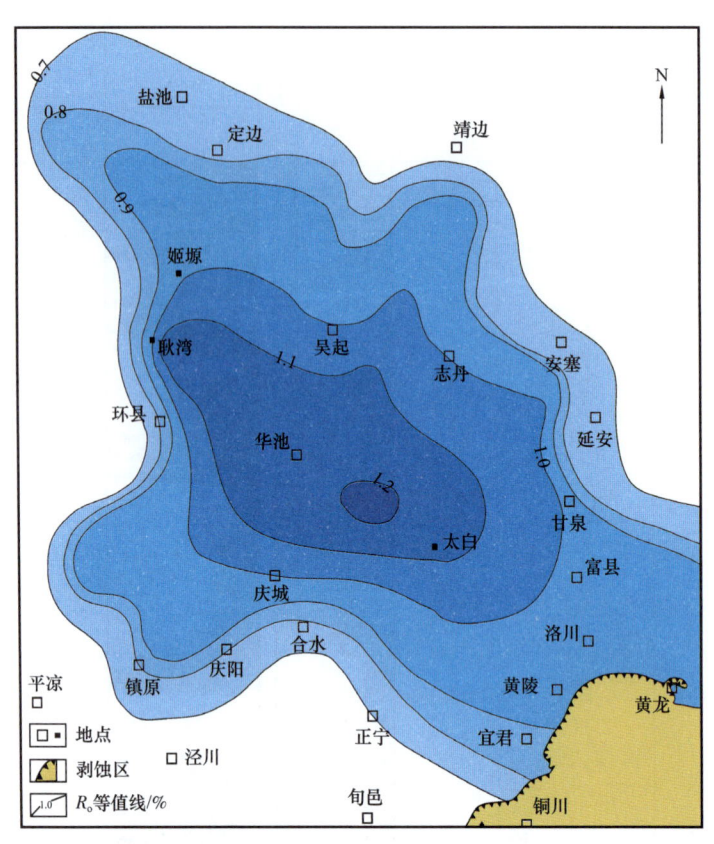

图 7-1-10 鄂尔多斯盆地延长组长 7 段油层组镜质组反射率（R_o）等值线图

式（7-1-12）是页岩轻烃恢复系数（k_{vs}）随镜质组反射率（R_o）变化的关系式，式（7-1-13）是泥岩轻烃恢复系数（k_{vm}）随镜质组反射率（R_o）变化的关系式。同样由于恢复系数与岩性和成熟度有关，且空间上不同区域页岩型镜质组反射率（R_o）存在明显差别，所以也需要根据平面 R_o 值和以上公式换算出页岩和泥岩轻烃恢复系数（k_v）平面分布。

6）岩石密度

这里岩石密度根据参考文献取页岩密度 2.26g/cm³，泥岩密度 2.47g/cm³。

2. 资源量计算结果分析

通过关键参数的求取，以及结合页岩型中泥页岩厚度加权后的氯仿沥青"A"，R_o 值、轻烃恢复系数、气态烃恢复系数、轻烃量、气态烃量，应用 Surfer 软件进行运算，得到的结果乘以对应岩性的岩石密度值（页岩 2.26g/cm³，泥岩 2.47g/cm³）就是对应含油量大小，计算结果见表 7-1-3，页理型总资源量约为 41.94×10⁸t。

表 7-1-3　鄂尔多斯盆地延长组长 7_3 亚段油层组页理型含油量计算结果

岩性	层位	体积 /10⁸m³	密度 /（t/m³）	氯仿沥青"A"/10⁸t	气态烃 /10⁸t	轻烃 /10⁸t	总和 /10⁸t
页理型	长 7_3 亚段	2939.54	2.26，2.47	33.49	0.54	7.91	41.94

第二节 页岩油勘探成效

近十年来，围绕长7段夹层型、页岩型油藏，中国石油长庆油田公司采用边攻关、边试验、边探索的勘探思路，特别是近年来通过持续深化地质理论认识，加大工程技术攻关，在湖盆中部重力流夹层型页岩油规模勘探取得重大进展、湖盆周边三角洲前缘夹层型页岩油甩开勘探取得新进展、长7_3亚段页岩型页岩油勘探发现重要苗头。

一、湖盆中部重力流夹层型页岩油规模勘探取得重大进展

1. 发现了十亿吨级庆城大油田

2011年以来，中国石油长庆油田公司借鉴国外非常规资源勘探开发经验，积极开展"水平井+体积压裂"攻关，综合储层特性、含油性、烃源岩特性、脆性及地应力等"甜点"评价因素，针对不同类型，先后开辟了西233井区、庄183井区、宁89井区等3个先导试验区开展不同类型的试验攻关。完钻25口水平井试油平均日产超百立方米，试验区累计产油$52.3×10^4$t，呈现出良好的稳产潜力。其中西233井区油层厚度8~15m，平均孔隙度8.2%，渗透率0.24mD，实施水平井10口；庄183井区油层厚度6~12m，平均孔隙度8.3%，渗透率0.19mD，实施水平井10口；宁89井区油层厚度5~10m，平均孔隙度8.0%，渗透率0.10mD，实施水平井5口（图7-2-1），试验区25口水平井平均试油产量均超百吨，经过长期试采评价，稳产形势较好，投产初期平均日产油11.5t，截至2022年2月底，日产油5.2t，平均单井累计产油$2.1×10^4$t，其中阳平7井累计产量超过$4.2×10^4$t（表7-2-1）。

自2018年以来，通过整体部署、分步实施、实现了页岩油勘探的重大突破，发现了储量规模超十亿吨的中国最大的页岩油田——庆城油田（图7-2-2），截至2021年6月20日探明储量$10.52×10^8$t，叠合含油面积1047km^2，控制储量$0.56×10^8$t，叠合含油面积139.5km^2，预测储量$3.7×10^8$t，叠合含油面积1317km^2，储量合计$14.78×10^8$t，叠合含油面积2504km^2。

2. 庆城油田外围含油富集区进一步落实

近年来，在发现庆城油田的基础上，围绕外围"甜点"开展整体部署，多口井获工业油流，平均试油产量23.6t/d，落实含油面积2000km^2。截至2021年6月20日，陇东地区近6000km^{2}有利范围得到控制，整体规模储量有望达$30×10^8$t（图7-2-2）。

二、湖盆周边三角洲前缘夹层型页岩油甩开勘探取得新进展

为进一步拓展湖盆周边三角洲前缘有利勘探目标，近年来逐步加大了三角洲前缘夹层型页岩油的甩开勘探力度，在志靖—安塞、姬塬等地区获工业油流井超百口，落实有利面积3600km^2。同时，积极开展了水平井压裂攻关试验，成效显著。

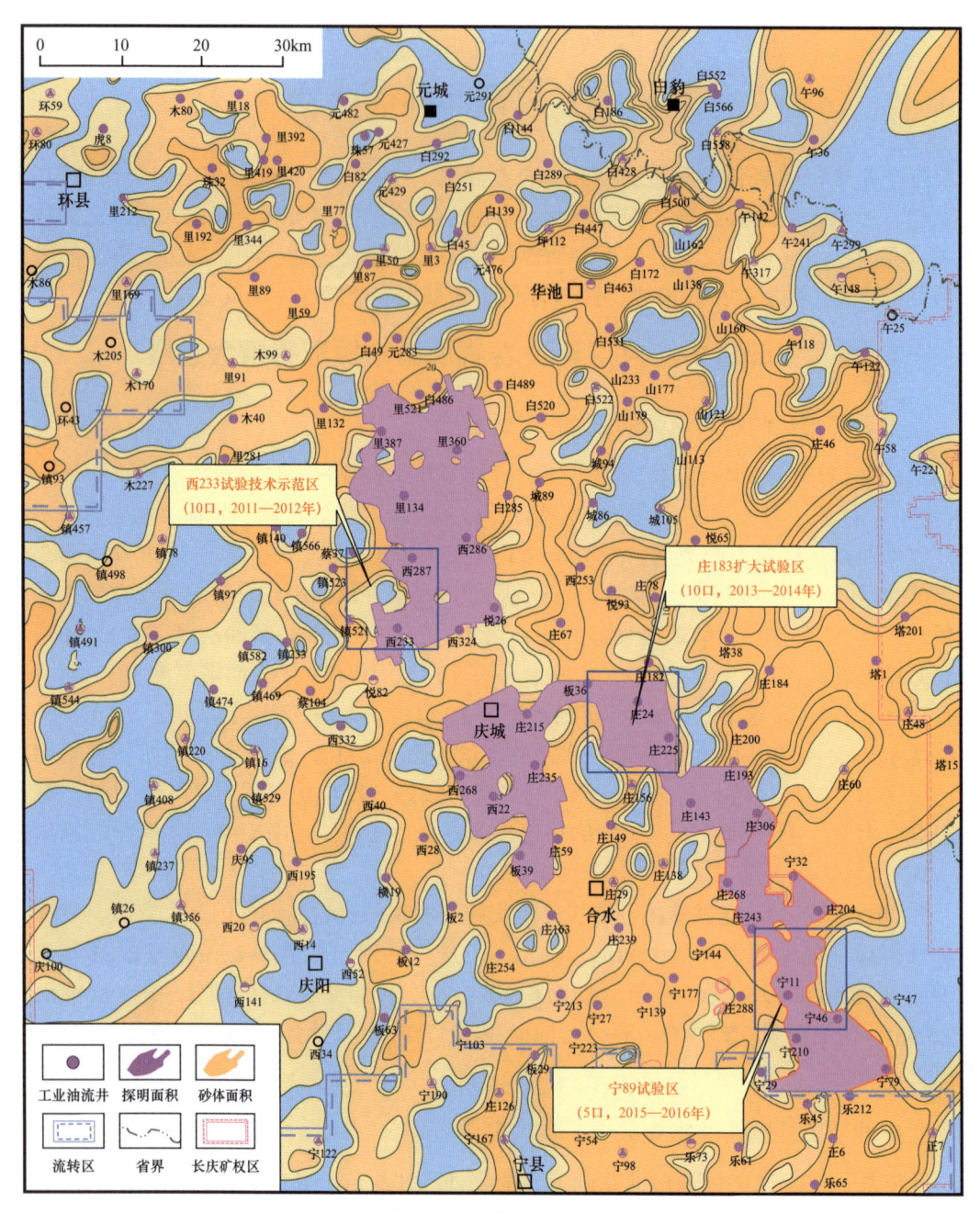

图 7-2-1　陇东长 7 段页岩油"甜点"综合评价图

表 7-2-1　试验区 25 口水平井综合生产数据表

试油平均日产油 / t	初期日产油 / t	日产油 / t	平均生产时间 / a	平均单井累计产油 / 10⁴t	累计产油 / 10⁴t
125.4	11.5	5.2	7.4	2.1	52.3

注：数据截至 2022 年 2 月底。

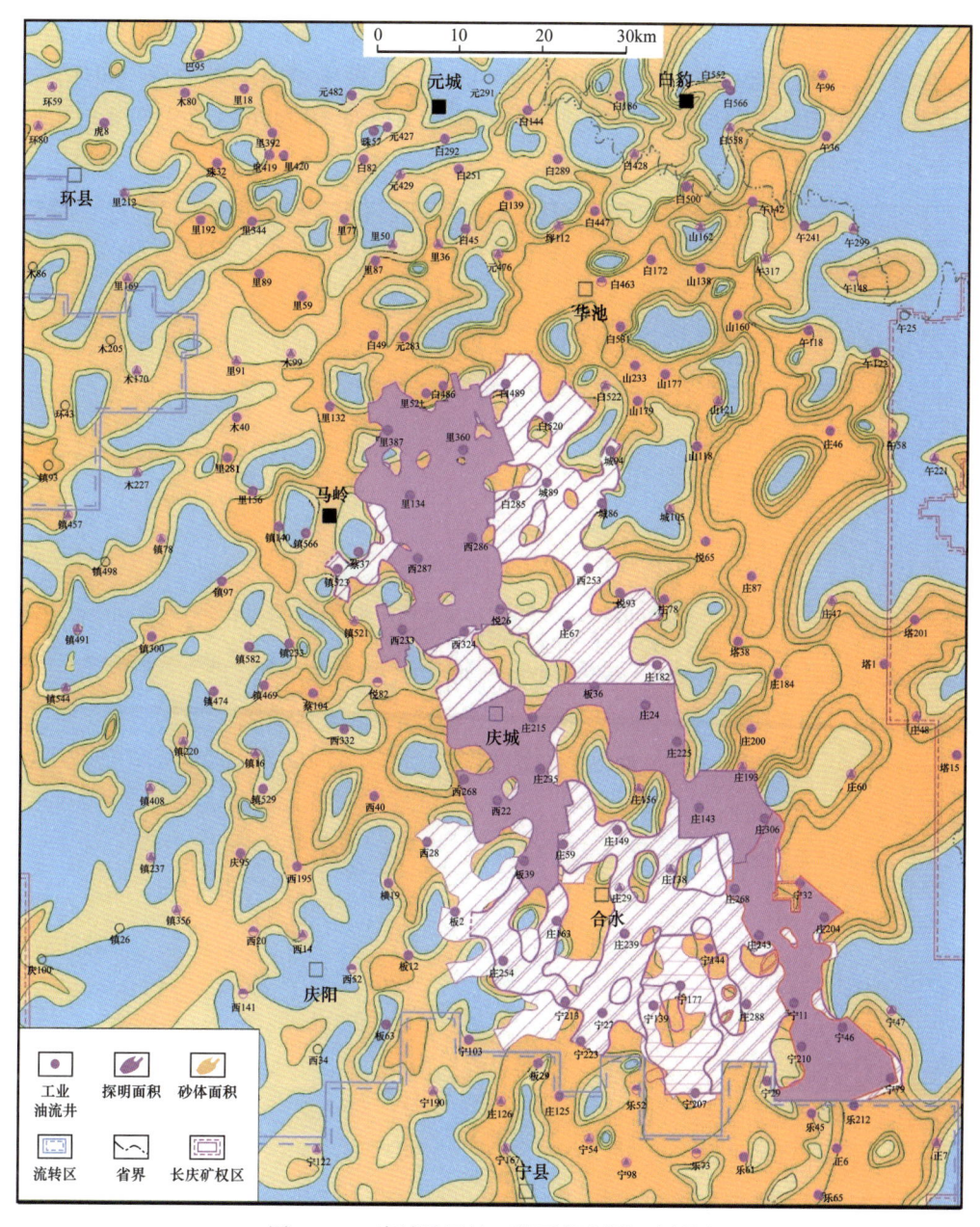

图 7-2-2 庆城油田长 7 段页岩油勘探成果图

1. 志靖—安塞地区勘探取得重要进展

该区长 7 段主要发育三角洲前缘沉积，水下分流河道砂体发育，储层非均质性强，以侧向运聚为主。近年来围绕湖盆周边三角洲含油砂带甩开勘探，有多口井获工业油流，落实了含油面积约 2600km^2，发现了多个含油富集区（图 7-2-3）。

同时为探索实现开发叠合区页岩油资源的有效动用，积极探索了水平井提产攻关试验。按照叠合区控规模、非叠合区充分改造的思路进行压裂，顺 269 井区、塞 392 井区

- 161 -

以及桥136井区等井区共部署水平井7口，平均单井试油产量64.7t/d，初期产油18.57t/d，含水率55.9%，截至2022年3月底，产油7.43t/d，含水率48%，其中桥136H1井、桥136H2井、丹195H1井等试采效果良好，分别产油8.15t/d、9.74t/d以及9.93t/d（图7-2-4至图7-2-6），水平井开发效果较好。

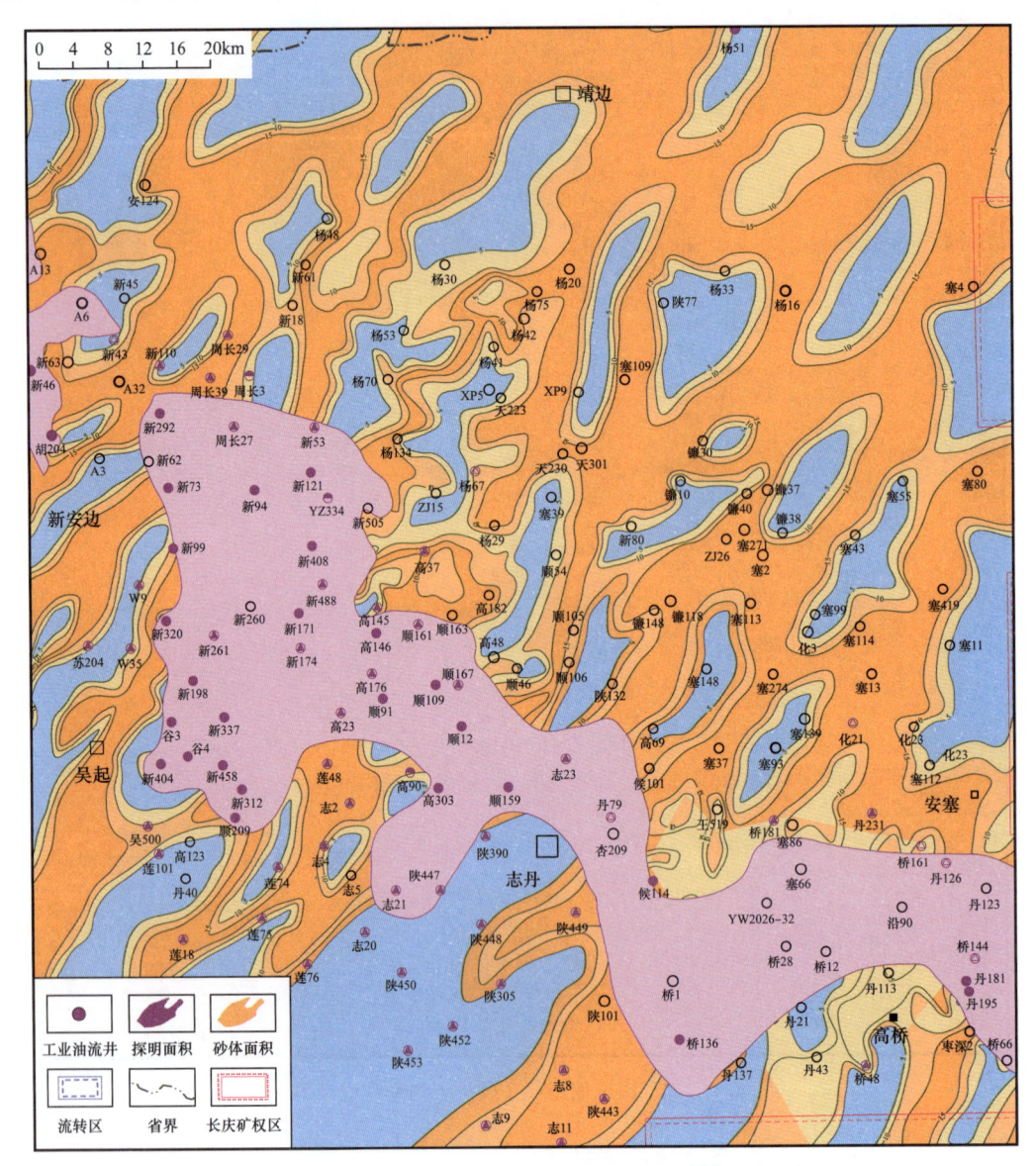

图7-2-3　志靖—安塞地区长7₁亚段页岩油勘探成果图

2. 姬塬地区勘探成果进一步扩大

在落实新安边油田含油富集区的同时，积极向西甩开勘探寻找新发现，近年来部署实施探评井多口，获工业油流井19口，高产井5口，初步落实6个含油有利区，面积约1000km²，储量规模超亿吨（图7-2-7）。

同时，为提高储量动用程度，结合三维地震开展水平井提产试验，在黄 267 井区实施了 2 口水平井，试采效果较好（图 7-2-8）。

| 初期日产油量：4.16t | 初期含水率：87.58% | 累计生产天数：139.0d |
| 日产油量：5.11t | 含水率：77.89% | 累计产油量：906.4t |

图 7-2-4　桥 136H1 井"中甜点段"（长 7_2 亚段）试采曲线

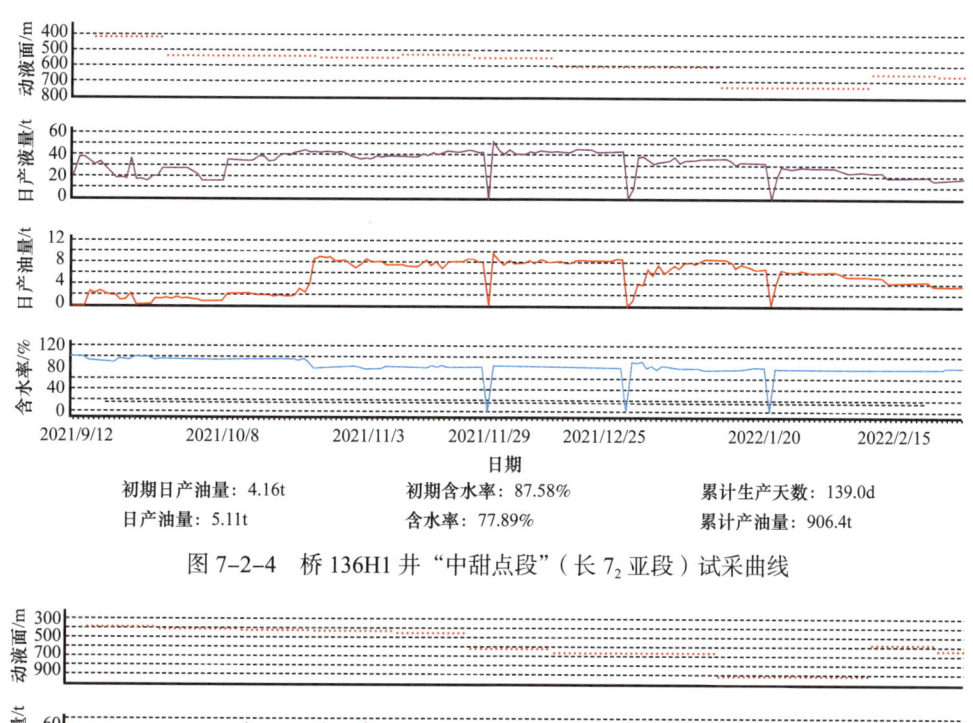

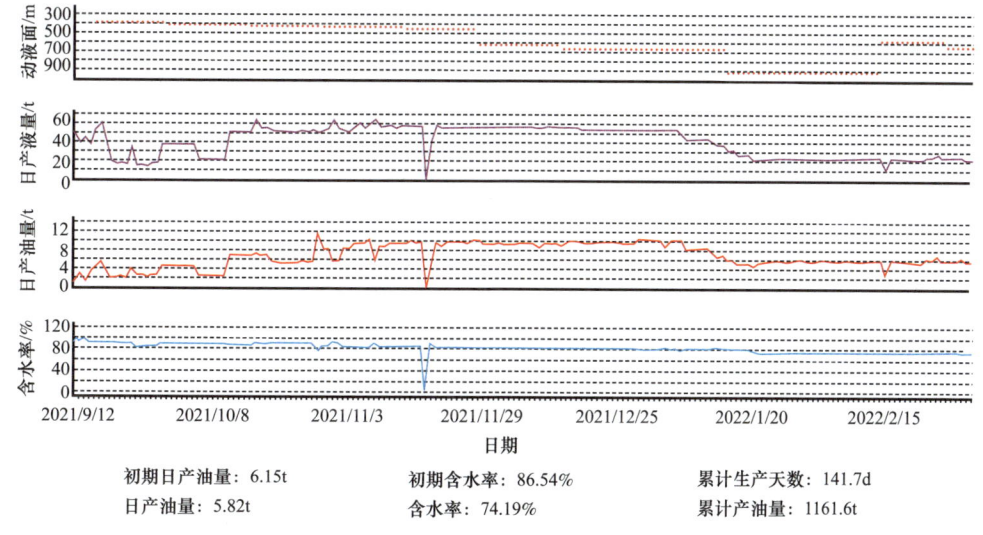

| 初期日产油量：6.15t | 初期含水率：86.54% | 累计生产天数：141.7d |
| 日产油量：5.82t | 含水率：74.19% | 累计产油量：1161.6t |

图 7-2-5　桥 136H2 井"中甜点段"（长 7_2 亚段）试采曲线

三、长 7_3 亚段页岩型页岩油勘探发现重要苗头

1. 纹层型页岩油风险勘探取得新发现

近年来，在岩相特征、储集性能和烃类赋存特征等研究基础上，开展了页岩段直井体积压裂改造试验，有 14 口井获工业油流（图 7-2-9），突破了出油关。2019 年在湖盆中部实施的城页 1 井、城页 2 井共 2 口水平井，试油均获百吨高产，"下甜点段"勘探展现出新苗头。

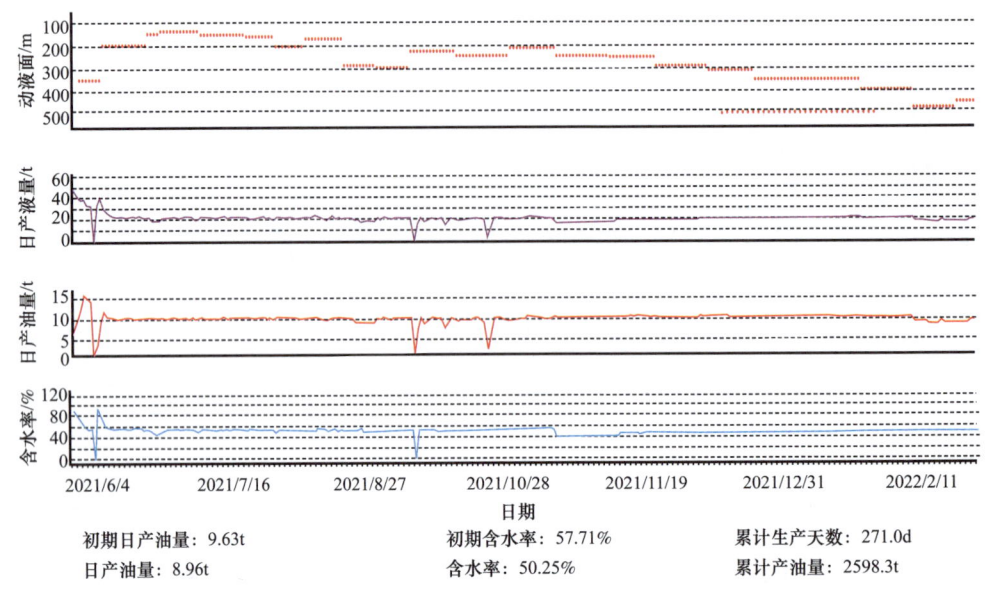

初期日产油量: 9.63t　　　初期含水率: 57.71%　　　累计生产天数: 271.0d
日产油量: 8.96t　　　　　含水率: 50.25%　　　　　累计产油量: 2598.3t

图 7-2-6　丹 195H1 井"中甜点段"（长 7_3 亚段）试采曲线

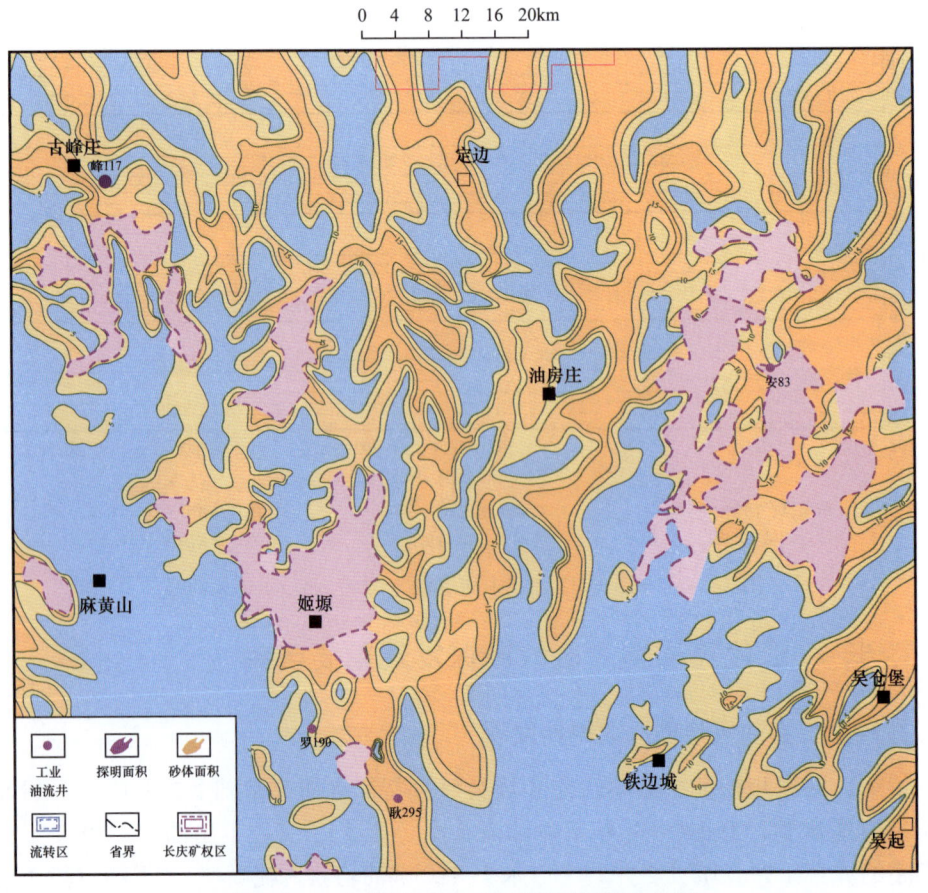

图 7-2-7　姬塬地区长 7 段页岩油勘探成果图

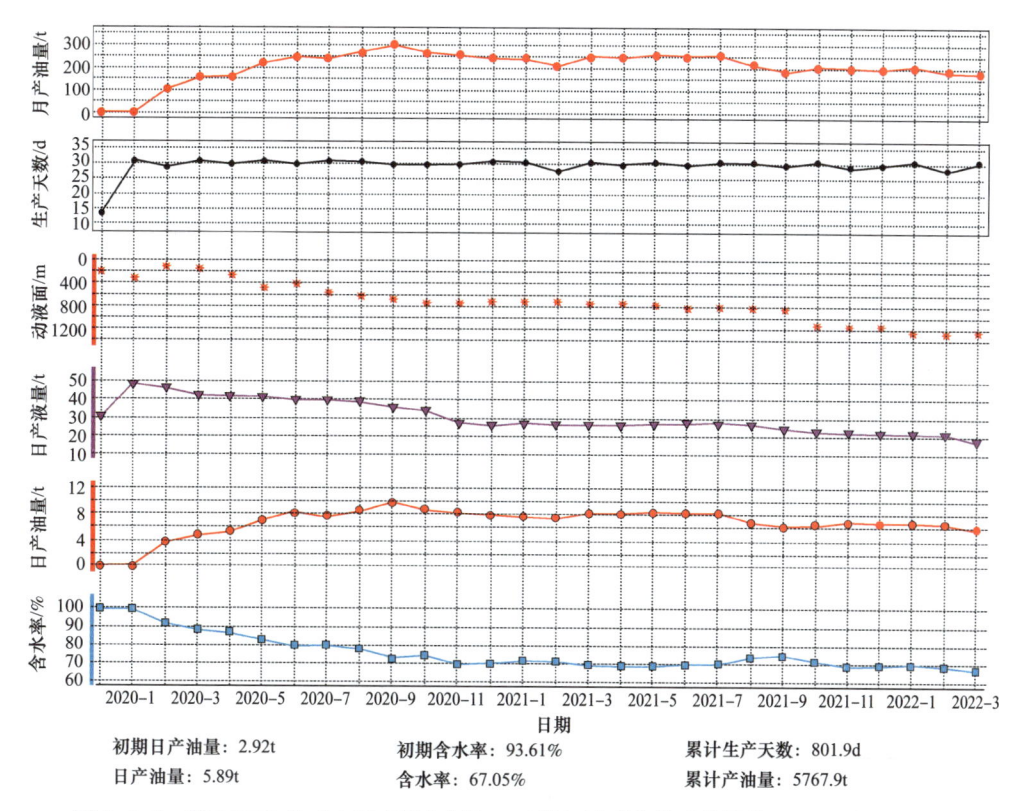

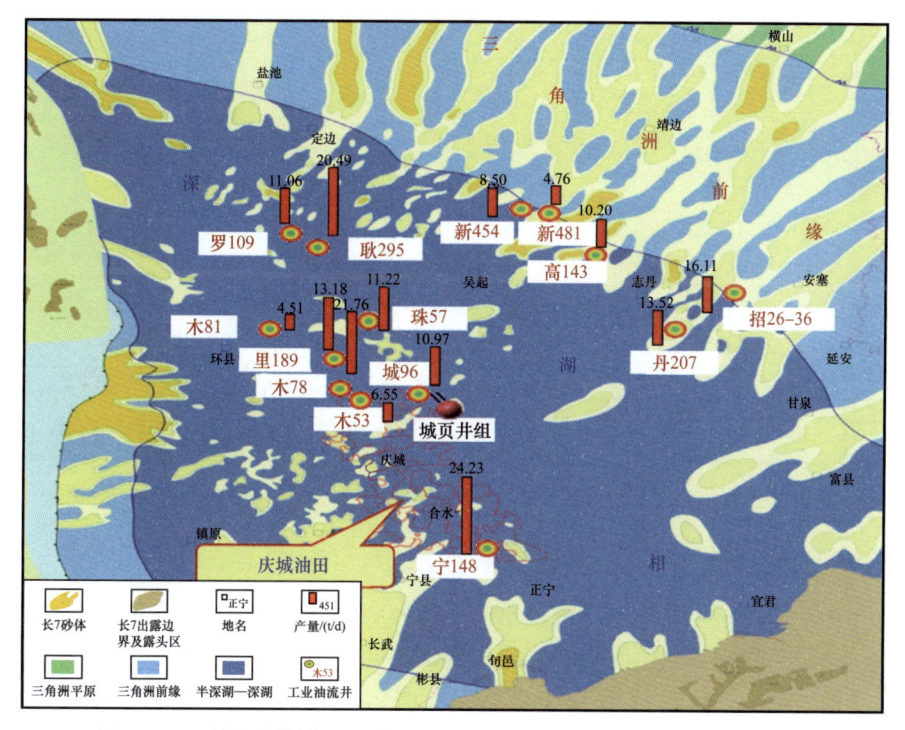

初期日产油量: 2.92t　　　　初期含水率: 93.61%　　　　累计生产天数: 801.9d
日产油量: 5.89t　　　　　　含水率: 67.05%　　　　　　累计产油量: 5767.9t

图 7-2-8　黄 267H3 井"上甜点段"（长 7_1 亚段）试采曲线（数据截至 2022 年 3 月底）

图 7-2-9　鄂尔多斯盆地页岩油"下甜点段"（长 7_3 亚段）勘探成果图

长 7_3 亚段粉细砂岩单层厚度小，一般为 0.5~1.5m；横向变化快，主要分布在 10~300m 之间。多期叠置的薄层粉细砂岩具有一定规模（图 7-2-10）。

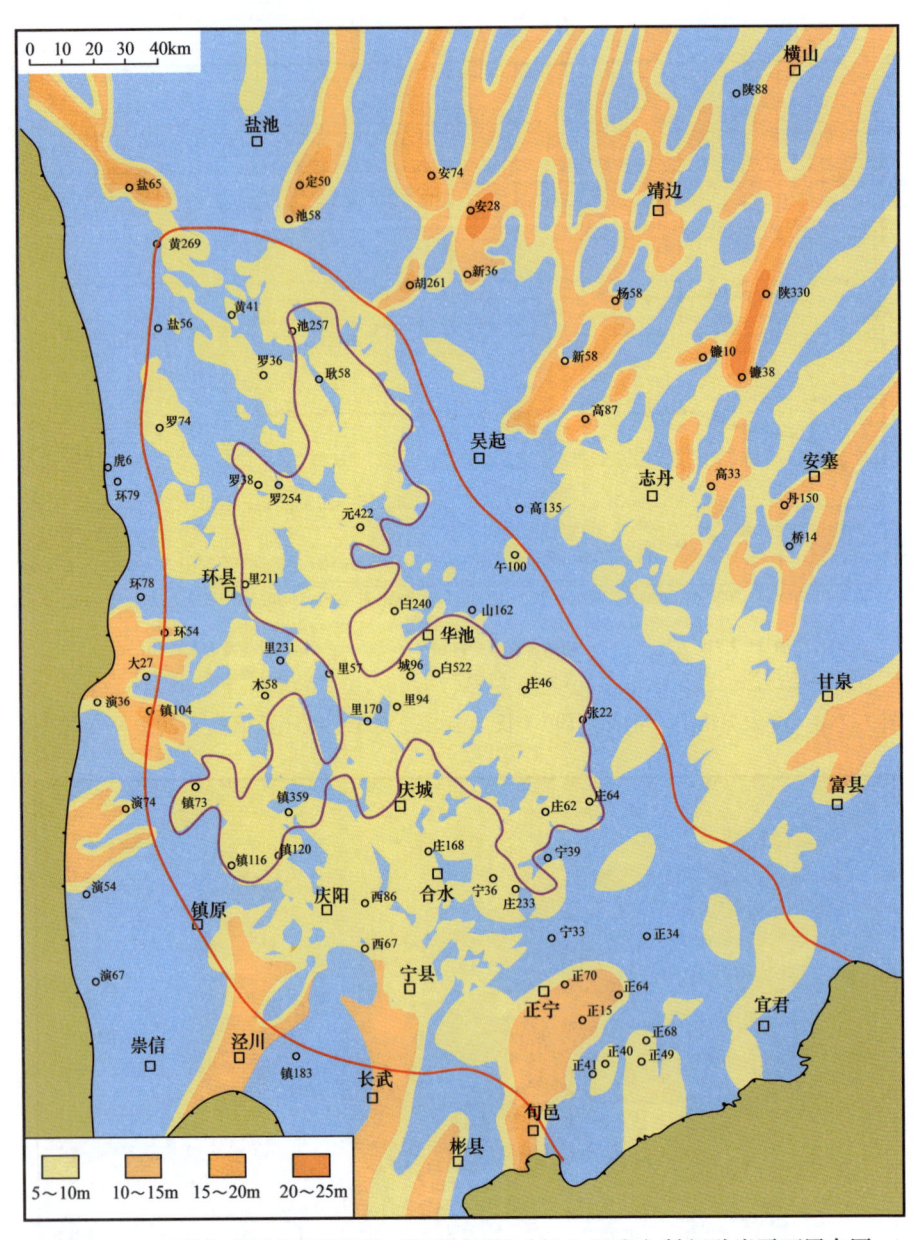

图 7-2-10 鄂尔多斯盆地页岩油"下甜点段"（长 7_3 亚段）粉细砂岩平面展布图

2. 页理型页岩油原位转化先导试验稳步推进

在优选正 75 井区的基础上，通过 Walkaway-VSP 测井明确了长 7_3 亚段页岩展布南北向稳定，结合区域背景、地质构造等，优化水平井方位为南偏西 7.6°。完钻了 2 口观察井，页岩段厚 13.9m，TOC 值为 14.8%，S_1+S_2 值为 70.9mg/g，I_H 值为 493mg/g，分布相对稳定，满足先导试验要求，目前各项工作有序进行。

第三节 页岩油勘探前景

截至 2022 年 3 月底，全盆地已提交页岩油三级储量 18.37×10^8t，其中探明储量 11.53×10^8t、控制储量 0.56×10^8t、预测储量 6.7×10^8t，已动用地质储量 4.72×10^8t，其中陇东地区 3.02×10^8t、陕北地区 1.71×10^8t。

一、夹层型页岩油勘探前景

1. 剩余资源潜力及分布

鄂尔多斯盆地夹层型页岩油总资源量为 35×10^8t，其中长 7_1 亚段为 20×10^8t，具体划分到 4 个区带内，姬塬地区为 3.2×10^8t，志靖—安塞地区为 3.8×10^8t，陇东地区为 12.9×10^8t，盆地东南地区为 0.1×10^8t；长 7_2 亚段约为 15×10^8t，具体划分到 4 个区带内，姬塬地区为 2.3×10^8t，志靖—安塞地区为 2.7×10^8t，陇东地区为 9.8×10^8t，盆地东南地区为 0.2×10^8t（表 7-3-1）。

表 7-3-1 鄂尔多斯盆地延长组长 7 段夹层型页岩油剩余资源统计表

地区	长 7_1 亚段 资源量 / 10^8t	长 7_1 亚段 已有探明 / 10^8t	长 7_1 亚段 剩余资源量 / 10^8t	长 7_2 亚段 资源量 / 10^8t	长 7_2 亚段 已有探明 / 10^8t	长 7_2 亚段 剩余资源量 / 10^8t
陇东	12.9	7.74	5.16	9.8	2.85	6.95
姬塬	3.2		3.20	2.3	1.01	1.29
志靖—安塞	3.8		3.80	2.7		2.70
盆地东南	0.1		0.10	0.2		0.20
合计	20.0	7.74	12.26	15.0	3.86	11.14

其中长 7_1 亚段剩余资源为 12.26×10^8t，具体划分到 4 个区带内，姬塬地区为 3.2×10^8t，志靖—安塞地区为 3.8×10^8t，陇东地区为 5.16×10^8t，盆地东南地区为 0.1×10^8t；长 7_2 亚段剩余资源为 11.14×10^8t，具体划分到 4 个区带内，姬塬地区为 1.29×10^8t，志靖—安塞地区为 2.7×10^8t，陇东地区为 6.95×10^8t，盆地东南地区为 0.2×10^8t（表 7-3-1、图 7-3-1 和图 7-3-2）。

2. 夹层型页岩油勘探前景

根据剩余资源分布特征以及勘探实践，下一步页岩油主攻区域依然为陇东地区，总剩余资源为 12.11×10^8t，已提交探明储量 10.59×10^8t，总资源量可达 22.7×10^8t，仍然具有较大勘探潜力，而且该区水体深度可达 60m 以上，湖盆中生物繁盛，具有良好的烃源岩条件，半深湖—深湖相沉积环境的泥岩类烃源岩的干酪根中腐泥组含量为65%~94.4%，镜质组为0.6%~8.6%，多属Ⅰ型干酪根，原始有机质以水生生物为主；烃源岩总体厚度大、分布广、有机质丰富、有机质类型好，具有极高的有机质含量和生烃潜力。黑色页岩的有机碳（TOC）平均含量高达18.5%，是泥岩的5倍；页岩可溶烃（S_1）平均含量为5.24mg/g，是泥岩的5倍以上；页岩的热解烃（S_2）平均含量为58.63mg/g，近乎泥岩的7倍，因此页岩的平均生烃潜力（S_1+S_2）约为泥岩的8倍；并且，页岩的氢指数（I_H）、有效碳（P_C）、降解率（D）和烃指数（HCI）都大于泥岩，页岩的有机质类型也比泥岩更好。这些共同说明，页岩是长7段烃源岩层系中最主要的生油岩，主导了油源的供应和油气的分布。

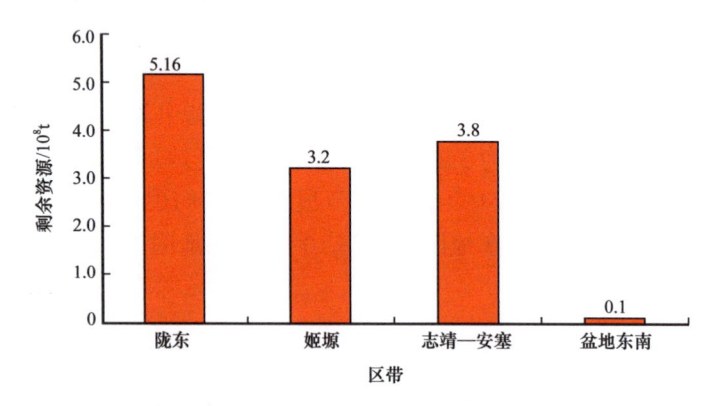

图7-3-1 鄂尔多斯盆地延长组长7_1亚段夹层型页岩油剩余资源统计直方图

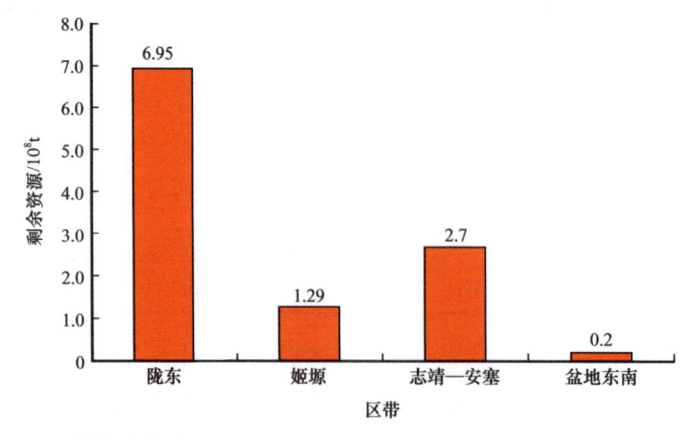

图7-3-2 鄂尔多斯盆地延长组长7_2亚段夹层型页岩油剩余资源统计直方图

同时，该区重力流沉积发育，砂质碎屑流、浊流砂体厚度大，分布广泛，多期叠置，以复合砂体形态平行于湖岸线分布，目前长7段已发现出油井点均位于深湖—半深湖相砂质碎屑流相带，油藏类型为源储共生的连续型油气聚集，主要是经一次运移或近源短距离二次运移，在盆地中心大面积非常规储层中准连续或连续分布的油气聚集。该区构造单元位于西倾的陕北斜坡，构造平缓且总体物性较差，构造和岩性对油气聚集的控制作用不明显。目前长7_1亚段剩余资源为$5.2×10^8$t，长7_2亚段剩余资源为$6.95×10^8$t，因此下一步这两个段依然为主要勘探层系，也是开发建产主要阵地。

姬塬地区长 7_1 亚段资源潜力为 $3.2×10^8t$，截至 2022 年 3 月底还未提交探明储量，勘探潜力巨大，长 7_2 亚段已提交探明储量 $1.01×10^8t$，剩余资源 $1.29×10^8t$，主要分布在安 83 井区，其中长 7_1 亚段是下一步勘探的主力层系，长 7_2 亚段还需要进一步综合分析与研究。

志靖—安塞长 7_1 亚段、长 7_2 亚段总资源量为 $6.5×10^8t$，截至 2022 年 3 月底未提交探明储量，勘探潜力巨大，且该区处于浅湖区，浅湖相内沉积环境的泥岩类烃源岩的干酪根中腐泥组含量为 $7.4\%\sim47.4\%$，壳质组含量为 $0.6\%\sim0.8\%$，镜质组含量为 $51.6\%\sim87.2\%$，偶见少量惰质体，干酪根类型为腐殖型（II_2—III 型），有机质母质以陆源生物为主，往北部，志靖—安塞地区河流—沼泽相发育，近岸湖相沉积环境的泥岩类岩石的干酪根中腐泥组与壳质组含量明显偏低，前者为 13% 左右，后者为 $0.2\%\sim0.8\%$，镜质组含量为 $80.6\%\sim86.0\%$，惰质组含量为 $0.4\%\sim1.2\%$，干酪根类型均为腐殖型（III 型），有机质生源组合中陆生植物占绝对优势，该区三角洲前缘亚相水下分流河道砂体相对发育，是各类油藏聚集的主要场所，也是下一步勘探的重点。

盆地东南部目前尚未突破，是下一步接替领域与综合研究区域。

二、纹层型页岩油勘探前景

纹层型页岩油为页岩型中的一种，页岩型指的是页岩型储层"甜点"主要是纯页岩，具有有效孔隙空间和一定渗流能力，既是生油层也是含油层，但在鄂尔多斯盆地，主要是指厚层泥页岩夹薄层粉细砂岩，砂岩粒度一般小于 0.0625mm，主要为粉砂岩，单砂体厚度为 $2\sim4m$，叠置砂体复合连片，具有一定规模。粉砂岩具高长石、低石英的特征，发育粒间孔、晶间孔等，孔隙半径为 $1\sim5\mu m$，孔隙度为 $6\%\sim8\%$，渗透率为 $0.01\sim0.1mD$，原始气油比普遍大于 $90m^3/t$。

在鄂尔多斯盆地，长 7_3 亚段半深湖—深湖区广泛发育重力流沉积，以泥页岩沉积为主，砂地比小于 10%，夹单层厚度 $0.5\sim2m$ 的多薄层粉细砂岩，其在横向上变化快、厚度小、不连续，横向延伸较短，主要分布在 $20\sim200m$；侧向展布有限，主要分布在 $100\sim300m$ 之间。长 7_3 亚段粉细砂岩以粒间孔、黏土矿物晶间孔为主，微纳米级孔喉发育，具有一定的储集空间。其中：粉细砂岩孔隙半径 $1\sim5\mu m$，孔隙度一般为 $4\%\sim10\%$，渗透率一般为 $0.01\sim0.1mD$；泥页岩孔隙半径为 $20\sim120nm$，孔隙度一般小于 2%，渗透率小于 0.01mD。

在城页井组取得突破的基础上，为进一步探索页岩油新类型勘探潜力，围绕湖盆中部长 7_3 亚段纹层型页岩油，优选池 450 井区以及蔡 37 井区继续开展攻关试验，截至 2022 年 3 月底 2 口井均已完钻，处于试油压裂阶段，后续将加大综合地层研究、地质工程一体化攻关，系统开展"高自然伽马"背景下纹层型储层识别，强化复杂岩性组合新类型测井技术攻关，支撑有利目标优选；同时高度重视试采工作，科学评价产能，不断加大工作实施力度，认识长 7_3 亚段页岩油纹层型勘探潜力。

三、页理型页岩油勘探前景

页理型主要是纯页岩，具有有效孔隙空间和一定渗流能力，既是生油层也是含油层，鄂尔多斯盆地延长组长 7_3 亚段页岩相对较厚，分布范围较广，具有先天条件。

下一步基于厚度、成熟度、TOC、S_1、全岩矿物等参数初步优选纯页岩井区，开展纯页岩出油能力评估，一般在 R_o 大于 0.8% 且平均 TOC 大于 5% 的范围选区，此类有利区面积约为 17000km²，R_o 大于 1.0% 的面积约为 3600km²。同时加快推进低成熟度页理型页岩油原位转化现场攻关，超前准备关键技术，综合确定原位改制目标，部署先导试验井网，加快地质工程一体化施工方案编制，做好加热器等关键设备和技术的引进，做好生产组织协调，积极推进项目进程。

参 考 文 献

白斌，朱如凯，吴松涛，等，2013. 利用多尺度CT成像表征致密砂岩微观孔喉结构［J］. 石油勘探与开发，40（3）：329-333.

操应长，杨田，王艳忠，等，2017. 深水碎屑流与浊流混合事件层类型及成因机制［J］. 地学前缘，24（3）：234-248.

曹怀仁，2017. 松辽盆地烃源岩形成环境与页岩油地质评价研究［D］. 北京：中国科学院大学.

陈柄屹，林承焰，马存飞，等，2019. 陆相断陷湖盆陡坡带深水重力流沉积类型、特征及模式——以东营凹陷胜坨地区沙四段上亚段为例［J］. 地质学报，93（11）：2921-2934.

陈小慧，2017. 页岩油赋存状态与资源量评价方法研究进展［J］. 科学技术与工程，17（3）：136-144.

陈友智，付金华，杨高印，等，2016. 鄂尔多斯地块中元古代长城纪盆地属性研究［J］. 岩石学报，32（3）：856-864.

谌卓恒，黎茂稳，姜春庆，等，2019. 页岩油的资源潜力及流动性评价方法——以西加拿大盆地上泥盆统Duvernay页岩为例［J］. 石油与天然气地质，40（3）：459-468.

崔景伟，朱如凯，李士祥，等，2016. 致密砂岩油可动量及其主控因素——以鄂尔多斯盆地三叠系延长组长7为例［J］. 石油实验地质，38（4）：536-542.

邓秀芹，蔺昉晓，刘显阳，等，2008. 鄂尔多斯盆地三叠系延长组沉积演化及其与早印支运动关系的探讨［J］. 古地理学报，10（2）：159-166.

邓秀芹，刘新社，李士祥，2009. 鄂尔多斯盆地三叠系延长组超低渗透储层致密史与油藏成藏史［J］. 石油与天然气地质，30（2）：156-161.

邓秀芹，付金华，姚泾利，等，2011. 鄂尔多斯盆地中及上三叠统延长组沉积相与油气勘探的突破［J］. 古地理学报，13（4）：443-455.

丁修建，2014. 小型断陷湖盆高丰度烃源岩形成机理及其对成藏的控制——以二连盆地为例［D］. 北京：中国石油大学（北京）.

杜金虎，胡素云，庞正练，等，2019. 中国陆相页岩油类型、潜力及前景［J］. 中国石油勘探，24（5）：560-568.

范萌萌，卜军，赵筱艳，等，2019. 鄂尔多斯盆地东南部延长组微地球化学特征及环境指示意义［J］. 西北大学学报（自然科学版），49（4）：633-642.

付金华，郑聪斌，2001. 鄂尔多斯盆地奥陶纪华北海和祁连海演变及岩相古地理特征［J］. 古地理学报，3（4）：25-34.

付金华，罗安湘，喻建，等，2004. 西峰油田成藏地质特征及勘探方向［J］. 石油学报，25（2）：25-29.

付金华，郭正权，邓秀芹，2005a. 鄂尔多斯盆地西南地区上三叠统延长组沉积相及石油地质意义［J］. 古地理学报，7（1）：34-43.

付金华，王怀厂，魏新善，等，2005b. 榆林大型气田石英砂岩储集层特征及成因［J］. 石油勘探与开发，32（1）：30-32.

付金华，李士祥，刘显阳，等，2012. 鄂尔多斯盆地上三叠统延长组长9油层组沉积相及其演化［J］. 古地理学报，14（3）：269-284.

付金华，邓秀芹，楚美娟，等，2013a. 鄂尔多斯盆地延长组深水岩相发育特征及其石油地质意义［J］. 沉积学报，31（5）：928-938.

付金华，李士祥，刘显阳，等，2013b. 鄂尔多斯盆地石油勘探地质理论与实践. 天然气地球科学，24（6）：1091-1101.

付金华，李士祥，刘显阳，等，2013c. 鄂尔多斯盆地姬源大油田多层系复合成藏机理及勘探意义［J］. 中国石油勘探，18（5）：1-9.

付金华, 柳广弟, 杨伟伟, 等, 2013d. 鄂尔多斯盆地陇东地区延长组低渗透油藏成藏期次研究 [J]. 地学前缘, 20（2）：125-131.

付金华, 罗安湘, 张妮妮, 等, 2014. 鄂尔多斯盆地长 7 油层组有效储层物性下限的确定 [J]. 中国石油勘探, 19（6）：82-88.

付金华, 罗顺社, 牛小兵, 等, 2015a. 鄂尔多斯盆地陇东地区长 7 段沟道型重力流沉积特征研究 [J]. 矿物岩石地球化学通报, 34（1）：29-37.

付金华, 喻建, 徐黎明, 等, 2015b. 鄂尔多斯盆地致密油勘探开发新进展及规模富集可开发主控因素 [J]. 中国石油勘探, 20（5）：9-19.

付金华, 吴兴宁, 孙六一, 等, 2017a. 鄂尔多斯盆地马家沟组中组合岩相古地理新认识及油气勘探意义 [J]. 天然气工业, 37（3）：9-16.

付金华, 邓秀芹, 王琪, 等, 2017b. 鄂尔多斯盆地三叠系长 8 储集层致密与成藏耦合关系 [J]. 石油勘探与开发, 44（1）：48-57.

付金华, 段明辰, 段毅, 等, 2017c. 华庆地区长 8 原油含氮化合物及运移研究 [J]. 中国矿业大学学报, 46（17）：838-858.

付金华, 2018. 鄂尔多斯盆地致密油勘探理论与技术 [M]. 北京：科学出版社.

付金华, 牛小兵, 淡卫东, 等, 2019. 鄂尔多斯盆地中生界延长组长 7 段页岩油地质特征及勘探开发进展 [J]. 中国石油勘探, 24（5）：601-614.

付金华, 李士祥, 牛小兵, 等, 2020a. 鄂尔多斯盆地三叠系长 7 段页岩油地质特征与勘探实践 [J]. 石油勘探与开发, 47（5）：870-883.

付金华, 李士祥, 侯雨庭, 等, 2020b. 鄂尔多斯盆地延长组 7 段Ⅱ类页岩油风险勘探突破及其意义 [J]. 中国石油勘探, 25（1）：78-92.

付锁堂, 姚泾利, 李士祥, 等, 2020a. 鄂尔多斯盆地中生界延长组陆相页岩油富集特征与资源潜力 [J]. 石油实验地质, 42（5）：698-710.

付锁堂, 付金华, 牛小兵, 等, 2020b. 庆城油田成藏条件及勘探开发关键技术 [J]. 石油学报, 41（7）：777-795.

傅强, 李益, 2010. 鄂尔多斯盆地晚三叠世延长组长 6 期湖盆坡折带特征及其地质意义 [J]. 沉积学报, 28（2）：294-298.

高山林, 李芳, 李天斌, 等, 2003. 汝箕沟晚中生代玄武岩的确定与煤变质作用关系简论 [J]. 煤田地质与勘探, 31（3）：8-10.

郭彦如, 刘俊榜, 杨华, 等, 2012. 鄂尔多斯盆地延长组低渗透致密岩性油藏成藏机理 [J]. 石油勘探与开发, 39（4）：417-425.

郭艳琴, 李文厚, 胡友洲, 等, 2006. 陇东地区上三叠统延长组早中期物源分析与沉积体系 [J]. 煤田地质与勘探, 34（1）：1-5.

何自新, 2003. 鄂尔多斯盆地演化与油气 [M]. 北京：石油工业出版社.

胡素云, 朱如凯, 吴松涛, 等, 2018. 中国陆相致密油效益勘探开发 [J]. 石油勘探与开发, 45（4）：737-748.

胡素云, 赵文智, 侯连华, 等, 2020. 中国陆相页岩油发展潜力与技术对策 [J]. 石油勘探与开发, 47（4）：819-828.

黄第藩, 李晋超, 1982. 干酪根类型划分的 X 图解 [J]. 地球化学, 2（3）：18-33.

黄汲清, 任纪舜, 姜春发, 等, 1977. 中国大地构造基本轮廓 [J]. 地质学报, （2）：117-135.

贾承造, 邹才能, 李建忠, 等, 2012. 中国致密油评价标准、主要类型、基本特征及资源前景 [J]. 石油学报, 33（3）：343-350.

焦方正, 邹才能, 杨智, 2020. 陆相源内石油聚集地质理论认识及勘探开发实践[J]. 石油勘探与开发, 47（6）：1067-1078.

金杰华, 操应长, 王健, 等, 2019. 深水砂质碎屑流沉积：概念、沉积过程与沉积特征[J]. 地质论评, 65（3）：689-702.

黎茂稳, 马晓潇, 蒋启贵, 等, 2019. 北美海相页岩油形成条件、富集特征与启示[J]. 油气地质与采收率, 26（1）：13-28.

李明, 闫磊, 韩绍阳, 2012. 鄂尔多斯盆地基底构造特征[J]. 吉林大学学报：地球科学版, 42（S3）：38-43.

李明诚, 2002. 对油气运聚研究中一些概念的再思考[J]. 石油勘探与开发, 29（2）：13-16.

李明诚, 2004. 石油与天然气运移. 3版. 北京：石油工业出版社.

李明诚, 单秀琴, 马成华, 等, 2005. 油气成藏期探讨[J]. 新疆石油地质, 26（5）：587-592.

李荣西, 席胜利, 邱领军, 2006. 用储层油气包裹体岩相学确定油气成藏期次——以鄂尔多斯盆地陇东油田为例[J]. 石油与天然气地质, 27（2）：194-199.

李士祥, 施泽进, 刘显阳, 等, 2013. 鄂尔多斯盆地中生界异常低压成因定量分析[J]. 石油勘探与开发, 40（5）：528-533.

李相博, 刘化清, 潘树新, 等, 2019. 中国湖相沉积物重力流研究的过去、现在与未来[J]. 沉积学报, 37（5）：904-921.

林俊雄, 1982. 石油资源量估算与蒙特卡洛分析方法的应用[J]. 石油实验地质, 4（1）：51-59.

刘池洋, 赵红格, 桂小军, 等, 2006. 鄂尔多斯盆地演化—改造的时空坐标及其成藏（矿）响应[J]. 地质学报, 80（5）：617-638.

刘建章, 陈红汉, 李剑, 等, 2005. 运用流体包裹体确定鄂尔多斯盆地上古生界油气成藏期次和时期[J]. 地质科技情报, 24（4）：60-67.

刘少峰, 柯爱蓉, 吴丽云, 等, 1997. 鄂尔多斯西南缘前陆盆地沉积物物源分析及其构造意义[J]. 沉积学报, 15（1）：157-161.

刘绍龙, 1986. 华北地区大型三叠纪原始沉积盆地的存在[J]. 地质学报, 60（2）：128-138.

刘显阳, 施泽进, 李士祥, 等, 2016. 鄂尔多斯盆地延长组异常低压与成藏关系[J]. 成都理工大学学报（自然科学版）, 43（5）：601-608.

刘小琦, 邓宏文, 李青斌, 等, 2007. 鄂尔多斯盆地延长组剩余压力分布及油气运聚条件. 新疆石油地质, 28（2）：143-145.

刘震, 陈凯, 朱文奇, 等, 2012. 鄂尔多斯盆地西峰地区长7段泥岩古压力恢复[J]. 中国石油大学学报（自然科学版）, 36（2）：1-7.

柳广弟, 2009. 石油地质学[M]. 4版. 北京：石油工业出版社.

柳广弟, 杨伟伟, 冯渊, 等, 2013. 鄂尔多斯盆地陇东地区延长组原油地球化学特征及成因类型划分[J]. 地学前缘, 20（2）：108-115.

卢双舫, 薛海涛, 王民, 等, 2016. 页岩油评价中的若干关键问题及研究趋势[J]. 石油学报, 37（10）：1309-1322.

马元稹, 王猛, 李嘉敏, 等, 2022. 沁水盆地上古生界煤系页岩储层特征和含气性[J]. 天然气地球科学, 33（3）：1-10.

内蒙古自治区地质矿产局, 1991. 内蒙古自治区区域地质志[M]. 北京：地质出版社.

欧光习, 李林强, 孙玉梅, 等, 2006. 沉积盆地流体包裹体研究的理论与实践[J]. 矿物岩石地球化学通报, 25（1）：1-11.

钱门辉, 蒋启贵, 黎茂稳, 等, 2017. 湖相页岩不同赋存状态的可溶有机质定量表征[J]. 石油实验地质, 39（2）：278-286.

邱欣卫，2011.鄂尔多斯盆地延长期富烃凹陷特征及其形成的动力学环境［D］.西安：西北大学．

任战利，张盛，高胜利，等，2007.鄂尔多斯盆地构造热演化史及其成藏成矿意义［J］.中国科学（D辑：地球科学），37（S1）：23-32.

陕西省地质矿产局，1989.陕西区域地质志［M］.北京：地质出版社．

时保宏，张艳，张雷，等，2012.鄂尔多斯盆地延长组长7致密储层流体包裹体特征与成藏期次［J］.石油实验地质，34（6）：599-604.

宋国奇，张林晔，卢双舫，等，2013.页岩油资源评价技术方法及其应用［J］.地学前缘，20（4）：221-228.

宋国奇，徐兴友，李政，等，2015.济阳坳陷古近系陆相页岩油产量的影响因素［J］.石油与天然气地质，36（3）：463-471.

孙平昌，2013.松辽盆地东南部上白垩统含油页岩系有机质富集环境动力学［D］.长春：吉林大学．

孙玉梅，2006.对石油包裹体研究和应用的几点认识［J］.矿物岩石地球化学通报，25（1）：29-33.

陶士振，2006.自生矿物序次是确定包裹体期次的根本依据［J］.石油勘探与开发，33（2）：154-161.

王芳，冯胜斌，何涛，等，2012.鄂尔多斯盆地西南部延长组长7致密砂岩伊利石成因初探［J］.西安石油大学学报（自然科学版），27（4）：19-26.

王建强，刘池洋，李行，等，2017.鄂尔多斯盆地南部延长组长7段凝灰岩形成时代、物质来源及其意义［J］.沉积学报，35（4）：691-705.

王鹏威，张殿伟，刘忠宝，等，2022.川东南—黔西北地区上二叠统龙潭组海陆过渡相页岩气富集条件及主控因素［J］.天然气地球科学，33（3）：431-440.

王琪，史基安，2005.油藏储层内有机—无机相互作用信息提取与烃源岩精细对比技术研究进展［J］.天然气地球科学，16（5）：564-570.

王倩茹，陶士振，关平，2020.中国陆相盆地页岩油研究及勘探开发进展［J］.天然气地球科学，31（3）：417-427.

王淑芳，董大忠，王玉满，等，2014.四川盆地南部志留系龙马溪组富有机质页岩沉积环境的元素地球化学判别指标［J］.海相油气地质，19（3）：27-36.

王文广，郑民，王民，等，2015.页岩油可动资源量评价方法探讨及在东濮凹陷北部古近系沙河街组应用［J］.天然气地球科学，26（4）：1672-1926.

魏斌，魏红红，陈全红，等，2003.鄂尔多斯盆地上三叠统延长组物源分析［J］.西北大学学报：自然科学版，33（4）：447-450.

魏红红，李文厚，邵磊，等，2001.汝箕沟盆地上三叠统延长组沉积环境［J］.西北大学学报：自然科学版，31（2）：171-174.

吴智平，周瑶琪，2000.一种计算沉积速率的新方法—宇宙尘埃特征元素法［J］.沉积学报，18（3）：395-399.

席胜利，刘新社，王涛，2004.鄂尔多斯盆地中生界石油运移特征分析［J］.石油实验地质，26（3）：229-235.

席胜利，刘新社，2005.鄂尔多斯盆地中生界石油二次运移通道研究［J］.西北大学学报（自然科学版），35（5）：628-632.

肖贤明，刘祖发，刘德汉，等，2002.应用储层流体包裹体信息研究天然气气藏的成藏时间［J］.科学通报，47（2）：956-960.

徐黎明，周立发，张义楷，等，2006.鄂尔多斯盆地构造应力场特征及其构造背景［J］.大地构造与成矿学，30（4）：455-462.

杨华，张文正，2005.论鄂尔多斯盆地长7优质油源岩在低渗透油气成藏富集中的主导作用：地质地球化学特征［J］.地球化学，34（2）：147-154.

杨华，刘显阳，张才利，等，2007. 鄂尔多斯盆地三叠系延长组低渗透岩性油藏主控因素及其分布规律［J］. 岩性油气藏，19（3）：1-6.

杨华，李士祥，刘显阳，2013. 鄂尔多斯盆地致密油、页岩油特征及资源潜力［J］. 石油学报，34（1）：1-11.

杨雷，金之钧，2019. 全球页岩油发展及展望［J］. 中国石油勘探，24（5）：553-559.

杨友运，2004. 印支期秦岭造山活动对鄂尔多斯盆地延长组沉积特征的影响［J］. 煤田地质与勘探，32（5）：7-9.

杨智，侯连华，陶士振，等，2015. 致密油与页岩油形成条件与"甜点区"评价［J］. 石油勘探与开发，42（5）：555-565.

杨智，付金华，郭秋麟，等，2017. 鄂尔多斯盆地三叠系延长组陆相致密油发现、特征及潜力［J］. 中国石油勘探，22（6）：9-15.

姚宜同，李士祥，赵彦德，等，2015. 鄂尔多斯盆地新安边地区长7致密油特征及控制因素［J］. 沉积学报，33（3）：625-632.

殷鸿福，杜远生，许继锋，等，1996. 南秦岭勉略古缝合带中放射虫动物群的发现及其古海洋意义［J］. 地球科学：中国地质大学学报，21（2）：184.

翟光明，宋建国，靳久强，2002. 板块构造演化与含油气盆地形成和评价［M］. 北京：石油工业出版社.

翟光明，2008. 关于非常规油气资源勘探开发的几点思考. 天然气工业，28：1-3.

张国伟，张宗清，董云鹏，1995. 秦岭造山带主要构造岩石地层单元的构造性质及其大地构造意义［J］. 岩石学报，11（2）：101-114.

张进，马宗晋，任文军，2000. 鄂尔多斯盆地西缘逆冲带南北差异的形成机制［J］. 大地构造与成矿学，24（2）：124-133.

张抗，1989. 鄂尔多斯断块构造和资源［M］. 西安：陕西科学技术出版社.

张林晔，张春荣，1999. 低熟油生成机理及成油体系——以济阳坳陷牛庄洼陷南部斜坡为例［M］. 北京：地质出版社.

张林晔，李钜源，李政，等，2014. 北美页岩油气研究进展及对中国陆相页岩油气勘探的思考［J］. 地球科学进展，29（6）：700-711.

张琴，朱筱敏，李晨溪，等，2016. 渤海湾盆地沾化凹陷沙河街组富有机质页岩孔隙分类及孔径定量表征［J］. 石油与天然气地质，37（3）：422-432.

张廷山，彭志，杨巍，等，2015. 美国页岩油研究对我国的启示［J］. 岩性油气藏，27（3）：1-10.

张文正，杨华，傅锁堂，等，2006a. 鄂尔多斯盆地晚三叠世湖相优质烃源岩段中震积岩的发现及其地质意义［J］. 西北大学学报：自然科学版，36（S1）：31-37.

张文正，杨华，李剑锋，等，2006b. 论鄂尔多斯盆地长7段优质油源岩在低渗透油气成藏富集中的主导作用——强生排烃特征及机理分析［J］. 石油勘探与开发，33（3）：289-293.

张文正，杨华，侯林慧，等，2009a. 鄂尔多斯盆地延长组不同烃源岩17α（H）-重排藿烷的分布及其地质意义［J］. 中国科学（D辑：地球科学），30（10）：1438-1445.

张文正，杨华，彭平安，等，2009b. 晚三叠世火山活动对鄂尔多斯盆地长7优质烃源岩发育的影响［J］. 地球化学，38（6）：573-582.

张文正，杨华，解丽琴，等，2010. 湖底热水活动及其对优质烃源岩发育的影响——以鄂尔多斯盆地长7烃源岩为例［J］. 石油勘探与开发，37（4）：424-429.

张文正，杨华，杨伟伟，等，2015. 鄂尔多斯盆地延长组长7湖相页岩油地质特征评价［J］. 地球化学，44（5）：505-515.

张晓辉，冯顺彦，梁晓伟，等，2020. 鄂尔多斯盆地陇东地区延长组长7段沉积微相及沉积演化特征［J］. 地质学报，94（3）：957-967.

张忠义, 陈世加, 姚泾利, 等, 2016. 鄂尔多斯盆地长 7 段致密储层微观特征研究 [J]. 西南石油大学学报（自然科学版）, 38（6）: 70–80.

章贵松, 张军, 任军峰, 等, 2006. 六盘山弧形冲断体系构造新认识 [J]. 新疆石油地质, 27（5）: 542-544.

赵靖舟, 戴金星, 2002. 库车前陆逆冲带天然气成藏期与成藏史 [J]. 石油学报, 23（2）: 6-12.

赵文智, 王新民, 郭彦如, 等, 2006. 鄂尔多斯盆地西部晚三叠世原型盆地恢复及其改造演化 [J]. 石油勘探与开发, 33（1）: 6-13.

赵文智, 胡素云, 侯连华, 2018. 页岩油地下原位转化的内涵与战略地位 [J]. 石油勘探与开发, 45（4）: 537-545.

赵文智, 胡素云, 侯连华, 等, 2020. 中国陆相页岩油类型、资源潜力及与致密油的边界 [J]. 石油勘探与开发, 47（1）: 1-10.

赵重远, 1990. 鄂尔多斯地块西缘构造单位划分及构造展布格局和形成机制 [M] // 杨俊杰. 鄂尔多斯盆地西缘掩冲带构造与油气. 兰州: 甘肃科学技术出版社, 40-53.

中华人民共和国国家技术监督局, 中国国家标准化管理委员会, 2015. 中华人民共和国国家标准 GB/T 31483—2015, 页岩气地质评价方法 [S]. 北京: 中国标准出版社.

中华人民共和国国家技术监督局, 中国国家标准化管理委员会, 2020. 中华人民共和国国家标准 GB/T 38718—2020, 页岩油地质评价方法 [S]. 北京: 中国标准出版社.

朱日祥, 杨振宇, 马醒华, 等, 1998. 中国主要地块显生宙古地磁视极移曲线与地块运动 [J]. 中国科学（D辑: 地球科学）, 28（S1）: 1–16.

朱如凯, 白斌, 崔景伟, 等, 2013. 非常规油气致密储集层微观结构研究进展 [J]. 古地理学报, 15（5）: 55-63.

邹才能, 朱如凯, 吴松涛, 等, 2012a. 常规与非常规油气聚集类型、特征、机理及展望: 以中国致密油和致密气为例 [J]. 石油学报, 33（2）: 173–187.

邹才能, 杨智, 陶士振, 等, 2012b. 纳米油气与源储共生型油气聚集 [J]. 石油勘探与开发, 39（1）: 13-26.

邹才能, 2013a. 非常规油气地质 [M]. 2版. 北京: 地质出版社.

邹才能, 杨智, 崔景伟, 等, 2013b. 页岩油形成机制、地质特征及发展对策 [J]. 石油勘探与开发, 40（1）: 14-26.

邹才能, 杨智, 张国生, 等, 2014. 常规—非常规油气"有序聚集"理论认识及实践意义 [J]. 石油勘探与开发, 44（1）: 14-27.

邹才能, 朱如凯, 白斌, 等, 2015a. 致密油与页岩油内涵、特征、潜力及挑战 [J]. 矿物岩石地球化学通报, 34（1）: 3-17.

邹才能, 翟光明, 张光亚, 2015b. 全球常规—非常规油气形成分布、资源潜力及趋势预测 [J]. 石油勘探与开发, 42（1）: 13-25.

邹才能, 杨智, 孙莎莎, 等, 2020. "进源找油": 论四川盆地页岩油气 [J]. 中国科学（D辑: 地球科学）, 50（7）: 903-920.

Algeo T J, Kuwahara K, Sano H, et al., 2011. Spatial variation in sediment fluxes, redox conditions, and productivity in the Permian-Triassic Panthalassic Ocean [J]. Palaeogeography, Palaeoclimatology, Palaeoecology, 308: 65-83.

EIA, 2021-11-26. Tight oil production estimates by play [EB/OL]. https://www.eia.gov/petroleum/data.php#crude.

Harris N B, 2005. The deposition of organic-carbon-rich sediments: models, mechanism, and consequences—introduction [M] // Harris, N.B. (Ed.)., The Deposition of Organic-carbon-rich

Sediments: Models, Mechanisms and Consequences. Society for Sedimentary Geology, SEPM, Special Publication 82, pp.1–5. DOI: 10.2110/pec.05.82.0001.

Hunt J M, 1979. Petroleum Geochemistry and Geology [M]. San Francisco: W.H. Freeman and Company San Francisco.

Hunt J M, 1990. The generation and migration of petroleum from abnormally pressured fluid compartments[J]. AAPG Bulletin, 74 (1): 1–12.

Jarvie D M, Jarvie B M, Weldon W D, et al., 2012a. Components and processes impacting production success from unconventional shale resource systems [C] //GEO-2012, 10th Middle East Geosciences Conference and Exhibition. Manama, Bahrain, March 4–7.

Jarvie D M, 2012b. Shale resource systems for oil and gas: Part 1—Shale gas resource systems [C]// Breyer J A. Shale Reservoir—Giant Resources for the 21st Century. AAPG Memoir 97. Tulsa: American Association of Petroleum Geologists: 69–87.

Jarvie D M, 2012c. Shale resource systems for oil and gas: Part 2—Shale-oil resource systems[C]//Breyer J A. Shale Reservoir—Giant Resources for the 21st Century. AAPG Memoir 97. Tulsa: American Association of Petroleum Geologists: 89–119.

Jiang C, Chen Z, Mort A, et al., 2016. Hydrocarbon evaporative loss from shale core samples as revealed by Rock-Eval and thermal desorption-gas chromatography analysis: Its geochemical and geological implications [J]. Marine and Petroleum Geology, 70: 294–303.

Katz B J, 2005. Controlling factors on source rock development: A review of productivity, preservation, and sedimentation rate [M]//Harris N B. The Deposition of Organic-carbon-rich Sediments: Models, Mechanisms and Consequences. Society for Sedimentary Geology, SEPM, Special Publication 82, 7–16. doi: 10.2110/pec.05.82.0007.

Kelts K, 1988.Environment of deposition of lacustrine petroleum source rocks: an introduction//[M]Fleet A J, Kelts K, Talbot M R, et al. Lacustrine Petroleum Source Rocks. Geological Society Special Publication, 40: 3–29.

Kuenen P, Migliorini C I, 1950. Turbidity currents as a cause of graded bedding [J]. Journal of Geology, 58: 91–127.

Larter S R, Soli H, Douglas A G, et al., 1979. Occurrence and significance of Prist-1-ene in kerogens pyrolysates [J]. Nature, 279 (5712): 405–407.

Liu C Y, Wang J Q, Deng Y, 2014.The characteristics and formation dynamic environment of Backland basin-an analysis in Yanchang period hydrocarbon-rich sag in Ordos Basin [C] / /Abstract Volume of International Conference on Continental Dynam-ics: International Association for Gondwana Research Conference Series 18. Xi'an: International Association for Gondwana Research: 201–202.

Loucks R G, Reed R M, Ruppel S C, et al., 2009. Morphology, genesis, and distribution of nanometer-ccale pores in siliceous mudstones of the Mississippian Barnett Shale [J]. Journal of Sedimentary Research, 79 (12): 848–861.

Loucks R G, Reed R M, Ruppel S C, et al., 2012. Spectrum of pore types and networks in mudrocks and a descriptive classification for matrix-related mudrock pores [J].AAPG Bulletin, 96 (6): 1071–1098.

Modica C J, Lapierre S G, 2012. Estimation of kerogen porosity in source rocks as a function of thermal transformation: Example from the Mowry Shale in the Powder River Basin of Wyoming [J]. AAPGg Bulletin, 96 (1): 87–108.

Philip H N, 2009.Pore-throat sizes in sandstones, tight sandstones and shale [J].AAPG Bulletin, (3): 329–340.

Reed R M, Loucks R L, Jarvie D M, 2007. Nanopores in the Mississippian Barnett shale: Distribution morphology, and possible genesis [C]. Geological Society of America 2007 Annual Meeting.

Robert G L, Robert M R, Stephen C R, et al., 2009. Morphology genesis and distribution of nanometer-scale pores in siliceous mudstones of the Mississippian Barnett Shale [J]. Journal of sedimentary research, (79): 848–861.

Rouquerol J, Avnir D, Fairbridge C W, et al., 1994. Recommendations for the characterization of porous solids (Technical Report) [J]. Pure and Applied Chemistry, 66 (8): 1739–1758.

Shanmugam G, 2013. New perspectives on deep-water sandstones: Implications [J]. Petroleum Exploration and Development, 40 (3): 316–324.

Shanmugam G, 2019. Slides, Slumps, Debris Flows, Turbidity Currents, Hyperpycnal Flows, and Bottom Currents [M] //Cochran J K, Bokuniewicz H J, Yager P L. Encyclopedia of Ocean Sciences. 3rd Edition. Oxford: Academic Press: 228–257.

Sing K S W, Everett D H, Haul, R A W, et al., 1985. Reporting physisorption data for gas/solid systems with special reference to the determination of surface area and porosity (Recommendations 1984) [J]. Pure and Applied Chemistry, 57 (4): 603–619.

Slatt R M, O'Brien N R, 2011. Pore types in the Barnett and Woodford gas shales: Contribution to understanding gas storage and migration pathways in fine-grained rocks [J]. AAPG Bulletin, 95 (12): 2017–2030.

Stein R, Rullkötter J, Welte D H, 1986. Accumulation of organic-carbon-rich sediments in the Late Jurrassic and Cretaceous Atlantic Ocean—A synthesis [J]. Chemical Geology, 56 (1–2): 1–32.

Talling P J, Masson D G, Sumner E J, et al., 2012. Subaqueous sediment density flows: Depositional processes and deposit types [J]. Sedimentology, 59 (7): 1937–2003.

Tyson R V, 2005. The "productivity versus preservation" controversy: Cause, flaws, and resolution [M] // Harris N B. The Deposition of Organic-carbon-rich Sediments: Models, Mechanisms and Consequences. Society for Sedimentary Geology, SEPM, Special Publication 82, 17–33. doi: 10.2110/pec.05.82.0017.

Wilkin R T, 1997. History of water-column anoxia in the Black Sea indicated pyrite framboid size distributions [J]. Earth and Planetary Science Letters, 148: 517–525.

Yang H, Zhang W Z, Wu K, et al., 2010. Uranium enrichment in lacustrine oil source rocks of the Chang 7 member of the Yanchang Formation, Erdos Basin, China [J]. Journal of Asian Earth Sciences, 39: 285–293.

Yang W W, Liu G D, Feng Y, 2016. Geochemical significance of 17α (H) –diahopane and its application in oil-source correlation of Yanchang Formation in Longdong area, Ordos basin, China [J]. Marine and Petroleum Geology, 71 (6): 238–246.

Zhang W Z, Yang H, Hou L H, et al., 2009, Distribution and geological significance of 17α (H) –diahopanes from different hydrocarbon source rocks of Yanchang Formation in Ordos Basin [J]. Science in China Series D: Earth Science, 52 (7): 965–974.